普通高等教育新工科人才培养机械工程系列规划教材

分布式控制系统课程设计指导教程

张爱华　雷菊阳◎主　编
张海峰◎副主编

中国铁道出版社有限公司
CHINA RAILWAY PUBLISHING HOUSE CO., LTD.

内 容 简 介

本书立足于机械工程和电气工程类人才培养目标，在理论教学基础上，阐述利用西门子STEP 7、PLCSIM以及WinCC组态软件实现分布式控制系统课程设计的方法，集基础知识、设计、实验于一体，旨在培养学生应用能力、工程设计能力和创新开发能力，是分布式控制系统课程设计的配套指导教程。全书分基础知识、课程设计的要求与备选题目、综合创新实验3篇，共10章。

本书理论和实践相结合，突出综合创新能力，集分布式控制思维的培养、PLC控制系统的设计和三位一体平台的创新开发能力培养于一体，适合作为普通高等教育工科类相关专业，尤其是机械工程、现代装备与控制工程等专业本科生和研究生的分布式控制系统课程设计教材。

图书在版编目（CIP）数据

分布式控制系统课程设计指导教程/张爱华，雷菊阳

主编．—北京：中国铁道出版社有限公司，2020.10（2022.1重印）

普通高等教育新工科人才培养机械工程系列规划教材

ISBN 978-7-113-27273-9

Ⅰ．①分⋯　Ⅱ．①张⋯②雷⋯　Ⅲ．①分布控制-控制系统-系统设计-高等学校-教材　Ⅳ．①TP273

中国版本图书馆CIP数据核字（2020）第177652号

书　　名：**分布式控制系统课程设计指导教程**

作　　者：张爱华　雷菊阳

策　　划：曾露平		编辑部电话：(010) 63551926
责任编辑：李　彤　绳　超		
封面设计：刘　莎		
责任校对：张玉华		
责任印制：樊启鹏		

出版发行：中国铁道出版社有限公司（100054，北京市西城区右安门西街8号）

网　　址：http://www.tdpress.com/51eds/

印　　刷：三河市国英印务有限公司

版　　次：2020年10月第1版　2022年1月第2次印刷

开　　本：787 mm×1 092 mm　1/16　印张：15.5　字数：384千

书　　号：ISBN 978-7-113-27273-9

定　　价：46.00元

前　言

随着社会对工业自动化生产要求的不断提高，计算机、控制等科学技术的不断发展，分布式控制已成为集成、复杂、庞大的工业生产控制过程的必然选择。分布式控制系统是实现工业生产过程控制的具体设备，是结合了顺序控制、程序控制以及各类控制功能的完整系统，是目前应用最广泛、结构最先进、功能最完整的控制系统，可以实现集中操作管理和分散调节控制，特别适合用于大型工业现场。通过掌握分布式控制系统的设计方法基本上可以较全面地掌握控制系统。因此，了解和学习分布式控制系统的设计原理、思想、方法，对高等学校机械工程和电气工程专业的学生来说，已经是必不可少的知识。

随着分布式控制系统的纵向深入发展以及 PLC 技术的成熟和进步，二者在功能上已经出现逐步融合的趋势。然而实际工程中使用的分布式控制系统设计起来整体十分庞大，具有代表性的典型产品价格昂贵，尽管随着产品的不断更新换代价格已经有所降低，但仍不便于进行大规模教学使用及实践。因此，根据分布式控制的特点，从基本的实现方法出发，为了便于学生了解和掌握基本控制方法、组态方法等分布式控制系统设计的基本方法，本书基于使用 PLC 自建分布式控制系统的思路，借助目前技术成熟的西门子 STEP 7 和 S7-PLCSIM 仿真软件以及 WinCC 组态软件，结合具体的工程问题实现分布式控制设计，在课程设计中介绍分布式控制系统的结构设计、软硬件组态、控制方法设计等主要内容，培养和提高学生解决工业生产中复杂工程控制问题的能力。

本书的课程设计可选题目取材广泛，结合了工业和生活实际，注重培养学生分析和解决实际工程问题的能力，以及动手实践的能力。内容由浅入深，涵盖了分布式控制的基本知识，西门子 PLC 相关软件的安装、使用、指令和编程实例，以及 WinCC 的安装和组态方法等，便于学生快速上手应用，实施课程设计。本书分 3 篇，共 10 章：第 1 篇包括第 1～7 章，主要为基础软硬件知识、软件使用和基本程序设计方法，以及一些设计实例，起到抛砖引玉的作用；第 2 篇包括第 8 章和第 9 章，内容为课程设计的要求与备选题目；第 3 篇即第 10 章，为综合创新实验，探讨 STEP 7、WinCC 和 MATLAB 三位一体平台的搭建和基于 OPC 的组态设计方法，为培养学生综合创新能力提供思路。

本书由上海工程技术大学机械与汽车工程学院张爱华、雷菊阳任主编，张海峰任副主编，徐斌、高玮玮、钱莉、董林参与编写。其中，第 1、4～8 章由张爱华编写，第 2、3 章由张海峰、徐斌编写，第 9 章由高玮玮、钱莉、董林编写，第 10 章由雷菊阳编写，全书由张爱华统稿，雷菊阳校订。编写过程中钱前、张洁、杨凌耀等几位研究生提供了支持和帮助，在此深表感谢！

由于编者水平有限，书中难免有偏颇和疏漏之处，恳请广大读者和同行批评指正。

编　者
2020 年 5 月

目 录

第 1 篇　基 础 知 识

第 1 章　引言 /2
1.1　分布式控制系统概述 /2
1.2　分布式控制系统课程设计概述 /3
第 2 章　硬件基础 /5
2.1　PLC 的工作原理 /5
2.2　PLC 的组成 /7
2.2.1　硬件组成 /7
2.2.2　软件组成 /12
2.3　PLC 的编程语言 /12
2.3.1　PLC 编程语言的国际标准 /12
2.3.2　PLC 的编程语言 /13
第 3 章　软件安装 /16
3.1　STEP 7 的安装与卸载 /16
3.2　S7-PLCSIM 仿真软件安装 /21
3.3　WinCC 的安装 /22
3.3.1　WinCC 组态软件概述 /22
3.3.2　WinCC 的安装 /23
第 4 章　分布式系统的组态与仿真 /29
4.1　项目创建与编辑 /29
4.1.1　项目结构 /29
4.1.2　项目创建步骤 /30
4.1.3　编辑项目 /32
4.2　硬件组态 /35
4.2.1　硬件组态的任务与步骤 /35
4.2.2　CPU 的参数设置 /39
4.2.3　I/O 模块的参数设置 /42
4.3　梯形图程序的实现方法 /46
4.3.1　梯形图（LAD）布局设置 /46
4.3.2　梯形图（LAD）程序编写规则 /48
4.3.3　逻辑块的梯形图程序编写 /50
4.4　S7-PLCSIM 仿真与调试方法 /64

4.4.1 仿真 PLC 的启动 /64

4.4.2 S7-PLCSIM 仿真软件的使用 /65

4.4.3 仿真 PLC 特有的功能及其与实际 PLC 的区别 /69

第 5 章 STEP 7 梯形图编程的基本操作指令 /71

5.1 梯形图指令及其结构 /71

5.1.1 指令的组成 /72

5.1.2 操作数 /72

5.2 位逻辑指令 /73

5.2.1 位逻辑运算指令 /73

5.2.2 位操作指令 /74

5.2.3 跳变沿检测指令 /80

5.3 定时器与计数器指令 /82

5.3.1 定时器指令 /82

5.3.2 时钟存储器 /90

5.3.3 计数器指令 /92

5.3.4 定时器与计数器的配合使用 /96

5.4 数据处理功能指令 /98

5.4.1 传送指令 /98

5.4.2 转换指令 /98

5.5 运算指令 /101

5.5.1 算术运算指令 /101

5.5.2 字逻辑运算指令 /104

5.5.3 数据运算指令应用举例 /106

5.6 移位指令和数据块指令 /106

5.6.1 移位指令 /106

5.6.2 移位指令应用 /109

5.6.3 数据块指令 /110

5.7 控制指令 /112

5.7.1 逻辑控制的梯形图指令 /112

5.7.2 程序控制指令 /114

5.7.3 主控继电器指令 /114

第 6 章 程序结构和设计方法 /116

6.1 STEP 7 CPU 程序结构与堆栈 /116

6.1.1 CPU 程序的块结构 /116

6.1.2 用户程序使用的堆栈 /117

6.2 逻辑块 /119

6.2.1 组织块（OB） /119

6.2.2 功能（FC）和功能块（FB） /122

6.2.3　对逻辑块的编程　　　　　　　　　　　／123
6.3　数据块　　　　　　　　　　　　　　　　　／124
6.3.1　数据类型　　　　　　　　　　　　　／124
6.3.2　数据块的创建方法　　　　　　　　　／126
6.3.3　访问数据块　　　　　　　　　　　　／128
6.4　编程方法与举例　　　　　　　　　　　　　／129
6.4.1　线性化编程　　　　　　　　　　　　／129
6.4.2　分部式编程　　　　　　　　　　　　／131
6.4.3　结构化编程　　　　　　　　　　　　／135

第7章　使用 WinCC 开发和组态项目　　　／150

7.1　WinCC 概述　　　　　　　　　　　　　　　／150
7.1.1　WinCC 的性能特点　　　　　　　　　／150
7.1.2　WinCC 系统构成　　　　　　　　　　／151
7.2　项目的创建与组态　　　　　　　　　　　　／151
7.2.1　建立项目　　　　　　　　　　　　　／151
7.2.2　变量的创建与组态　　　　　　　　　／154
7.2.3　过程画面的创建与组态　　　　　　　／159
7.3　对象的基本操作　　　　　　　　　　　　　／167
7.3.1　对象的基本静态操作　　　　　　　　／167
7.3.2　对象属性的动态化　　　　　　　　　／167
7.3.3　ANSI-C 脚本　　　　　　　　　　　／169
7.3.4　使用图形编辑器的练习　　　　　　　／175
7.4　WinCC 项目的运行　　　　　　　　　　　　／176
7.4.1　设定 WinCC 运行系统的属性　　　　／176
7.4.2　使用变量模拟器　　　　　　　　　　／176
7.4.3　WinCC 与 PLC 联合仿真　　　　　　／178

第2篇　课程设计的要求与备选题目

第8章　分布式控制系统课程设计要求　　　／187

8.1　课程设计要求与成绩评定　　　　　　　　　／187
8.2　控制系统的设计原则与一般步骤　　　　　　／188

第9章　可选题目与设计要求　　　　　　　／193

9.1　运料小车控制系统设计　　　　　　　　　　／193
9.2　机械手的 PLC 控制系统设计　　　　　　　／193
9.3　水箱水位控制系统程序设计　　　　　　　　／194
9.4　邮件分拣机控制系统设计　　　　　　　　　／195
9.5　四层电梯控制系统设计　　　　　　　　　　／196

9. 6　自动送料系统的控制设计　　　　　　　　　　　　　　/ 197

9. 7　多种液体自动混合系统的控制设计　　　　　　　　　/ 198

9. 8　十字路口交通指挥信号灯的控制设计　　　　　　　　/ 199

9. 9　喷水池花色喷水系统的控制设计　　　　　　　　　　/ 200

9. 10　广告牌彩灯的控制设计　　　　　　　　　　　　　　/ 201

9. 11　水温恒温控制系统设计　　　　　　　　　　　　　　/ 202

9. 12　多工步组合机床控制系统设计　　　　　　　　　　　/ 203

9. 13　燃油锅炉控制系统设计　　　　　　　　　　　　　　/ 204

9. 14　车库管理控制系统设计　　　　　　　　　　　　　　/ 205

9. 15　工业洗衣机控制系统设计　　　　　　　　　　　　　/ 205

9. 16　显像管搬运机械手控制系统设计　　　　　　　　　　/ 206

9. 17　直流伺服电动机控制系统设计　　　　　　　　　　　/ 207

9. 18　小球分拣控制系统设计　　　　　　　　　　　　　　/ 208

9. 19　精密滚柱直径筛选系统设计　　　　　　　　　　　　/ 209

9. 20　发动机组控制系统设计　　　　　　　　　　　　　　/ 210

9. 21　自动洗车控制系统设计　　　　　　　　　　　　　　/ 210

9. 22　自动售货机控制系统设计　　　　　　　　　　　　　/ 211

第 3 篇　综合创新实验

第 10 章　综合创新实验　　　　　　　　　　　　　　　/ 214

10. 1　时滞对象 PID 位置算法控制实验设计　　　　　　　　/ 214

10. 2　史密斯预估器实验研究设计　　　　　　　　　　　　/ 216

10. 3　STEP 7、WinCC 及 MATLAB 三位一体的实验平台设计　/ 220

10. 4　基于 OPC 的组态设计及虚拟控制实验　　　　　　　/ 230

10. 5　基于水箱液位控制的 OPC 的组态设计及虚拟实现　　　/ 233

参考文献　　　　　　　　　　　　　　　　　　　　　　/ 240

第1篇
基 础 知 识

分布式控制系统课程设计主要使用西门子 STEP 7 编程软件和 WinCC 组态软件实现。STEP 7 编程软件适用于 SIMATIC S7、C7 、M7 和基于 PC 的 WinAC，是供它们编程、监控和设置参数的工具。STEP 7 具有硬件配置和参数设置、通信组态、编程、测试、启动和维护、文件建档、运行和诊断等功能，且均具有大量的在线帮助，打开某一对象，按【F1】键可以得到该对象的在线帮助。

在 STEP 7 中，用项目来管理一个自动化系统的硬件和软件，并用 SIMATIC 管理器（SIMATIC Manager）对项目进行集中管理。硬件组态部分的软操作都包含在创建项目过程中，利用 STEP 7 组态工具可以方便地完成对自动过程中使用的硬件进行配置和参数设置。而且，STEP 7 的标准软件包集成的语言有梯形图（LAD）、语句表（STL）和功能块图（FBD）。其中，LAD 编程方便简洁，指令语法与继电器的梯形逻辑图相似，是本课程设计主要使用的编程方法。

STEP 7 专业版包含 S7-PLCSIM，安装 STEP 7 的同时也安装了 S7-PLCSIM。对于标准版的 STEP 7，在安装好 STEP 7 后，需要再安装 S7-PLCSIM。S7-PLCSIM 是由西门子公司提供，用来代替 PLC 硬件调试用户程序的仿真软件。在本课程设计中，它与 STEP 7 编程软件一起，用于在计算机上仿真一台 S7-300/400 PLC。因此，课程设计中要求学生设计好基本控制程序后，把程序下载到这台仿真 PLC 中运行，实现 S7 PLC 中的监控和测试。

最后，本课程设计要求利用 SIMATIC WinCC 实现操作员站的基本设计。它是一个基本的操作员接口系统，包括所有重要的操作员控制和监视功能，这些功能可以用于任何工业系统和任何工艺，可以与 S7-PLCSIM 联合实现分布式控制系统的组态和仿真测试。

第 1 章
引 言

分布式控制系统课程设计是紧随分布式控制系统课程设置的实践环节，需要在充分理解分布式控制系统的基本结构和设计思想的基础上进行实践，为此本章将介绍分布式控制系统概述和课程设计的安排和目标。

1.1 分布式控制系统概述

分布式控制系统（distributed control system，DCS），又称集散控制系统或分散型控制系统，是以微处理器和网络为基础，20 世纪 70 年代中期发展起来的实行集中管理和分散控制的计算机控制系统。

分布式控制系统是为了满足大型工业生产和日益复杂的过程控制要求，从综合自动化的角度出发，按照功能分散、管理集中的原则进行构思，采用多层分级、合作自治的结构形式，综合计算机、通信、终端显示和控制技术而发展起来的自动控制系统。目前，分布式控制系统几经更新换代，技术日臻成熟和完善，并以其技术先进、性能可靠、构成灵活、操作简单和价格合理的特点，赢得了广大用户群体，被广泛应用于石油、化工、电力、冶金和轻工等工业领域。

一套最基本的 DCS 应该包括四大组成部分：至少一台现场控制站、至少一台操作员站、一台工程师站（也可利用一台操作员站兼作工程师站）和一条通信系统网络。

①现场控制站完成系统的运算处理控制，是 DCS 的核心部分，系统主要的控制功能由它来完成。

②操作员站主要完成人机界面功能，供操作员操作监视。一般采用桌面型通用计算机系统，如图形工作站或个人计算机等，包括：流程图、总貌、控制组、调整趋势、报警归档等。

③工程师站主要作用是对 DCS 进行应用组态和编程，作为 DCS 中的一个特殊功能站，用于离线组态、在线修改和操作系统开发。

④通信系统包括系统网络和现场总线网络两大部分：系统网络是连接系统各个站的桥梁，用于实现有效的数据传输；现场总线网络主要用于解决工业现场的智能仪表、控制器和执行器等现场设备间的数字通信以及它们与高级控制系统间的信息传递。

DCS 已经从单纯的低层控制功能发展到更高层次的数据采集、监督控制、生产管理等全厂范围的控制、管理系统，因此再将 DCS 看作是仪表系统已经不符合实际情况。从当前发展看，DCS 更应该被看成是一个计算机管理控制系统，其包含了全厂自动化的丰富内涵。目前几乎所有的厂家都在原有的 DCS 的基础上增加了服务器，用来对全系统的数据进行集中的存储和处理。针对一个企业或者工厂常有多套 DCS 的情况，以多服务器、多域为特点的大型综合监控自动化系统已经出现。

DCS 通常采用若干个控制站对一个生产过程中的众多控制点进行控制，各控制站间通过网络连接并可进行数据交换。操作采用计算机操作站，通过网络与控制器连接，收集生产数据，传达操作指令。典型的 DCS 体系结构如图 1-1 所示，图中表明 DCS 各主要组成部分和各部分之间的连接关系。

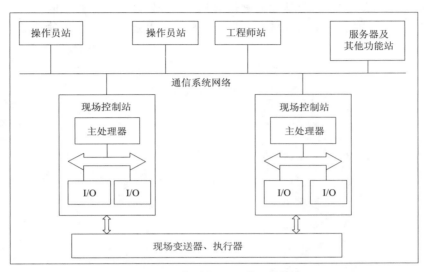

图 1-1 典型的 DCS 体系结构

值得注意的是，应用组态是 DCS 应用过程当中必不可少的一个环节。因为 DCS 是一个通用的控制系统，在其上可实现各种各样的应用，关键是如何定义一个具体的系统完成什么样的控制，控制的输入、输出量是什么，控制回路的算法如何，在控制计算中选取什么样的参数，在系统中设置哪些人机界面来实现人对系统的管理与监控。还有诸如报警、报表及历史数据记录等各个方面功能的定义，所有这些，都是组态所要完成的工作，只有完成了正确的组态，一个通用的 DCS 才能够成为一个针对具体控制应用的可运行系统。

组态工作一般是离线进行的，一旦组态完成，系统就具备了运行能力。当系统在线运行时，工程师站可起到一个对 DCS 本身的运行状态进行监视和及时发现系统异常的作用，并立即进行处置。有时，在 DCS 在线运行当中，也允许进行组态，并对系统的一些定义进行修改和添加，这种操作称为在线组态，因此在线组态也是工程师站的一项重要功能。

1.2 分布式控制系统课程设计概述

"分布式控制系统课程设计"是高等学校机械工程、机械设计制造及其自动化（现代装备与控制工程）等专业的实践类课程，是分布式控制系统课程后续的课程设计环节，建议设置 30 课时。

本课程设计环节使用西门子 STEP 7 软件以及 S7-PLCSIM 仿真器仿真实现分布式控制系统的硬件组态和控制编程过程，利用 WinCC 组态软件完成上位机操作员站和工程师站的控制组态和画面组态设计。具体课时分配参考如下：

①在课程的前 3 课时回顾分布式控制系统的基本内容，介绍利用 STEP 7 中 S7-300 工作站进行控制系统的搭建及组态方法，以及 WinCC 软件使用方法和 PLC 的通信设置方法。

②第 4 课时进行综合实例演练和题目分配。

③第 5～29 课时让学生 2～3 人为一组，根据题目要求进行课程设计。

④第 30 课时要求学生进行动画演示与答辩，并上交课程设计报告书。

分布式控制系统课程设计的目的是，让学生掌握利用可编程控制器（PLC）开发分布式控制系统的方法和过程，培养学生综合运用所学过的分布式控制系统理论知识以及相关的其他专业知识，解决生活和工程中的复杂分布式控制问题的能力，并逐步培养学生独立工作能力与缜密思考的工程思维。

第2章
硬件基础

鉴于本课程设计借助西门子系列 PLC 编程软件 STEP 7 完成，并主要基于 S7-300 站点完成基本硬件组态与设置、编程及仿真。为了方便读者整体了解 PLC，本章将介绍 PLC 的硬件基础知识。

2.1 PLC 的工作原理

PLC 的工作原理是建立在计算机的工作原理基础之上的，即通过执行反映控制要求的用户程序来实现控制逻辑。所以，其工作原理与计算机的工作原理基本上是一致的。

PLC 通电后，首先对硬件和软件进行一些初始化操作。PLC 的每一瞬间只能做一件事，所以程序的执行是按程序顺序依次完成相应各存储器单元（即软继电器）的写操作，它属于串行工作方式。为了使 PLC 的输出及时响应各种输入信号，初始化后 PLC 反复不停地分阶段处理各种不同的任务，如图 2-1 所示。这种周而复始的循环工作模式称为循环扫描。

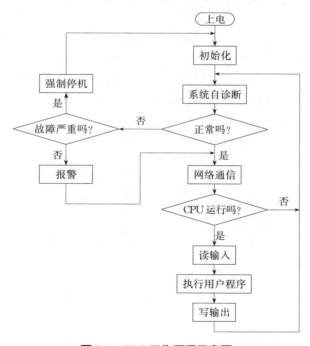

图 2-1 PLC 工作原理示意图

PLC 中的 CPU 有两种基本的工作状态，即运行（RUN）状态和停止（STOP）状态。CPU

运行状态是执行应用程序的状态。CPU 停止状态一般用于程序的编制与修改。除了 CPU 监控到致命错误强迫停止运行以外，CPU 运行与停止方式可以通过 PLC 的外部开关或通过编程软件的运行/停止指令加以选择控制。图 2-1 中给出了 PLC 运行和停止两种状态 PLC 不同的扫描过程。由图 2-1 可知，在这两种不同的工作状态下，扫描过程所要完成的任务是不尽相同的。

PLC 的整个扫描工作过程，可分为以下 3 部分。

1. 上电处理

PLC 上电后对系统进行一次初始化工作，包括硬件初始化、I/O 模块配置运行方式检查、停电保持范围设置及其他初始化处理等。

2. 工作过程

PLC 上电处理完成后进入工作过程。先完成输入处理，其次完成与其他外设的通信处理，然后进行时钟、特殊寄存器更新。当 CPU 处于 STOP 模式时，转入执行自诊断检查；当 CPU 处于 RUN 模式时，完成用户程序的执行和输出处理后，再转入执行自诊断检查。

3. 出错处理

PLC 每扫描一次，执行一次自诊断检查，确定 PLC 自身的动作是否正常，如 CPU、电池电压、程序存储器、I/O、通信等是否异常或出错，当检查出异常时，CPU 面板上的 LED 及异常继电器会接通，在特殊寄存器中会存入出错代码。当出现致命错误时，CPU 可能被强制为 STOP 模式，停止执行用户程序。

PLC 运行正常时，扫描周期的长短与 CPU 的运算速度、I/O 点的情况、用户应用程序的长短及编程情况等均有关。通常用 PLC 执行 1 KB 指令所需时间来说明其扫描速度（一般为 1～10 ms/KB）。值得注意的是，不同指令其执行时间是不同的，从零点几微秒到上百微秒不等，故选用不同指令所用的扫描时间将会不同。若用于高速系统，当要缩短扫描周期时，可从软硬件上考虑。

PLC 只有在 RUN 模式下才执行用户程序。当 PLC 上电后，处于正常工作运行时，将不断地循环重复执行图 2-1 中的各项任务。分析其在 RUN 模式下的工作过程，如果对远程 I/O、特殊模块、更新时钟和其他通信服务等枝叶项内容暂不考虑，这样其主要工作过程就剩下输入采样、程序执行和输出刷新 3 个阶段，如图 2-2 所示。

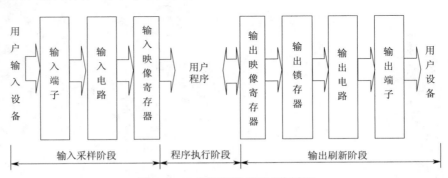

图 2-2　PLC 运行模式下工作过程

1. 输入采样阶段

在输入采样阶段，PLC 把所有外部数字量输入电路随时变化的状态读入至输入映像寄存器中，此时输入映像寄存器被刷新。接着系统进入用户程序执行阶段，在此阶段和输出刷新阶段，输入映像寄存器与外界隔离，无论输入信号如何变化，其内容都保持不变，直到下一个扫描周期的输入采样阶段，才重新写入输入端子的新状态。一般来说，输入信号的宽度要大于一个扫描周期，或者说输入信号的变化频率不能太高，否则很可能造成信号的丢失。

2. 程序执行阶段

PLC 在程序执行阶段，在无中断或跳转指令的情况下，根据梯形图程序从首地址开始按自左向右、自上而下的顺序，对每条指令逐句进行扫描（即按寄存器地址递增的方向进行），扫描一条，执行一条。当指令中涉及输入、输出状态时，PLC 就从输入映像寄存器中"读入"对应输入端子的状态，从组件映像寄存器中"读入"对应组件（软继电器）的当前状态，然后进行相应的运算，最新的运算结果立即再次存入相应的组件映像寄存器中。对除了输入映像寄存器以外的其他的组件映像寄存器来说，每一个组件的状态会随着程序的执行过程而刷新。

PLC 的程序执行，既可以按固定的顺序进行，也可以按用户程序所指定的可变顺序进行。这不仅仅因为有的程序不需要每个扫描周期都执行，也因为在一个大控制系统中需要处理的 I/O 点数较多，通过不同的组织模块安排，采用分时分批扫描执行的办法，可缩短循环扫描的周期，提高控制的实时响应性能。

3. 输出刷新阶段

CPU 执行完用户程序后，将输出映像寄存器中所有"输出继电器"的状态在输出刷新阶段一起转存到输出锁存器中。在下一个输出刷新阶段开始之前，输出锁存器的状态不会改变，从而保证相应输出端子的状态也不会改变。

输出锁存器的状态为 1，输出信号经输出模块隔离和功率放大后，接通外部电路使负载通电工作；输出锁存器的状态为 0，断开对应的外部电路使负载断电，停止工作。

程序执行过程中，集中输入与集中输出的工作方式是 PLC 的一个特点。在采样期间，将所有输入信号（不管该信号当时是否要用）一起读入，此后在整个程序处理过程中 PLC 系统与外界隔开，直至输出控制信号。外界信号状态的变化要到下一个工作周期才会在控制过程中有所反应。这样从根本上提高了系统的抗干扰能力，保证了工作的可靠性。

这 3 个阶段也是分时完成的。为了连续地完成 PLC 所承担的工作，系统必须周而复始地以一定的顺序完成这一系列的具体工作。

2.2 PLC 的组成

2.2.1 硬件组成

PLC 的硬件主要由中央处理器（CPU）、存储器、输入/输出单元、通信接口、扩展接口、电源等部分组成。其中，CPU 是 PLC 的核心，输入单元与输出单元是连接现场输入/输出设备与 CPU 之间的接口电路，通信接口用于与编程器、上位计算机等外设连接。

对于整体式 PLC，所有部件都装在同一机壳内，其组成框图如图 2-3 所示，其他结构的 PLC 各部分可根据实际情况进行选择或组合。

当前的各种 PLC 外观和结构各有不同，但各部分的功能作用是相同的。下面对 PLC 各主要组成部分进行简单介绍。

1. 中央处理器（CPU）单元

中央处理器单元是 PLC 的核心部分，包括微处理器和控制接口电路。

微处理器是 PLC 的运算和控制中心，由它实现逻辑运算、数字运算，协调控制系统内部各部分的工作。它在系统程序的控制下执行各项任务，其主要任务如下：

① 用扫描方式接收现场输入装置的状态或数据，并存入输入映像寄存器或数据寄存器；

② 接收并存储从编程器输入的用户程序和数据；

③ 诊断电源和 PLC 内部电路的工作状态及编程过程中的语法错误；

④ 在 PLC 进入运行状态后，从存储器逐条读取用户指令，执行用户程序并进行数据处理，更新有关标志位的状态和输出映像寄存器，实现输出控制、制表打印或数据通信等。

一般说来，PLC 的档次越高，CPU 的位数越多，运算速度越快，指令功能也越多。为了提高 PLC 的性能和可靠性，有的一台 PLC 上采用了多个 CPU。

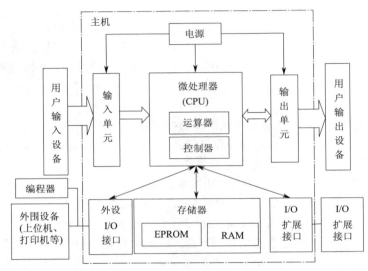

图 2-3　PLC 组成框图

2. 存储器单元

存储器是 PLC 存放系统程序、用户程序及运算数据的单元。和计算机一样，PLC 的存储器可分为只读存储器（ROM）和随机存储器（RAM）两大类。PLC 的存储器的特点：可靠性高、实时性好、功耗低、工作时温升小、可用电池供电、数据存储不消失、停电后能长期保存数据，以适应恶劣的工作环境和所要求的工作速度。

系统程序关系到 PLC 的性能，是由 PLC 制造厂家编写的，直接固化在只读存储器中。一般为掩模只读存储器（MROM）和可编程只读存储器（PROM），用户不能访问和修改。系统程序与 PLC 的硬件组成有关，用来完成系统诊断、命令解释、功能子程序调用和管理、逻辑运算、通信及各种参数设置等功能，提供 PLC 运行的平台。

用户程序是由用户根据对象生产工艺的控制要求而编制的应用程序。为了便于读出、检查和修改，用户程序和系统运行中产生的临时数据一般存于 RAM 中，用锂电池或电容作为后备电源，以保证掉电时不会丢失信息。为了防止干扰对 RAM 中程序的破坏，当用户程序经过运行正常、不需要改变时，可将其固化在只读存储器 EPROM 中。现在有许多 PLC 直接采用 EEPROM 作为用户程序存储器。

① 随机存取存储器（RAM）。CPU 可以读出 RAM 中的数据，也可以将数据写入 RAM，因此 RAM 又称读/写存储器。它是易失性的存储器，电源中断后，储存的信息将会丢失。

RAM 的工作速度高，价格便宜，改写方便。在关断 PLC 的外部电源后，可以用锂电池来保存 RAM 中存储的用户程序和数据。需要更换锂电池时，由 PLC 发出信号通知用户。

② 只读存储器（ROM）。ROM 的内容只能读出，不能写入。它是非易失的，电源消失后，仍能保持存储的内容。ROM 一般用来存放 PLC 的操作系统。

③ 快闪存储器和 EEPROM。快闪存储器（FLASH EPROM）简称为 FEPROM，电可擦可编程只读存储器简称为 EEPROM。它们是非易失性的，可以用编程装置对它们编程，兼有 ROM 的非易失性和 RAM 的随机存取优点，但是将信息写入时它们所需的时间比 RAM 长得多。它们用来存放用户程序和断电时需要保存的重要数据。

工作数据是 PLC 运行过程中经常变化、经常存取的一些数据。它存放在 RAM 中，以适应随机存取的要求。在 PLC 的工作数据存储器中，设有存放输入/输出继电器、辅助继电器、定时器、计数器等逻辑器件状态的存储区，这些器件的状态都是由用户程序的初始设置和运行情况而确定的。根据需要，部分数据在掉电时用后备电池维持其现有的状态，这部分在掉电时可保存数据的存储区域为保持数据区。不同形式的数据如何存放和调用完全由系统程序自动管理。

由于系统程序及工作数据与用户无直接联系，所以在 PLC 产品样本或使用手册中所列存储器的形式及容量是指用户程序存储器。PLC 的用户存储器通常以字（16 位/字）为单位来表示存储容量。当 PLC 提供的用户程序存储器容量不够用时，许多 PLC 还提供存储器扩展功能。

3. 输入/输出单元

输入/输出（I/O）单元是 CPU 与现场输入/输出装置或其他外围设备之间的连接部件。PLC 之所以能在恶劣的工业环境中可靠地工作，I/O 接口技术起着关键作用。I/O 单元可与 CPU 放在一起，也可远程放置。通常 I/O 单元上还具有状态显示和 I/O 接线端子排。

输入单元将现场的输入信号经过输入单元接口电路的转换，转换为中央处理器能接收和识别的标准电压信号，再送给 CPU 进行运算；输出单元则将 CPU 输出的标准电压信号转换为控制器所能接收的电压、电流信号，以驱动信号灯、电磁阀、电磁开关等。PLC 提供了各种操作电平与驱动能力的 I/O 单元，以及各种用途的 I/O 组件供用户选用。

① 开关量输入模块。其作用是连接外部的机械触点或电子数字式传感器（例如光电开关），把现场的开关量信号变成 PLC 内部处理的标准信号。每路输入信号均经过光电隔离、滤波，然后送入输入缓冲器等待 CPU 采样，每路输入信号均有 LED 显示，以指明信号是否到达 PLC 的输入端子。一般在直流输入单元使用 PLC 本身的直流电源供电，不再需要外接电源。

直流输入电路如图 2-4 所示。开关量输入接口按可接收的外部信号源的类型不同，分为直流输入单元和交流输入单元。直流输入单元的延迟时间较短，可以直接与接近开关、光电开关等电子输入装置连接。如果信号线不是很长，PLC 所处的物理环境较好，应考虑优先使用 DC 24 V 的输入模块。交流输入单元适合于在有油雾、粉尘的恶劣环境下使用。

交流输入电路如图 2-5 所示，与直流输入电路的区别主要是增加了一个整流的环节。交流输入的输入电压一般为 AC 20 V 或 230 V。交流电经过电阻 R 的限流和电容 C 的隔离（去除电源中的直流成分），再经过桥式整流为直流电，其后工作原理和直流输入电路一样。

② 开关量输出模块。其作用是把 PLC 内部的标准信号转换为现场执行机构所需要的开关量信号，一般开关量输出模块本身都不带电源。各路输出均有电气隔离措施（光电隔离）。各路输

出均有 LED 显示，只要有驱动信号，输出指示灯 LED 亮，为观察 PLC 的工作状况或故障分析提供标志；输出电源一般均由用户提供。输出模块提供具有一定通断能力的常开触点，触点上有防过电压、灭弧措施。

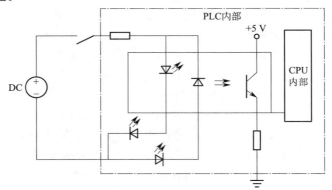

图 2-4　直流输入电路

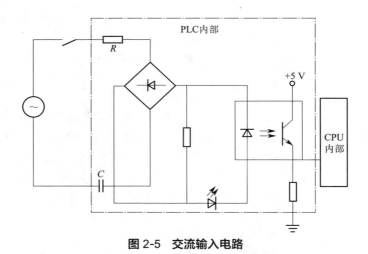

图 2-5　交流输入电路

继电器型开关量输出接口内部参考电路如图 2-6 所示，晶体管型开关量输出接口内部参考电路如图 2-7 所示。

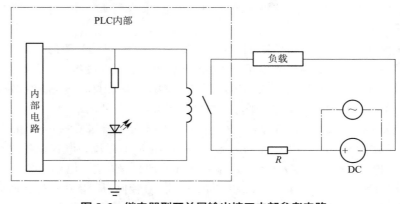

图 2-6　继电器型开关量输出接口内部参考电路

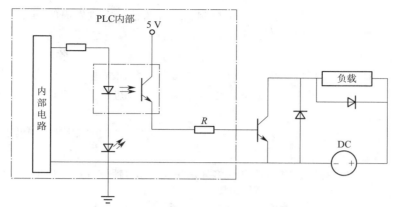

图 2-7　晶体管型开关量输出接口内部参考电路

③ 模拟量输入模块。其作用是把现场连续变化的模拟量标准信号转换成适合可编程控制器内部处理的二进制数字信号。模拟量输入接口接收标准模拟电压或电流信号均可。标准信号是指符合国际标准的通用交互用电压电流信号值，如 4～20 mA 直流电流信号，1～10 V 的直流电压信号等。工业现场中模拟量信号的变化范围一般是不标准的，在送入模拟量接口时一般都需经过变送处理才能使用。模拟量信号输入后一般经运算放大器放大后进行 A/D 转换，再经光电耦合后为 PLC 提供一定位数的数字量信号，如图 2-8 所示。

图 2-8　模拟量输入模块的电路框图

④ 模拟量输出模块。其作用是将可编程控制器运算处理后（若干位数字量信号转换为相应的模拟量信号）输出以满足生产过程现场连续控制信号的需要。模拟量输出接口一般由光电隔离、D/A 转换和信号驱动等环节组成，其原理图如图 2-9 所示。

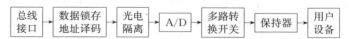

图 2-9　模拟量输出模块的电路框图

PLC 两次输出操作之间，端子上的模拟量保持不变。由于 PLC 的扫描速度为毫秒级，所以可以认为输出没有台阶，输出是平滑的。

4. 电源单元

PLC 配有开关电源，以供内部电路使用。与普通电源相比，PLC 电源的稳定性好，抗干扰能力强，对电网提供的电源稳定度要求不高，一般允许电源电压在其额定值±15％的范围内波动，许多 PLC 还向外提供 DC 24 V 稳压电源，用于对外部传感器供电。

①内部电源：开关稳压电源，供内部电路使用；大多数机型还可以向外提供 DC 24V 稳压电源，为现场的开关信号、外部传感器供电。

②外部电源：可用一般工业电源，并备有锂电池，使外部电源出现故障时内部重要数据不会丢失。

5. 接口单元

通信接口主要用于 PLC 与 PLC 之间、PLC 与上位机以及其他数字设备之间交换数据，用以实现程序下载/上传、监测运行、分散/集中控制、远程监控、人机界面等功能。PLC 一般都带有多种类型的通信接口，也可根据需要进行扩展。

6. 智能模块

智能模块是个独立的计算机系统，有自己的处理器、系统程序、存储器以及与 PLC 相连的接口。它作为 PLC 系统的一个模块，通过总线与 PLC 相连，进行数据交换，并在 PLC 的协调管理下独立地进行工作。

PLC 的智能模块种类很多，如高速计数模块、闭环控制模块、运动控制模块、中断计数模块等。

7. 其他外围设备

除了以上的部件和设备外，PLC 还有许多外围设备，如编程设备、EPROM 写入器、外存储器、人机接口装置等。

编程设备用来编辑、调试、输入用户程序，也可在线监控 PLC 内部状态和参数，与 PLC 进行人机对话，它是开发、应用、维护 PLC 不可缺少的工具。可编程控制器的编程设备一般分为两类：一类是由 PLC 厂家生产，专供该厂家生产的某些 PLC 产品使用的专用编程器，有手持式的，也有便携式的；另一类是可以安装在通用计算机系统上的专用编程软件包。目前使用最为广泛的是安装在通用计算机系统中的专用编程软件。

2.2.2 软件组成

可编程控制器的软件包含系统软件和应用软件两大部分。

1. 系统软件

系统软件包含系统的管理程序、用户指令的解释程序，另外还包括一些供系统调用的专用标准程序块等。系统管理程序用以完成机内运行相关时间分配、存储空间分配管理及系统自检等工作。用户指令的解释程序用以完成用户指令变换为机器码的工作。系统软件在用户使用可编程控制器之前就已装入机内，并永久保存，在各种控制工作中并不需要做什么调整。

2. 应用软件

应用软件又称用户软件，是用户为达到某种控制目的，采用 PLC 厂家提供的编程语言自主编制的程序。根据控制要求，使用导线连接继电器-接触器来确定控制器件间逻辑关系的方式称为接线逻辑。用预先存储在 PLC 机内的程序实现某种控制功能，就是通常所说的存储逻辑。

2.3　PLC 的编程语言

应用程序的编制需要使用 PLC 生产方提供的编程语言，但截至今日仍没有一种能适合于各种 PLC 的通用编程语言。由于各国 PLC 的发展过程有类似之处，PLC 的编程语言及编程工具都大体差不多。国际电工委员会（IEC）对 PLC 的定义是：PLC 是一种进行数字运算的电子系统，是专为在工业环境下的应用而设计的工业控制器。它采用可编程的存储器来存储指令，实现逻辑运算、顺序控制、定时、计数及算术运算等操作，并通过数字式或模拟式的输入和输出，控制各种机械的生产过程。PLC 及其有关外围设备，都按易于与工业控制系统连成一个整体、易于扩充其功能的原则设计。

2.3.1　PLC 编程语言的国际标准

国际电工委员会（IEC）是为电子技术的所有领域制定全球标准的国际组织。IEC 611131 是

PLC 的国际标准，我国参照 IEC 61131 标准，在 1995 年 12 月发布了 PLC 的国家标准 GB/T 15969。

IEC 61131 由 5 部分组成：通用信息、设备与测试要求、编程语言、用户指南和通信。其中的第三部分（IEC 61131-3）是 PLC 的编程语言标准。IEC 61131-3 是世界上第一个，也是至今为止唯一的工业控制系统的编程语言标准。

IEC 61131-3 标准极大地改善了工业控制系统的编程质量并提高了工业控制的效率，得到了美国 ABB、德国西门子等世界知名公司的支持和推动，越来越多的制造商和客户开始采用该标准。IEC 61131-3 标准最初主要用于 PLC 的编程系统，但它目前同样也适用于过程控制领域、分散控制领域、SCADA 领域等。随着 PLC 技术、编程语言等的发展，IEC 61131-3 标准也在不断地扩大和补充完善。

目前已有越来越多的生产 PLC 的厂家提供符合 IEC 61131-3 标准的产品，IEC 61131-3 已经成为集散控制系统（DCS）、工业控制计算机（IPC）、现场总线控制系统（FCS）、数据采集与监视控制（SCADA）和运动控制系统实施上的软件标准。有的厂家推出的在个人计算机上运行的"软 PLC"软件包也是按 IEC 61131-3 标准设计的。

2.3.2　PLC 的编程语言

1994 年 5 月，国际电工委员会公布了 IEC 61131-3 标准（可编程控制器语言标准）。IEC 61131-3 国际标准分为两个部分：公用元素和编程语言。公用元素部分规范了数据类型定义与变量、程序组织单元、软件模型及其元素，并引入了配置、资源、任务和程序的概念。编程语言部分描述了 PLC 编程语言的句法、语义，以及对梯形图、语句表、功能块图、顺序功能图和结构化文本 5 种编程语言进行了说明。

1. 梯形图

梯形图（ladder diagram，LAD）是 PLC 编程最常用的一种语言，是一种以图形符号及其在图中的相互关系表示控制关系的编程语言，是从继电器控制系统原理图的基础上演变而来的。其与继电器控制系统梯形图的基本思想是一致的，只在使用符号和表达方式上有一定区别。可编程控制器中参与逻辑组合的组件可看成和继电器一样的器件，具有常开、常闭触点及线圈，且线圈的得电及失电将导致触点的相应动作。再用母线代替电源线，用能量流概念来代替继电器线路中的电流概念，可采用绘制继电器线路图类似的思路绘制梯形图。

PLC 的设计初衷是为工厂车间电气技术人员而使用的，为了符合继电器控制电路的思维习惯，作为首先在 PLC 中使用的编程语言，是 PLC 编程语言中使用最广泛的一种语言。LAD 保留了继电器电路图的风格和习惯，成为广大电气技术人员最容易接受和使用的语言。LAD 需要说明的是，PLC 中的继电器等编程组件并不是实际物理组件，而是机内存储器中的存储单元，它的所谓接通或断开是对相应存储单元置 1 或置 0。

LAD 具有以下特点：

①LAD 是一种图形语言，沿用传统控制图中的继电器触点、线圈、串联等术语和一些图形符号构成，左右的竖线称为左右母线。

②LAD 中的触点只有常开和常闭，触点可以是 PLC 输入点接的开关，也可以是 PLC 内部继电器的触点或内部寄存器、计数器等的状态。

③LAD 中的触点可以任意串、并联，但线圈只能并联不能串联。

④内部继电器、计数器、寄存器等均不能直接控制外部负载，只能作为中间结果供 CPU 内部使用。

⑤PLC 采用循环扫描工作方式，其沿着 LAD 先后顺序执行，在同一扫描周期中的结果保留在输出状态暂存器中，所以输出点的值在用户程序中可以当作条件使用。

2. 语句表

语句表（statement list，STL）语言，又称指令表，是程序的另一种表示方法，使用助记符来书写程序，它和单片机程序中的汇编语言类似。但比汇编语言通俗、易懂，属于 PLC 的基本编程语言。语句表中的语句指令依一定的顺序排列而成，一条指令一般由助记符和操作数两部分组成，有的指令只有助记符而没有操作数，故称为无操作数指令。STL 程序和 LAD 程序有严格的对应关系。对指令表编程不熟悉的人可先画出梯形图，再转换为语句表。

STL 具有以下特点：

①利用助记符表示操作功能，具有容易记忆，便于掌握的特点。

②在编程器的键盘上就可以进行编程设计，便于操作。

③一般 PLC 程序的 LAD 和 STL 可以互相转换。

④部分 LAD 或其他编程语言无法表达的 PLC 程序，必须使用 STL 才能编程。

3. 功能块图

功能块图（function block diagram，FBD）是一种类似于数字逻辑电路的编程语言，逻辑直观，使用方便。该编程语言有与 LAD 编程中的触点和线圈等价的指令，用类似与门、或门的方框来表示逻辑运算关系，方框的左侧为逻辑运算的输入变量，右侧为输出变量，信号自左向右流动。就像电路图一样，它们被"导线"连接在一起。FBD 对于熟悉数字电路的人员来说比较容易掌握，可以解决范围广泛的逻辑问题。

FBD 具有以下特点：

①以功能模块为单位，从控制功能入手，使控制方案的分析和理解变得容易。

②功能模块是用图形化的方法描述功能，它的直观性大大方便了设计人员的编程和组态，有较好的易操作性。

③对控制规模较大、控制关系较复杂的系统，由于控制功能的关系可以较清楚地表达出来，因此，编程和组态时间可以缩短，调试时间也能减少。

4. 顺序功能图

顺序功能图（sequential function chart，SFC）又称流程图或状态转移图，是一种图形化的功能性说明语言，常用来编制顺序控制类程序，它包含步、动作和转换三个要素。顺序功能编程法可将一个复杂的控制过程分解为一些小的工作状态，对这些小的工作状态的功能分别处理后再按一定的顺序控制要求连接组合成整体的控制程序。SFC 体现了一种编程思想，使用它可以对具有并发、选择等复杂结构的系统进行编程，在程序的编制中有很重要的意义。

SFC 具有以下特点：

①以功能为主线，条理清楚，便于相关人员对程序操作的理解和沟通。

②对大型的程序，可分工设计，采用较为灵活的程序结构，可节省程序设计时间和调试时间。

③常用于系统规模校大、程序关系较复杂的场合。

④整个程序的扫描时间较由其他程序设计语言编制的程序的扫描时间要大大缩短。

5. 结构化文本

结构化文本（structured text，ST）是一种高级的文本语言，可以用来描述功能、功能块和程序的行为，还可以在顺序功能图中描述步、动作和转变的行为。结构化文本语言是一个专门为工业控制应用而开发的编程语言，具有很强的编程能力，用于对变量赋值、调用功能和功能块、创建表达式、编写条件语句和迭代程序等。

随着 PLC 的飞速发展，如果许多高级功能还使用 LAD 来表示，会很不方便。为了增强 PLC 的数学运算、数据处理、图表显示、报表打印等功能，许多大中型 PLC 都配备了 PASCAL、BASIC、C 语言等高级编程语言。

ST 具有以下特点：

①采用高级语言进行编程，可以完成较复杂的控制运算。

②需要有一定的计算机高级程序设计语言的知识和编程技巧，对编程人员的技能要求较高。

③直观性和易操作性相对差。

④常被用于采用功能模块等其他语言较难实现的一些控制功能的实施。

与 LAD 相比，ST 有两个很大的优点：一是能实现复杂的数学运算；二是非常简洁和紧凑，用结构化文本编制极其复杂的数学运算程序可能只占一页纸。结构化文本用来编制逻辑运算程序也很容易。

对于一款具体的 PLC，生产厂家可在这 5 种表达方式中提供其中的几种编程语言供用户选择。也就是说，并不是所有的 PLC 都支持全部的 5 种编程语言。绝大多数 PLC 都使用 LAD 与语句表进行编程。西门子公司 PLC S7-200 的编程软件 STEP 7 MICRO-WIN 和 S7-300/400 的编程软件 STEP 7 均支持 LAD、STL 和 FBD 编程语言。

第3章
软 件 安 装

STEP 7 安装程序可自动完成安装。通过菜单可控制整个安装过程。可通过标准 Windows 2000/XP/Server 2003 软件安装程序执行安装。

3.1　STEP 7 的安装与卸载

STEP 7 是西门子全集成自动化的基础，STEP 7 用于对所有的 SIMATIC 部件进行集中管理，它是 SIMATIC S7、M7、C7 和 SIMATIC WinAC 自动化系统的标准工具。STEP 7 使系统具有统一的组态和编程方式，统一的数据管理和数据通信方式。STEP 7 编程工具由一系列应用程序（工具）组成。

STEP 7 主要有以下功能：

①组态硬件，即在机架中放置模块，为模块分配地址和设置模块的参数。

②组态通信连接，定义通信伙伴和连接特性。

③使用编程语言编写用户程序。

④下载和调试用户程序、启动、维护、文件建档、运行和诊断等功能。

1. STEP 7 软件的分类

①STEP 7 Micro/WIN 用于 S7-200 的专用简化版单机编程软件。

②STEP 7 Lite 能完成 S7-300、C7 以及带有 CPU 的 ET 200S 和 ET 200X 系列分布式 I/O 的编程和硬件组态，但不能集成其他软件。

③STEP 7 Basic 能完成 S7-300、M7、C7 基本编程和硬件组态，支持 LAD、STL 和 FBD。

④STEP 7 Professional 支持 STEP 7 Lite 的所有功能，并且增加了图形化语言（GRAPH）、结构化语言（SCL）和 PLCSIM。

STEP 7 标准软件包包含一系列应用程序：SIMATIC Manager、硬件配置、编程语言、NET-PRO、符号编辑器以及硬件诊断。这些应用程序不需要单独打开，在选择相应功能或打开对象时，将会自动启动这些工具。

2. 许可证管理

使用 STEP 7 编程软件时用户需要产品的许可证密钥（license key），版本较老的软件称之为授权。使用 STEP 7 V5.3 以上版本，需要通过 Automation License Manger 管理许可证密钥。

3. STEP 7 的安装

以安装 STEP 7 V5.5 为例，该版本支持的操作系统有 Windows XP Professional、Windows Server 2003 以及 Windows 7 Business、Ultimate 和 Enterprise。

硬件要求如下：

①能够运行所需操作系统的编程器（PG）或者 PC。PG 是专门为在工业环境中使用而设计的 PC，它已经预装了包括 STEP 7 在内的用于 SIMATIC PLC 组态、编程所需的软件。

②CPU：主频 600 MHz 以上。

③RAM：512 MB 内存以上。

④MPI 接口（可选）：当 STEP 7 通过 MPI 与 PLC 通信时，需要一个与设备通信端口连接的 PC USB 适配器或安装 MPI 模块（如 CP5611）。

下面以 STEP 7 V5.5 中文版为例，介绍 STEP 7 的安装过程。安装前，建议重启一次计算机，尽量不要修改软件默认的安装目录，最好关闭电脑管家类防护软件，以免影响安装效果。STEP 7 的安装过程比较缓慢，尽量减少在安装期间对计算机的操作。

如果计算机没有安装 .NET Framework V1.1，应先安装该工具。

双击安装根目录下的文件 Setup. exe 启动 STEP 7 安装程序。每步完成后并对出现的对话框进行操作后，单击"下一步"按钮，进入下一个步骤。

①选中"安装程序语言：简体中文"单选按钮，如图 3-1 所示。

②选中接受许可协议中的条款，如图 3-2 所示。

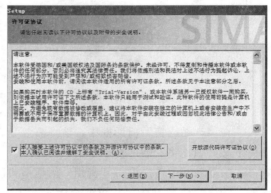

图 3-1　安装语言选择　　　　　　　　　　图 3-2　许可证协议

③在"系统设置"对话框中，选中"我接受对系统设置的更改"复选框，如图 3-3 所示。

④在"说明文件"对话框中，可阅读安装注意事项，如图 3-4 所示。

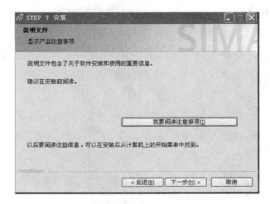

图 3-3　系统设置　　　　　　　　　　　　图 3-4　说明文件

⑤在"用户信息"对话框中，输入用户的信息，如图 3-5 所示。

⑥在"安装类型"对话框中，选择安装的类型，有以下 3 种安装类型：

a. 典型的：安装标准的程序功能、项目实例和手册，可以选择安装的语言，需要较大的硬盘空间。初学者最好选择典型安装。

b. 最小：只安装一种语言，不安装实例和手册，所需硬盘空间最小。

c. 自定义：可以选择是否安装程序功能、实例和通信功能等，适用于有经验的用户。

单击"更改"按钮，可以改变安装 STEP 7 的文件夹。修改后单击"确定"按钮，返回"安装类型"对话框，如图 3-6 所示。

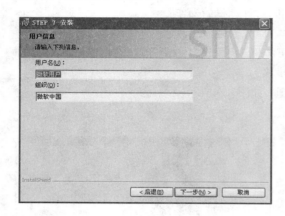

图 3-5　输入用户信息

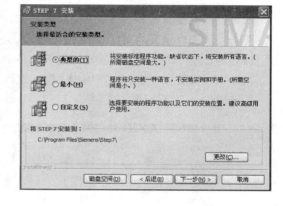

图 3-6　STEP 7 安装界面

⑦在"产品语言"对话框中，选择需要安装的语言，英语是默认的语言，此外还可选择安装简体中文，因此将安装两种语言。

⑧如果选择"传送许可证密钥"对话框中的"是，应在安装期间进行传送"，那么安装程序将插入的许可证 U 盘中的许可证密钥导入计算机的硬盘；如果选择"否，可以以后再传送许可证密匙"，继续安装 STEP 7。

⑨安装时出现与防火墙有关的对话框，单击"是"按钮继续安装。

⑩在安装 STEP 7 的后期，将出现"设置 PG/PC 接口"（设置编程器/计算机接口）对话框，可以选择编程计算机与 PLC 通信的硬件和通信协议，也可以在软件安装完后，在 STEP 7 或控制面板中打开"设置 PG/PC 接口"对话框，设置通信参数。

设置 PG/PC 接口的方法如下：

安装 STEP 7 期间，将显示一个对话框，可以将参数分配给 PG/PC 接口，也可以在 STEP 7 程序组中调用"设置 PG/PC 接口"，在安装后打开该对话框。这样可以在安装以后修改接口参数，而与安装无关。

如果使用带 MPI 卡或通信处理器（CP）的 PC，那么应该在 Windows 的"控制面板"中检查中断和地址分配，确保没有发生中断冲突，也没有地址区重叠现象。为了简化将参数分配给编程设备 PG/PC 接口，对话框将显示默认的基本参数设置（接口组态）选择列表。

如图 3-7 所示，在 Windows "控制面板"中双击"设置 PG/PC 接口"，将"应用访问点"设置为"S7ONLINE"。

在"为使用的接口分配参数"列表中，选择所要求的接口参数设置。如果没有显示所要求的接口参数设置，那么必须首先通过"选择"按钮安装一个模块或协议。然后自动产生接口参数设置。在即插即用系统中，不能手动安装即插即用 CP（CP 5611 和 CP 5511）。在 PG/PC 中安装硬件后，它们自动集成在"设置 PG/PC 接口"中。具体的设置步骤和属性如图 3-8～图 3-10 所示。

图 3-7　控制面板设置

图 3-8　设置 PG/PC 接口

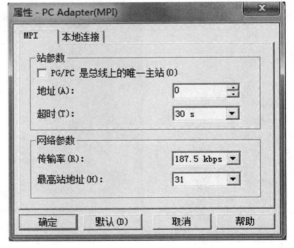

图 3-9　设置 MPI 属性

如果选择具有自动识别总线参数功能的接口〔例如 CP 5611（自动）〕，那么可以将编程设备或 PC 连接到 MPI 或 PROFIBUS，而无须设置总线参数。如果传输速率小于 187.5 kbit/s，那么读取总线参数时，可能产生高达 1 min 的延迟。

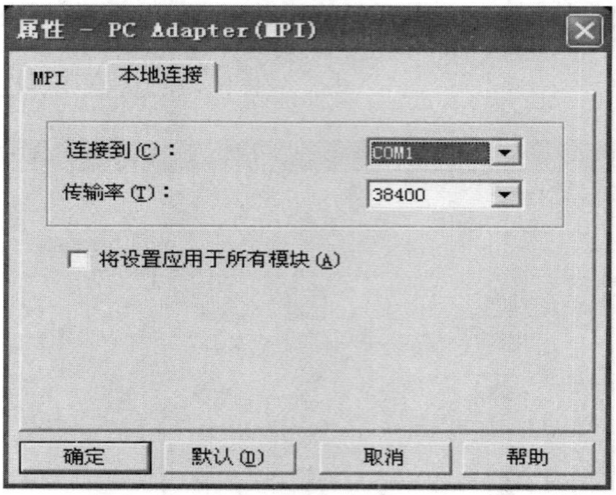

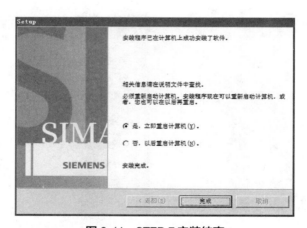

图 3-10　设置本地连接属性

对于 PG/PC 接口如果发生变更时，可以进行"安装/删除接口"操作。

在安装期间，将自动检查计算机是否带有读卡器，并显示存储卡参数设置对话框。一般选择不安装读卡器。

STEP 7 安装结束并确认后，将开始自动安装 Automation License Manger。安装完成后，在出现的对话框中，最好选择"是，立即重启计算机"单选按钮。单击"完成"按钮，结束安装过程，如图 3-11 所示。

STEP 7 V5.5 安装结束后，需要安装仿真软件 S7-PLCSIM。在 SIMATIC Manager 窗口中执行菜单命令"选项"→"自定义"，在"语言"选项中可设置语言为英语或中文，在"常规"选项中可设置项目和库的存储位置。

图 3-11　STEP 7 安装结束

4. STEP 7 的卸载

①卸载前的准备工作。STEP 7 保存项目的默认文件夹为"… \ Siemens \ Step7 \ S7Proj"，可以用菜单命令"选项"→"自定义"修改该默认文件夹，可以用 SIMATIC Manager 的菜单命令"文件"→"另存为"将"\ Siemens \ Step7 \ S7Proj"中的项目保存到其他文件夹，也可以用菜单命令"文件"→"归档"将它们压缩到其他文件夹。不要用 Windows Explorer 的复制或者

移动功能来处理这些项目文件。

备份文件夹"…Siemens \ Step 7 \ S7data \ gsd"中的 GSD 文件。

建议首先卸载其他 Siemens 软件，卸载完 STEP 7 后再重新安装这些软件。

②卸载 STEP 7 的操作过程。双击控制面板中的"添加或删除程序"图标，打开"添加或删除程序"对话框。在已经安装的软件列表中选中要卸载的软件，再单击出现的"删除"按钮，开始卸载软件。

3.2 S7-PLCSIM 仿真软件安装

设计好 PLC 的用户程序后，需要对程序进行调试，一般用 PLC 的硬件来调试程序。以下情况需要对程序进行仿真调试。

①设计好程序后，PLC 的硬件尚未购回。

②控制设备不在本地，设计者需要对程序进行修改和调试。

③PLC 已经在现场安装好了，但是在实际系统中进行某些调试有一定的风险。

④初学者没有调试 PLC 程序的硬件。

为了解决这些问题，西门子公司提供了功能强大、使用方便的仿真软件 S7-PLCSIM。可以用它代替 PLC 硬件来调试用户程序。S7-PLCSIM 与 STEP 7 编程软件集成在起，用于在计算机上模拟 S7-300 CPU 的功能，可以在开发阶段发现和排除错误，从而提高用户程序的质量和降低调试的费用。S7-PLCSIM 也是学习 S7-300/400 编程、程序调试和故障诊断的有力工具。

S7-PLCSIM 能够在 PG/PC 上模拟 S7-300、S7-400 系列 CPU 运行。STEP 7 标准版并未包括 S7-PLCSIM 软件包及授权，需单独购买。STEP 7 Professional 版包括了 S7-PLCSIM 的软件包及授权，安装即可。

安装好 STEP 7 V5.5 中文版后，再安装 S7-PLCSIM，S7-PLCSIM 将自动嵌入 STEP 7。安装 S7-PLCSIM 相对简单，如图 3-12、图 3-13 所示，在此不再赘述其安装过程。成功安装了 S7-PLCSIM 之后，该软件会集成到 STEP 7 环境中，在 SIMATIC Manager 工具栏上，可以看到仿真模块按钮 变为有效状态，否则按钮处于失效状态。

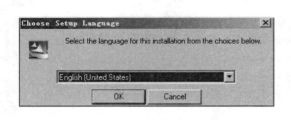

图 3-12 S7-PLCSIM 安装语言选择

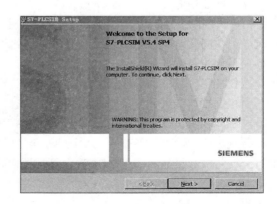

图 3-13 S7-PLCSIM 安装界面

S7-PLCSIM 可以在计算机上对 S7-300 PLC 的用户程序进行仿真与调试，仿真时计算机不需要连接任何 PLC 的硬件。

S7-PLCSIM 可以像对真实的硬件一样，对模拟 CPU 进行程序下载、测试和故障诊断，具有方便和安全的特点，因此非常适合前期的工程调试。S7-PLCSIM 虽可供不具备硬件设备的读者学习时使用，但 S7-PLCSIM 与真实硬件是有区别的，部分硬件功能在 S7-PLCSIM 上是不能模拟的，S7-PLCSIM 的部分功能在实际 PLC 上也不能实现。

3.3 WinCC 的安装

西门子公司的 WinCC 也是一套完备的组态开发环境，但结构相对复杂。西门子提供类似 C 语言的脚本，包括一个调试环境。WinCC 内嵌 OPC 支持，并可对分布式系统进行组态。

3.3.1 WinCC 组态软件概述

SIMATIC WinCC（Windows Control Center），即西门子自动化视窗控制中心，它是德国西门子公司自动化领域的代表软件之一，是西门子公司在过程自动化领域的先进技术与微软公司强大软件功能相结合的产物。WinCC 1996 年进入世界工控组态软件市场就取得了巨大的成功，当年就被美国 *Control Engineering* 杂志评为最佳 HMI 软件，并以最短的时间发展成第三个在世界范围内成功的 SCADA 系统。

WinCC 是一款性能全面、技术先进、系统开放、方便灵活的 HMI/SCADA 软件。西门子公司与世界各大制造商都有着广泛的合作，产品兼容性很广，其通信驱动程序的种类还在不断地增加。通过 OPC（OLE for Process Control）的方式，WinCC 还可以与更多的第三方控制器进行通信，极大地提高了程序通用性。

WinCC 最引人注目之处还是其广泛的应用范围，集生产自动化和过程自动化于一体，实现了相互之间的整合。其中 WinCC V6.0 采用流行的标准 Microsoft SQL Server 数据库以实现数据归档，与 SIMATIC S5、S7 系列的 PLC 连接简单易行、通信高效，并在原有的版本上增强了 IT 功能及 Web 功能，其基本功能也有了进一步的完善。

1. WinCC 的变量

WinCC 的变量（tags）是 WinCC 系统的最基本组成元素，通过变量可以得知控制系统的参量变化，而监控画面的变化是 WinCC 变量的直观显示。WinCC 的变量分为内部变量和过程变量（又称外部变量）。把与外部控制器没有过程连接的变量称为内部变量，它是为了组态和编程方便而定义的中间变量，可以无限制地使用。与此相对应，与外部控制器（例如 PLC）具有过程连接的变量称为过程变量。

授权变量（power tags）是指授权使用的过程变量。授权变量的多少直接决定了控制系统的大小。根据授权变量数量，WinCC 完全版和运行版都有 5 种授权规格：128 个、256 个 1 024 个、8 000 个和 65 536 个。也就是说，如果购买的 WinCC 具有 1 024 个授权变量，那么 WinCC 项目在运行状态下，最多只能有 1 024 个过程变量可连接到外部控制器。过程变量的数目和授权使用的过程变量的数目显示在 WinCC 项目管理器的状态栏中。

2. WinCC 系统构成

WinCC 系统是很多应用程序的核心。它包含以下九大部件。

①变量管理器。变量管理器（tag management）管理 WinCC 中所使用的过程变量、内部变量和通信驱动程序。

②图形编辑器。图形编辑器（graphics designer）用于设计各种监控图表和画面。

③报警记录。报警记录（alarm logging）负责采集和归档报警消息。

④变量归档。归档（tag logging）负责处理测量值，并长期存储所记录的过程值。

⑤报表编辑器。报表编辑器（report designer）提供许多标准的报表，也可设计各种格式的报表，并可按照预定的时间进行打印。

⑥全局脚本。全局脚本（global script）是项目设计人员用 ANSI-C 及 Visual Basic 编写的代码，以扩展系统功能。

⑦文本库。文本库（text library）编辑不同语言版本下的文本消息。

⑧用户管理器。用户管理器（user administrator）用来分配、管理和监控用户对组态和运行系统的访问权限。

⑨交叉引用表。交叉引用表（cross-reference）负责搜索在画面、函数、归档和消息中所使用的变量、函数、OLE 对象和 ActiveX 控件。

3. WinCC 选件

WinCC 选件能满足用户的特殊需求。WinCC 以开放式的组态接口为基础，目前已经开发了大量的 WinCC 选件和 WinCC 附加件。

①服务器系统（server）。服务器系统用来组态客户机服务器系统。服务器与过程控制建立连接并存储过程数据，客户机显示过程画面并和服务器进行数据交换。

②冗余系统（redundancy）。冗余系统即两台 WinCC 系统并行运行，并互相监视对方状态。当一台机器出现故障时，另一台机器可接管整个系统的控制。

③Web 浏览器（Web navigator）。Web 浏览器可通过 Internet/Intranet 监控生产过程状况。

④用户归档（user archive）。用户归档给过程控制提供整批数据，并将过程控制的技术数据连续存储在系统中。

⑤开放式工具包（ODK）。开放式工具包提供了一套 API 函数，使应用程序与 WinCC 系统的各部件进行通信。

⑥WinCC/Dat@Monitor。WinCC/Dat@Monitor 是通过网络显示和分析 WinCC 数据的一套工具。

⑦WinCC/ProAgent。WinCC/ProAgent 能准确、快速地诊断由 SIMATIC S7 和 SIMATIC WinCC 控制和监控的工厂和机器中的错误。

⑧WinCC/Connectivity Pack。WinCC/Connectivity Pack 包括 OPC HDA、OPC A&E 以及 OPC XML 服务器，用来访问 WinCC 归档系统中的历史数据。采用 WinCC OLE-DB 能直接访问 WinCC 存储在 Microsoft SQL Server 数据库内的归档数据。

⑨WinCC/Industrial Data Bridge。WinCC/Industrial Data Bridge 工具软件利用标准接口实现自动化，并保证了双向的信息流。

⑩WinCC/IndustrialX。WinCC/IndustrialX 可以开发和组态用户自定义的 ActiveX 对象。

⑪SIMATIC WinBDE。SIMATIC WinBDE 能保证有效的机器数据管理（故障分析和机器特征数据）。其使用范围既可以是单台机器，也可以是整套生产设施。

3.3.2　WinCC 的安装

1. 安装 WinCC 的硬件条件

运行 WinCC 应满足一定的硬件条件，这个硬件条件即为 WinCC 运行的最小硬件配置。一般情况下，用户的配置应稍优于这个硬件条件，尤其数据交换量比较大的用户，以保证 WinCC 运行的可靠和高效，见表 3-1。

表 3-1　WinCC 硬件配置需求

硬件类型	最低要求	推荐值
CPU	客户机：Intel Pentium Ⅱ，300 MHz； 服务器：Intel Pentium Ⅲ，800 MHz； 中央归档服务器：Intel Pentium Ⅳ，2 GHz	客户机：Intel Pentium Ⅲ，800 MHz； 服务器：Intel Pentium Ⅳ，1 400 MHz； 中央归档服务器：Intel Pentium Ⅳ，2.5 GHz
主存储器/RAM	客户机：256 MB； 服务器：512 MB； 中央归档服务器：1 GB	客户机：512 MB； 服务器：1 GB（1 024 MB）； 中央归档服务器：≥1 GB
硬盘可用存储器空间： 用于安装 WinCC 用于使用 WinCC	客户机：500 MB/服务器：700 MB； 客户机：1 GB/服务器：1.5 GB； 中央归档服务器：40 GB	客户机：700 MB/服务器：1 GB； 客户机：1.5 GB/服务器：10 GB； 中央归档服务器：80 GB
虚拟工作内存	1.5 倍速工作内存	1.5 倍速工作内存
用于 Windows 打印机假脱机程序的工作内存	100 MB	>100 MB
图形卡	16 MB	32 MB
颜色数量	256	真彩色
分辨率	800×600	1 024×768

要注意如下几项：

①安装程序至少需要 100 MB 的可用存储器空间，用于安装操作系统的驱动器上的附加系统文件。通常操作系统位于驱动器"C:"上。

②所需存储器空间取决于项目大小及归档和数据包的大小。当激活项目时，至少应有额外的 100 MB 可用空间。

③在区域"用于所有驱动器的交换文件总的大小"中为"指定驱动器的交换文件的大小"使用推荐的数值。请在"开始大小"域及"最大值"都输入推荐的数值。

④WinCC 需要 Windows 打印机假脱机程序对打印机错误进行检测。因此，不能安装任何其他的打印机假脱机程序。

2. 安装 WinCC 的软件要求

WinCC 的正确安装需满足一定的先决条件，这个条件包括其他软件的安装及其配置。在安装 WinCC 前应安装所需的软件并正确配置好。安装 WinCC 的机器上应安装 Microsoft 消息队列服务和 SQL Server 2000。

①操作系统。所有服务器都必须运行于 Server 或 Windows 2000 Advanced Server。项目中的所有客户机既可运行于 Windows XP Professional，也可运行于 Windows 2000 Professional。此外，WinCC 服务器只能运行于 Windows 2000 服务器或 Windows 2000 Advanced Server 的 SP2 及 SP3 版本。

②Internet 浏览器。WinCC V6.0 要求安装 Microsoft Internet Explorer 6.0（IE 6.0）SPI 或以上版本。IE 6.0 SPI 可随安装盘提供，或从网上直接下载安装包，安装时选择标准安装。如要使用 WinCC 的 HTML 帮助，则需对 IE 浏览器进行设置，开启 Internet 选项，设置 Java 脚本为允许。

③Microsoft 消息队列服务。安装 WinCC 前，必须安装 Microsoft 消息队列服务（Microsoft Message Queuing）。

④SQL Server 2000。安装 WinCC 前，必须安装 SQL Server 2000。SQL Server 2000 数据库用

来存储 WinCC 的组态数据和归档数据，其版本为 SP3。

3. WinCC 的安装

（1）消息队列的安装

Windows 2000 和 Windows XP Professional 系统都包含了消息队列服务，但没有设置此服务为默认安装。上面两个系统的消息队列安装方法相似。其步骤如下：

依次执行命令"开始"→"设置"→"控制面板"→"添加/删除程序"，打开"添加/删除程序"对话框。

在对话框左侧标签页中选择"添加/删除 Windows 组件"打开"Windows 组件向导"对话框，如图 3-14 所示。

单击"下一步"按钮，直接安装消息队列直至完成，如出现查找磁盘对话框，则插入 Windows 系统安装盘。

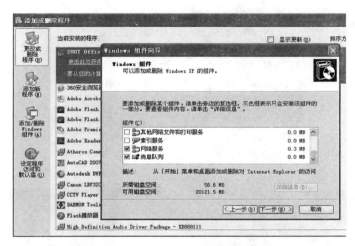

图 3-14　Windows XP 安装队列服务

注意：

①Windows 2000 的消息队列安装有所不同，在安装过程中，分别选择"独立客户机"和"Message Queuing 不能访问工作目录"选项，其他步骤类似。

②在安装过程中，杀毒软件都会有更改提示，这时需单击"允许"按钮，以下安装其他软件遇到提示时，处理方法相同。

（2）SQL Server 2000 的安装

在安装期间，将创建一个 WinCC 事例。该事例安装时总是使用英文。使用这种语言，对已经安装的现有 SQL 服务器事例没有任何影响。安装时按屏幕提示操作，如图 3-15 所示。

注意： 即使已经安装了另一个 Microsoft SQL 服务器事例，也必须安装 WinCC 的 Microsoft SQL 服务器事例。安装需要管理员权限。必须尚未安装任何事先手工创建的，带有 WinCC 名称的 SQL 服务器事例。

（3）安装 WinCC

WinCC 安装光盘提供了一个自启动程序，安装光盘放入光驱后，可自动运行安装程序，如不能自动运行，请直接运行光盘上的 start.exe 程序。程序运行后，出现如图 3-16 所示对话框。

单击"安装 SIMATIC WinCC"按钮，开始 WinCC 的安装，如软件安装要求不满足，会出现提示对话框。

　　单击"下一步"按钮。在"软件许可证协议"对话框中选择接受此协议，单击"是"按钮。

　　在"用户信息"对话框中，输入相关信息及序列号，如图 3-17 所示，并单击"下一步"按钮。

　　在"选择目标路径"对话框中，可选择 WinCC 目标文件及其组件的安装路径。

图 3-15　Microsoft SQL Server 2000 SP3 安装

图 3-16　WinCC V6.0 安装对话框

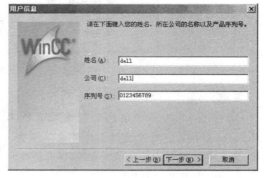

图 3-17　"用户信息" 对话框

　　用户可自定义安装路径，目标文件夹默认安装在 C：\ Program Files \ Siemens \ WinCC 下，公共组件默认安装在 C：\ Program Files \ Common Files \ Siemens 下，如图 3-18 所示。选择了安装路径后单击"下一步"按钮。

　　在"选择附加的 WinCC 语言"对话框中，选择需要附加的语言，这里只选中"中文（简体）"复选框，需要注意的是，"中文（简体）"和"中文（繁体）"不能同时选择，单击"下一步"按钮，如图 3-19 所示。

　　在"安装类型"对话框中，用户可根据自己的需求进行类型选择。WinCC 提供了典型化安装、最小化安装和自定义安装 3 种安装类型，如图 3-20 所示。

图 3-18　目标路径选择

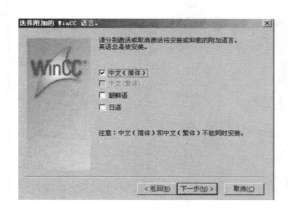

图 3-19　"选择附加的 WinCC 语言" 对话框

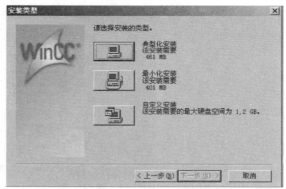

图 3-20　WinCC 安装类型选择

典型化安装包括最小化安装的内容和自定义安装中默认激活的组件。

最小化安装（280～520 MB）包括了运行系统、组态系统、SIMATIC 通信驱动程序、OPC Server 组件。

自定义安装包括所有用户选中激活的组件，如用户想实现最大化安装，可选中并激活全部组件。

如选择"自定义安装"，则出现"选择组件"对话框。选择所需要安装的组件，如图 3-21 所示，并单击"下一步"按钮。

WinCC 安装需要授权，选择了安装组件后打开了"授权"对话框，如图 3-22 所示。在图 3-22 所示对话框中出现了安装组件所需要授权的种类。授权可以在安装过程中执行，也可以在安装后执行，如没有授权，只能运行在演示方式下，并在 1 h 后退出。

在安装进行之前，可以在"所选安装组态的概要"对话框中对所选的 WinCC 安装组件通过返回上面几个步骤进行更改。当单击"下一步"按钮后，所选组件开始复制，不能再进行修改。

软件在安装完成后，提示重启计算机以完成整个安装。如果想即时完成安装过程，则选中"是，我想现在重新启动计算机"单选按钮。

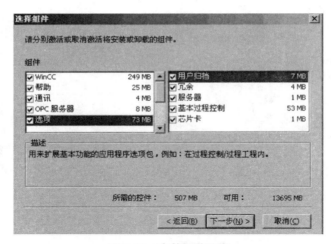

图 3-21　安装组件选择

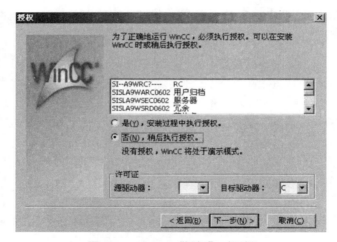

图 3-22　WinCC "授权"对话框

重启后，在 Windows 任务栏中会出现 WinCC-MSSQL Server 服务器标志。在默认情况下，WinCC 和 STEP 7 是安装在一个目录下的。

第4章
分布式系统的组态与仿真

在利用 STEP 7 进行组态与仿真时，一般采用"先组态硬件，然后编程序"的方式。利用 STEP 7 创建与调试项目的步骤如下：

①设计控制器。在使用 STEP 7 前，设计自动化项目的解决方案。将过程分割为单个的任务以生成一个组态图表。

②设计程序结构。使用 STEP 7 中可用的块将控制器设计方案中所描述的任务转化为程序结构。

③创建一个项目结构。项目就像一个文件夹，所有数据都以分层的结构存在其中，随时可以使用。在创建一个项目后，所有任务都在该项目下执行。

④组态一个站。组态一个站就是指定要使用的 PLC。

⑤组态硬件。组态硬件就是在组态表中指定自动化项目解决方案所要使用的模块，以及在用户程序中以什么样的地址来访问这些模块。此外，模块的特性也可以通过修改参数来调整。

⑥组态网络和通信连接。通信的基础是预先组态网络。为此，要创建一个自动化网络所需的子网，并设置网络特性，设置网络的连接特性，以及任何联网的站所需的通信连接。

⑦定义符号。可以在符号表中定义局域共享符号，以在应用程序中使用这些更具描述性的符号地址替代绝对地址。

⑧创建程序。用一种可供使用的编程语言创建一个与模块相连接或与模块无关的程序，并以块、源文件或图表的形式存储。

⑨生成并评估参考数据。利用生成的参考数据可以使用户的调试和修改更容易。

⑩下载程序到 PLC 仿真器中。在完成所有的组态、参数赋值和编程任务后，可以下载整个用户程序到仿真器中，测试程序是否实现预期功能。

⑪组态操作员控制和监视变量。在 STEP 7 中可以生成操作员控制和监视变量，并编辑它们所需的属性。使用传送程序，可将生成的操作员控制和监视变量送至操作员接口系统的数据库。

⑫创建 WinCC 项目。创建一个 WinCC 单用户项目，通过添加通信驱动程序找到 S7 项目，创建变量和编辑图形，完成控制组态和画面组态。

⑬打开仿真器并处于运行状态，与 WinCC 进行联合仿真。

4.1 项目创建与编辑

4.1.1 项目结构

项目可用来存储为自动化任务解决方案而生成的数据和程序。这些数据被收集在一个项目下，包括：

①硬件结构的组态数据及模板参数。

②网络通信的组态数据以及为可编程模板编制的程序。

生成一个项目的主要任务就是为编程准备这些数据。

数据在一个项目中以对象的形式存储。这些对象在一个项目下按树状结构分布（项目层次）。在项目窗口中各层次的显示与 Windows 资源管理器中的相似，只是对象图标不同。

项目层次的顶端结构如下：

①1 层：项目；

②2 层：网络、站或 S7/M7 程序；

③3 层：依据第 2 层中的对象而定。

项目窗口分成两个部分，左半部显示项目的树状结构；右半部窗口以选中的显示方式（大符号、小符号、列表或明细数据）显示左半部窗口中打开的对象中所包含的各个对象。在左半部窗口中单击"⊞"符号以显示项目的完整的树状结构，如图 4-1 所示。

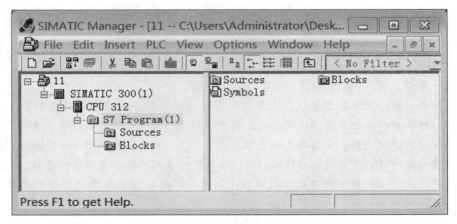

图 4-1　项目树状结构

在对象层次的顶层是对象"11"，作为整个项目的图标，它可以用来显示项目特性，并以文件夹的形式服务于网络（组态网络）、站（组态硬件），以及 S7 或 M7 程序（生成文件）。当选中项目图标时，项目中的对象显示在项目窗口的右半部分。位于对象层次（库及项目）顶部的对象在对话框中形成一个起始点，用来选择对象。

在项目窗口中，可以通过选择"offline（离线）"显示编程设备中该项目结构下已有的数据，也可以通过选择"online（在线）"显示该项目可编程序控制系统中已有的数据。

4.1.2　项目创建步骤

1. 利用"提示向导"创建一个项目

具体步骤如下：

在 SIMATIC 管理器中选择菜单命令 File→"New Project" Wizard，打开窗口，如图 4-2 所示。

助手会提示在对话框中输入所要求的详细内容，然后生成项目。除了硬件站、CPU、程序文件、源文件夹、块文件夹及 OB1，甚至还可以选择已有的 OB 进行故障和过程报警的处理。

图 4-2　Project Wizard 窗口

2. 手工创建一个项目

具体步骤如下：

① 在 SIMATIC 管理器中选择菜单命令 File→New。

② 在 New 对话框中选择 New Project。

③ 为项目输入名称，如 Three_light_Control，并单击 OK 按钮确认输入，得到如图 4-3 所示项目窗口。

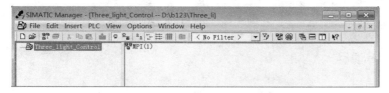

图 4-3　项目窗口

应注意的是，SIMATIC 管理器允许名字多于 8 个字符。但是，由于在项目目录中名字被截短为 8 个字符，因此一个项目名字的前 8 个字符应区别于其他的项目，名字不必区分大小写。

3. 插入一个"站"

为了在一个项目中插入一个新"站"，首先要将此项目打开以便使该项目的窗口显示出来。插入一个"站"的步骤如下：

①选择项目。

②选择菜单命令 Insert New Object→SIMATIC 300 Station 来生成满足硬件需要的"站"，如图 4-4 所示。

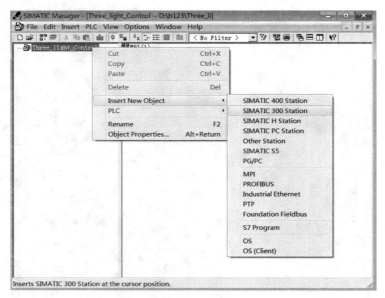

图 4-4　生成"站"

　　若"站"未被显示出来，可以在项目窗口内单击项目图标之前的"⊞"号，即可看到，如图 4-5 所示。

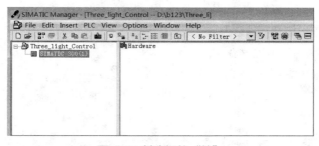

图 4-5　创建好的"站"

4.1.3　编辑项目

1. 复制一个项目

具体步骤如下：

①选中要复制的项目。

②在 SIMATIC 管理器中选择菜单命令 File→Save As。

③在 Save As 对话框中决定在保存之前是否要重新安排。对那些较旧的项目或做过很多修改的项目，应该选中选项 Rearrange Before Saving 以便使数据的存储得到优化，同时项目的结构得到检查。

④在 Save Project As 对话框中，输入新项目的名称并且根据需要输入存储的路径，单击 OK 按钮确认。

2. 复制一个项目中的一部分

若打算复制一个项目中的一部分，如"站"、软件、程序块等，具体步骤如下：

①选中要复制的项目中的部分。

②在 SIMATIC 管理器中选择菜单命令 Edit→Copy。

③选择被复制部分所要存储的文件夹。

④选择菜单命令 Edit →Paste。

3. 删除一个项目

具体步骤如下：

①在 SIMATIC 管理器中，选择菜单命令 File→Delete。

②在 Delete 对话框中，激活选项按钮 Project，对话框下部的列表栏中即列出全部项目名。

③选择要删除的项目，并单击 OK 按钮确认。

④单击 Yes 按钮确认提示。

4. 删除一个项目中的一部分

具体步骤如下：

①选中项目中要删除的部分。

②在 SIMATIC 管理器中选择菜单命令 Edit→Delete。

③出现提示时，单击 Yes 按钮确认。

一旦生成了一个项目，接下来可以组态硬件，然后为它生成软件程序。组态硬件完成后，生成软件所需的 S7 Program 文件夹则已插入。接下来，继续插入编程所需的对象，就可以为可编程模板生成软件了。也可以在没有硬件组态的情况下先生成软件，然后再去组态硬件。

5. 配置硬件

具体步骤如下：

①单击新的站，站中包含对象"硬件"。

②打开对象 Hardware，Hardware Configuration 窗口即显示出来。

③在 Hardware Configuration 窗口中，规划"站"的结构。选择菜单命令 View→Catalog 可打开模块目录，以获得帮助。

④首先从模块目录中选择一个 Rail 插入空的窗口，如图 4-6 所示。然后选择若干个模块并将其安放到相应的插槽中。每个"站"至少要配置一个 CPU 模块。若在项目窗口中，以上对象未显现出来，可以单击"站"图标之前的"田"号以显示模块，单击模块之前的小框以显示 S7 程序和对象 Connections。一旦完成硬件组态，就可以将 S7 程序与 CPU 连接起来。

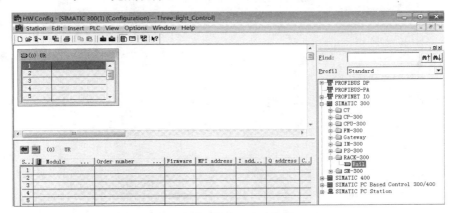

图 4-6 生成机架（导轨）窗口

6. 在项目中生成软件

具体步骤如下：

①打开 S7 程序。

②打开 S7 程序中的 Symbols，定义符号（此步也可以放到以后去做）。

③若要生成程序块，则打开 Blocks 文件夹；若要生成源文件，则打开 Source File 文件夹。

④右击 Blocks，插入一个程序块或源文件（见图 4-7）。

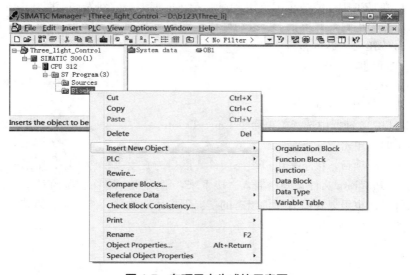

图 4-7　在项目中生成块示意图

⑤打开程序块或源文件，在窗口中选择编程语言，如图 4-8 所示，单击 OK 按钮，打开录入程序窗口，如图 4-9 所示，录入程序。

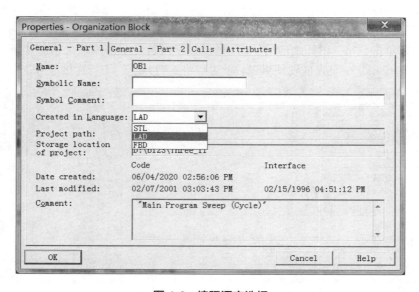

图 4-8　编程语言选择

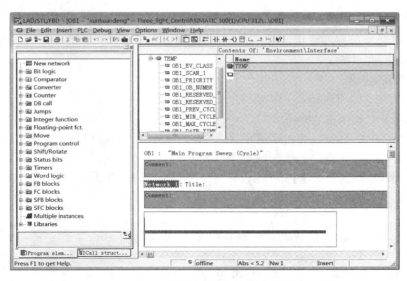

图 4-9　梯形图程序录入窗口

4.2　硬件组态

4.2.1　硬件组态的任务与步骤

1. 硬件组态的任务

在 PLC 控制系统设计的初期，首先应根据系统的输入、输出信号的性质和点数，以及对控制系统的功能要求，确定系统的硬件配置，例如 CPU 模块与电源模块的型号，需要哪些输入/输出模块［即信号模块（SM）、功能模块（FM）和通信处理器（CP）］，各种模块的型号和每种型号的块数等。对于 S7-300 来说，如果 SM、FM 和 CP 的块数超过 8 块，除了中央机架外还需要配置扩展机架和接口模块（IM）。确定了系统的硬件组成后，需要在 STEP 7 中完成硬件配置工作。

硬件组态的任务就是在 STEP 7 中生成一个与实际的硬件系统完全相同的系统，例如要生成网络、网络中各个站的机架和模块，以及设置各硬件组成部分的参数（即给参数赋值）。所有模块的参数都是用编程软件来设置的，完全取消了过去用来设置参数的硬件 DIP 开关。硬件组态确定了 PLC 输入，输出变量的地址，为设计用户程序打下了基础。

组态时设置的 CPU 的参数保存在系统数据块 SDB 中，其他模块的参数保存在 CPU 中。在 PLC 启动时 CPU 自动地向其他模块传送设置的参数，因此在更换 CPU 之外的模块后不需要重新对它们赋值。

PLC 在启动时，将 STEP 7 中生成的硬件设置与实际的硬件配置进行比较，如果两者不符，将立即产生错误报告。

模块在出厂时带有预置的参数，或称为默认的参数，一般可以采用这些预置的参数。通过多项选择和限制输入的数据，系统可以防止不正确的输入。

对于网络系统，需要对以太网、PROFIBUS DP 和 MPI 等网络的结构和通信参数进行组态，将分布式 I/O 连接到主站。例如，可以将 MPI（多点接口）通信组态为时间驱动的循环数据传送或事件驱动的数据传送。

对于硬件已经装配好的系统，用 STEP 7 建立网络中各个站对象后，可以通过通信从 CPU 中读出实际的组态和参数。

2. 硬件组态的步骤

①生成"站"，双击 Hardware 图标，进入硬件组态窗口。

②生成机架，在机架中放置模块。

③双击模块，在打开的对话框中设置模块的参数，包括模块的属性和 DP 主站、从站的参数。

④保存硬件设置，并将它下载到 PLC 中。

在项目管理器左边的树中选择 SIMATIC 300 Station 对象，如图 4-4 所示，双击工作区中的 Hardware 图标，进入 HW Config 窗口，如图 4-10 所示。

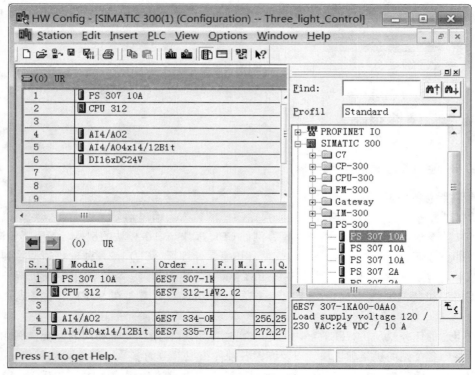

图 4-10　S7-300 的硬件组态窗口

图 4-10 左上部的窗口是一个组态简表，它下面的窗口列出了各模块详细的信息，例如订货号、MPI 地址和 I/O 地址等。右边是硬件目录窗口，可以选择菜单命令 View→Catalog 打开或关闭它。

组态时用组态表来表示机架，可以用鼠标将右边硬件目录中的元件"拖放"到组态表的某一行中，就好像将真正的模块插入机架上的某个槽位一样。也可以双击硬件目录中选择的硬件，它将被放置到组态表中预先选中的槽位上。

双击某一 I/O 模块，在出现的窗口中可以对其名字、起始地址等进行编辑（见图 4-11），而右击则可以在弹出的菜单栏中选择 Edit Symbols 命令，可以打开并编辑该模块的 I/O 元件的符号表，如图 4-12 所示。

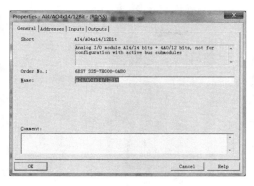

图 4-11　I/O 模块属性设置对话框

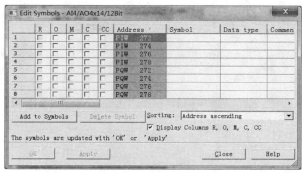

图 4-12　编辑符号表对话框

3. 硬件组态举例

对"站"对象组态时，首先从硬件目录窗口中选择一个机架。S7-300 应选硬件目录窗口文件夹 \ SIMATIC 300 \ RACK 300 中的 Rail。

在硬件目录中选择需要的模块，将它们安排在机架中指定的槽位上。

S7-300 中机架（UR0）的电源模块占用 1 号槽，CPU 模块占用 2 号槽，3 号槽用于接口模块（或不用），4～11 号槽用于其他模块。

若在 1 号槽配置了电源模块，首先选中 1 号槽，即单击左边 0 号中央机架 UR 的 1 号槽（表格中的第 1 行），该行的显示内容反色，背景变为深蓝色。然后在右边硬件目录窗口中选择 SIMATIC 300 \ PS 300，目录窗口下面的灰色小窗口中将会出现选中的电源模块的订货号和详细信息（见图 4-10 右下角方框），双击目录窗口中的 PS 307 10A，1 号槽所在的行将会出现 PS 307 10A，该电源模块就被配置到 1 号槽了，如图 4-10 所示。也可以单击并按住右边硬件目录窗口中选中的模块，将它"拖"到左边窗口中指定的行，然后放开鼠标左键，该模块就被配置到指定的槽了。

用同样的方法，在文件夹 SIMATIC 300/CPU 300 中选择 CPU 312 模块，并将后者配置到 2 号槽。因为没有接口模块，3 号槽空置。在 4 号槽和 5 号槽各配置一个模拟量输入/输出模块，在 6 号槽配置 16 点 DC 24 V 数字量输入模块（DI）。它们属于硬件目录的 \ SIMATIC 300 \ SM-300 子目录中 S7-300 的信号模块（SM）。

STEP 7 根据模块在组态表中的位置（即模块的槽位）自动地安排模块的默认地址。例如图 4-10 中的数字量输入模块的地址为 IB8 和 IB9，模拟量的输入地址是 IB 256-263，输出地址是 QB 256-259。另外，一个输入/输出模块的输入地址是 IB 272-287，输出地址是 QB 272-279，如图 4-13 所示。

S...	Module ...	Order ...	Fir...	MPI ...	I address	Q add...	Co...
1	PS 307 10A	6ES7 307-1F					
2	CPU 312	6ES7 312-1A	V2.0	2			
3							
4	AI4/AO2	6ES7 334-0K			256...263	256...259	
5	AI4/AO4x14/12Bi	6ES7 335-7			272...287	272...279	
6	DI16xDC24V	6ES7 321-1E			8...9		
7							
8							
9							
10							
11							

图 4-13　各模块详细的信息表

双击左边机架中的某一模块，打开该模块的属性窗口后，可以设置该模块的属性。用户可以双击后修改输入/输出模块的默认地址，如图 4-14 所示。

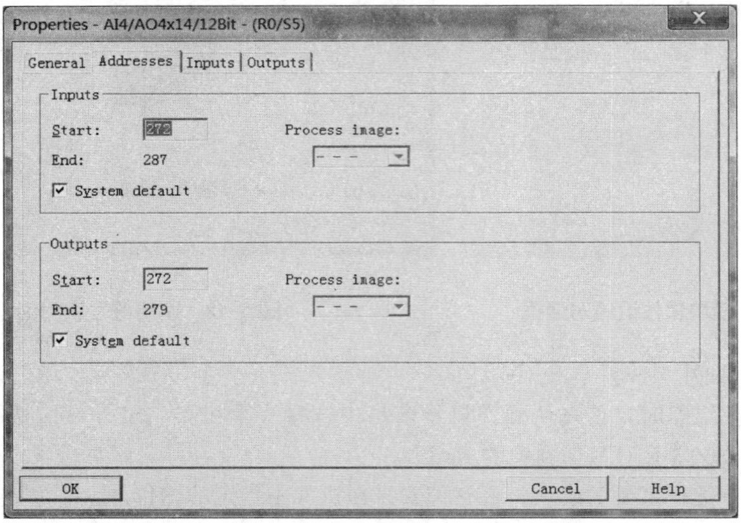

图 4-14　输入/输出模块地址设置窗口

选择菜单命令 View→Address Overview 或单击工具条中的地址概况按钮（图 4-10 中工具条内右起第三个按钮 ），在地址概况窗口中将会列出各 I/O 模块所在的机架号（R）和插槽号（S），以及模块的起始地址和结束地址。

硬件设置结束后，保存并下载到 CPU 中。选择菜单命令 Station→Save，可以保存当前的组态，或单击工具条中的 Save and Comile 按钮，如图 4-15 所示，或选择菜单命令 Station→Save and Compile 在保存组态和编译的同时，把组态和设置的参数自动保存到生成的系统数据块（SDB）中。

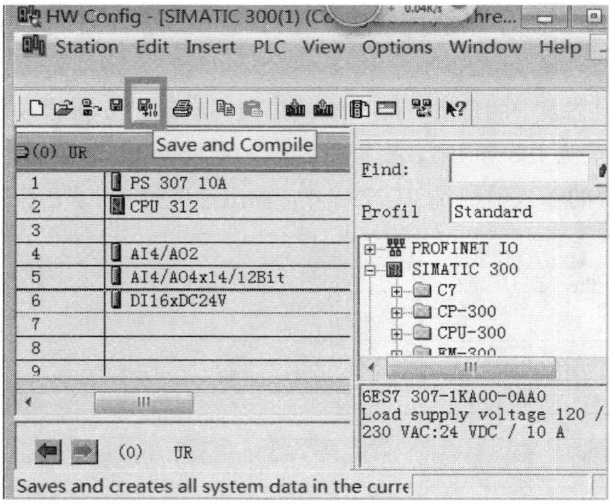

图 4-15　硬件组态保存并编译

4.2.2　CPU 的参数设置

S7-300/400 PLC 各种模块的参数用 STEP 7 编程软件来设置。在 STEP 7 的 SIMATIC 管理器中单击 Hardware 图标，进入 HW Config 画面后，双击 CPU 模块所在的行，在弹出的 Properties 窗口中单击某一选项卡，便可以设置相应的属性。下面以 CPU 312 为例，介绍 CPU 主要参数的设置方法。

1. 启动特性参数

在 Properties 窗口中单击 Startup 选项卡（见图 4-16），设置启动特性。

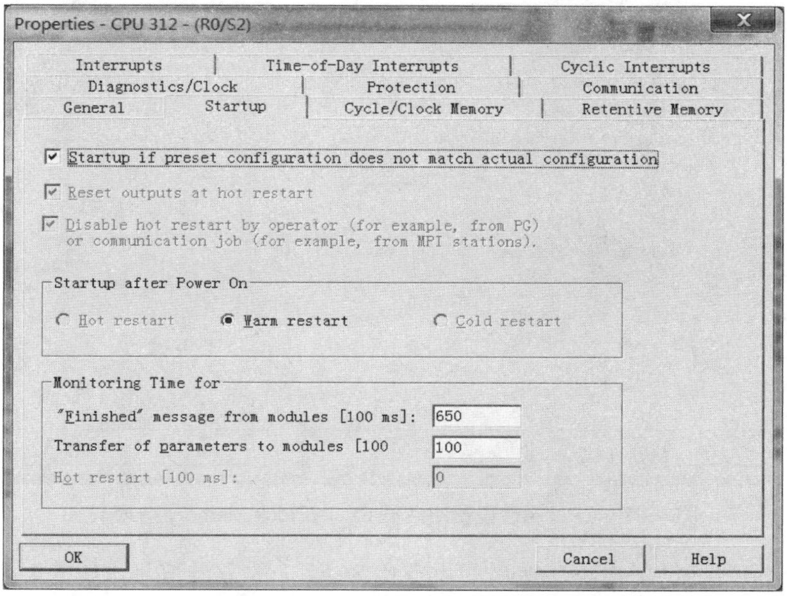

图 4-16　CPU 属性设置对话框

单击某小正方形的检查框，框中出现一个"√"表示选中（激活）了该选项，再单击一下，"√"消失，表示没有选中该选项，该选项被禁止。

如果没有选中 Startup if preset configuration does not match actual configuration 复选框，并且至少一个模块没有插在组态时指定的槽位，或者某个槽插入的不是组态的模块，CPU 将进入 STOP 状态；如果选中了该复选框，即使有上述的问题，CPU 也会启动，CPU 不会检查 I/O 组态。

Reset outputs at hot restart 和 Disable hot restart by operator⋯复选框仅用于 S7-400 PLC。

在 Startup after Power On 区，可以选中 Hot restart，Warm restart 或 Cold restart 单选按钮。

电源接通后，CPU 等待所有被组态的模块发出"完成信息"的时间如果超过"Finished" message from modules［100 ms］选项设置的时间，表明实际的组态不等于预置的组态。该时间的设置范围为 1～650，单位为 100 ms，默认值为 650。

Transfer of parameters to modules［100 ms］是 CPU 将参数传送给模块的最大时间，单位为 100 ms。对于有 DP 主站接口的 CPU，可以用这个参数来设置 DP 从站启动的监视时间。如果超过了上述的设置时间，CPU 按 Startup if preset configuration does not match actual configuration 的设置进行处理。

2. 时钟存储器

在 Properties 窗口中单击 Cycle/Clock Memory 选项卡，可以设置 Scan cycle monitoring time（以 ms 为单位的扫描循环监视时间），默认值为 150 ms，如图 4-17 所示。如果实际的循环扫描时间超过设定的值，CPU 将进入 STOP 模式。

Scan cycle load from communication 用来限制通信处理占扫描周期的百分比，默认值为 20%。

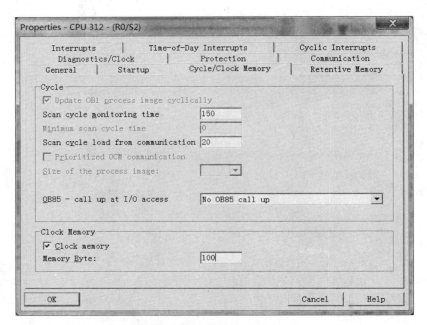

图 4-17　CPU 属性设置对话框 Cycle/Clock Memory 选项卡

时钟脉冲是一些可供用户程序使用的占空比为 1 : 1 的方波信号，如果要使用时钟脉冲，Clock Memory 选项可以设置时钟存储器（M）的字节地址，一个字节的时钟存储器的每一位对应一个时钟脉冲（见表 4-1）。

表 4-1　时钟存储器各位对应的时钟脉冲周期与频率

位	7	6	5	4	3	2	1	0
周期/s	2	1.6	1	0.8	0.5	0.4	0.2	0.1
频率/Hz	0.5	0.625	1	1.25	2	2.5	5	10

假设设置的地址为 100（即 MB100），如图 4-16 所示，由表 4-1 可知，M100.7 的周期为 2 s，如果用 M100.7 的常开触点来控制 Q0.0 的线圈，Q0.0 将以 2 s 的周期闪烁（亮 1 s，灭 1 s）。

OB85-call up at I/O access 用来预设置 CPU 对系统修改过程映像时发生的 I/O 访问错误的响应。如果希望在出现错误时调用 OB85，建议选择 only for incoming and outgoing errors，相对于 On each individual access，不会增加扫描循环时间。

3. 系统诊断参数与实时时钟的设置

系统诊断是指对系统中出现的故障进行识别、评估和做出相应的响应，并保存诊断的结果。通过系统诊断可以发现用户程序的错误、模块的故障和传感器、执行器的故障等。

在 Properties 窗口中单击 Diagnostics/Clock 选项卡，可以选择 Report cause of STOP 等复选

框，如图 4-18 所示。

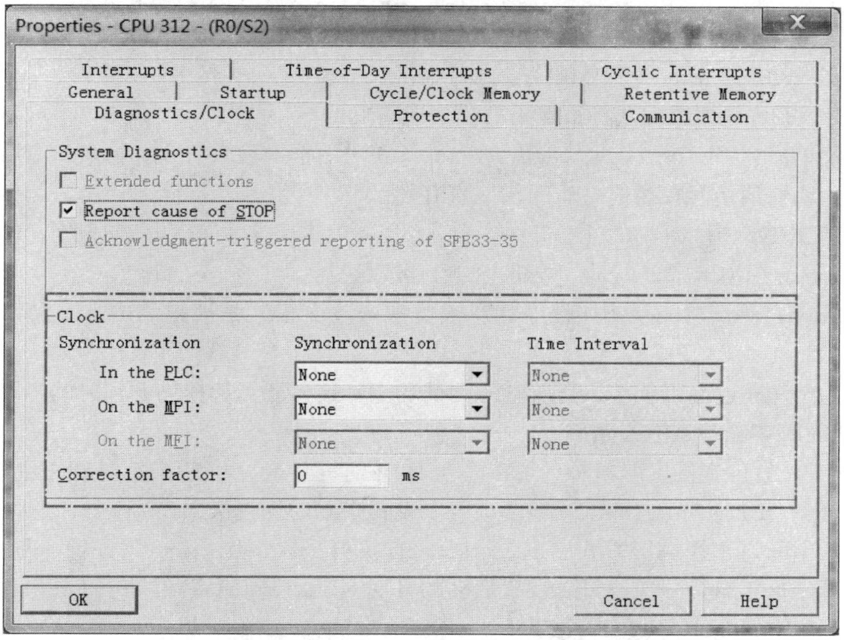

图 4-18 CPU 属性设置对话框 Diagnostics/Clock 选项卡

在某些大系统（例如电力系统）中，某一设备的故障会引起连锁反应，相继发生一系列事件。为了分析故障的起因，需要查出故障发生的顺序。为了准确地记录故障顺序，系统中各计算机的实时时钟必须定期做同步调整。

可以用下面 3 种方法使实时时钟同步（见图 4-18 点画线框）：In the PLC、On the MPI 和 On the MFI。每个设置方法有 3 个选项，即 As Master 是指用该 CPU 模块的实时时钟作为标准时钟，去同步其他时钟；As Slave 是指该时钟被其他时钟同步；None 为不同步。Time Interval 是时钟同步的周期，范围为 1 s～24 h，一共有 7 个选项可供选择。

Correction factor 是对每 24 h 时钟误差时间的补偿（以 ms 为单位），可以指定补偿值为正或为负。例如，当实时时钟每 24 h 慢 3 s 时，校正因子应为 ±3 000 ms

4. 保持区的参数设置

在电源掉电或 CPU 从 RUN 模式进入 STOP 模式后，其内容保持不变的存储区称为保持存储区。CPU 安装了后备电池后，用户程序中的数据块总是被保护的。

Retentive Memory 选项卡中的 Number of memory bytes from MB0、Number of S7 timers from T0 和 Number of S7 counters from C0 分别用来设置从 MB0、T0 和 C0 开始的需要断电保持的存储器字节数、定时器和计数器的数量，设置的范围与 CPU 的型号有关，如果超出允许的范围，将会给出提示。没有后备电池的 S7-300 PLC 可以在数据块中设置保持区域。

5. 保护级别的选择

在 Protection 选项卡中的 Protection Level 框中，可以选择 3 个保护级别：

①保护级别 1 是默认的设置，没有口令。CPU 的钥匙开关（工作模式选择开关）在 RUN-P 和 STOP 位置时对操作没有限制，在 RUN 位置只允许读操作。S7-31xC 系列 CPU 没有钥匙开关，运行方式开关只有 RUN 和 STOP 两个位置。

②被授权（知道口令）的用户可以进行读写访问，与钥匙开关的位置和保护级别无关。

③对于不知道口令的用户，保护级别 2 只能读访问，保护级别 3 不能读写，均与钥匙开关的位置无关。

在执行在线功能之前，用户必须先输入口令：

①在 SIMATIC 管理器中选择被保护的模块或它们的 S7 程序。

②选择菜单命令 PLC→Access Right→Setup，在对话框中输入口令。输入口令后，在退出用户程序之前，或取消访问权之前，访问权一直有效。

6. 运行方式的选择

在 Protection 选项卡中 Process Mode 区中，可以选择：

①Operation，测试功能（例如程序状态或监视修改变量）是被限制的，不允许断点和单步方式。

②Test，允许通过编程软件执行所有的测试功能，这可能引起扫描循环时间显著地增加。

7. 日期-时间中断参数的设置

大多数 CPU 有内置的实时时钟，可以产生日期-时间中断，中断产生时调用组织块 OB10～OB17。在 Time-Of-Day Interrupts 选项卡，可以设置中断的优先级（Priority），通过 Active 选项决定是否激活中断，选择执行方式（Execution）有执行一次（Once），每分钟、每小时、每天、每星期、每月、每年执行一次。可以设置启动的日期（Start date）和时间（Time），以及要处理的过程映像分区（仅用于 S7-400 PLC）。

8. 循环中断参数的设置

在 Cyclic Interrupts 选项卡中，可以设置循环执行组织块 OB30～OB38 的参数，包括中断的优先级（Priority）、执行的时间间隔（Execution，以 ms 为单位）和相位偏移（Phase off-set，仅用于 S7-400 PLC）。相位偏移用于将几个中断程序错开来处理。

9. 中断参数的设置

在 Interrupts 选项卡中，可以设置硬件中断（Hardware Interrupts）、延迟中断（Times Delay Interrupts）、DPV1（PROFIBUS DP）中断和异步错误中断（Asynchronous Error Interrupts）的参数。

S7-300 PLC 不能修改当前默认的中断优先级。S7-400 PLC 根据处理的硬件中断 OB 可以定义中断的优先级。默认的情况下，所有的硬件中断都由 OB40 来处理。可以用优先级"0"删掉中断。

PROFIBUS DPV1 从站可以产生一个中断请求，以保证主站 CPU 处理中断触发的事件。

10. 通信参数的设置

在 Communication 选项卡中，需要设置 PG（编程器或计算机）通信、OP（操作员面板）通信和 S7 standard（标准 S7）通信使用的连接的个数。至少应该为 PG 和 OP 分别保留一个连接。

4.2.3 I/O 模块的参数设置

1. 数字量输入模块

输入/输出模块的参数在 STEP 7 中设置，参数设置必须在 CPU 处于 STOP 模式下进行。设置完所有的参数之后，应将参数下载到 CPU 中。当 CPU 从 STOP 模式转换为 RUN 模式时，CPU 将参数传送到每个模块。

参数分为静态参数和动态参数，可以在 STOP 模式下设置动态参数和静态参数，通过 SFC，可以修改当前用户程序中的动态参数。但是，CPU 由 RUN 模式进入 STOP 模式，然后又返回 RUN 模式后，将重新使用 STEP 7 设定的参数。

在 STEP 7 的 SIMATIC 管理器中单击 Hardware 图标，进入 HW Config 画面（见图 4-10）。双击图中左边机架 6 号槽中的 DI16xDC24V，出现如图 4-19 所示的 Properties 对话框。单击 Addresses 选项卡，可以设置模块的起始字节地址。

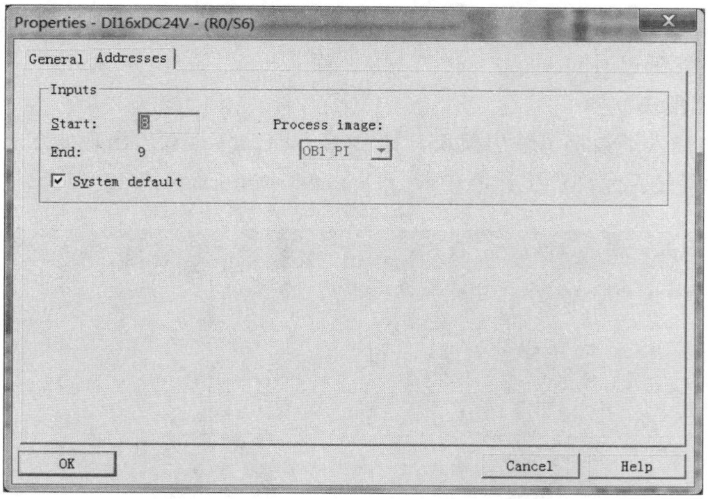

图 4-19　数字量输入模块的参数设置对话框

如果选择了允许中断的数字量输入模块，如 DI16xDC24V，Interrupt，Properties 对话框会出现复选第三个标签 Inputs 选项卡，如图 4-20 所示。单击 Inputs 选项卡中的复选框，可以设置是否允许产生硬件中断（Hardware interrupt）和诊断中断（Diagnostic interrupt）。复选框内出现"√"，表示允许产生中断。

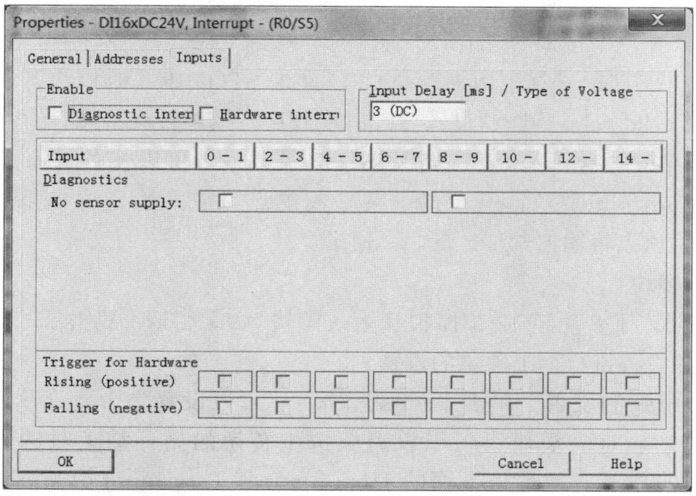

图 4-20　带 Interrupt 的数字量输入模块的属性设置窗口

模块给传感器提供带熔断器保护的电源。以 8 点为单位，可以设置是否诊断传感器电源丢失。传感器电源丢失时，模块将这个诊断事件写入诊断数据区，用户程序可以用 SFC 51 读取系统状态表中的诊断信息。

选择了允许硬件中断后，以组为单位（每组两个输入点），可以选择上升沿中断（Rising）、下降沿中断（Falling）或上升沿和下降沿均产生中断。出现硬件中断时，CPU 的操作系统将调用 OB 40。

单击 Input Delay 输入框，在弹出的菜单中选择以 ms 为单位的整个模块的输入延迟时间，有的模块可以分组设置延迟时间。

2. 数字量输出模块

如果在机架中插入了数字量输出模块，如 DO16xDC24V，双击出现如图 4-21 所示的 Properties 对话框。可设置是否允许产生诊断中断（Diagnostic interrupt）。

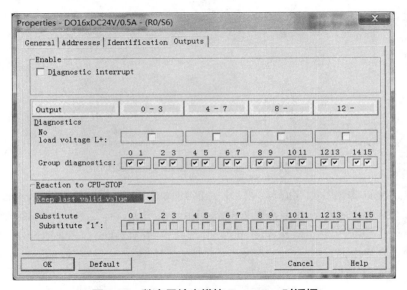

图 4-21　数字量输出模块 Properties 对话框

Reaction to CPU-STOP 选择框用来选择 CPU 进入 STOP 模式时模块各输出点的处理方式。如果选择 Keep last valid value，CPU 进入 STOP 模式后，模块将保持最后的输出值。

如果选择 Substitute a value，CPU 进入 STOP 模式后，可以使各输出点分别输出 "0" 或 "1"。窗口中间的 Substitute "1"：所在行中某一输出点对应的检查框如果被选中，CPU 进入 STOP 模式后，该输出点将输出 "1"；反之，输出 "0"。

3. 模拟量输入模块

如果在机架中插入了 8 通道 12 位模拟量输入模块 AI8x12Bit，双击后，出现如图 4-21 所示的 Properties 对话框，可进行如下参数的设置：

①模块诊断与中断的设置。单击 Inputs 选项卡，可以设置是否允许诊断中断和模拟值超过限制值的硬件中断，有的模块还可以设置模拟量转换的循环结束时的硬件中断和断线检查。如果选择了超限中断，对话框下面的 High Limit 和 Low Limit 由灰变白，可以设置通道 0 和通道 1 产生超限中断的上限值和下限值。每两个通道为一组，可以设置是否对各组进行诊断。

②模块测量范围的选择。可以分别对模块的每一通道组选择允许的任意量程，每两个通道为一组。例如，在 Inputs 选项卡中单击 0 号和 1 号通道的测量种类输入框，在弹出的菜单中选择测量的种类。图 4-22 中选择的 2DMU 表示 2 线式传感器电流测量方式；R-4L 表示 4 线式热电阻；TC-I 表示热电偶；E 表示测量种类为电压。

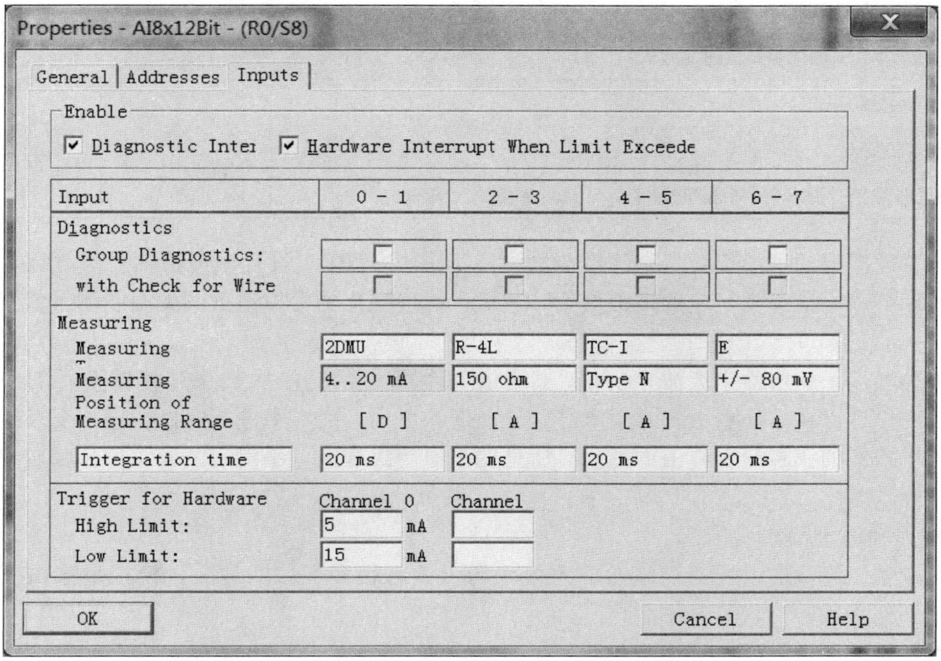

图 4-22 模拟量输入模块的参数设置对话框

如果未使用某一组的通道，应选择测量种类中的；Deactivated，以减小模拟量输入模块的扫描时间。单击测量范围输入框，在弹出的菜单中选择量程。图 4-21 中第一组的测量范围为 4～20 mA。量程框下面的 [D] 表示 0 号和 1 号通道对应的量程卡的位置应设置为 D，即量程卡上的 D 旁边的三角形箭头应对准输入模块上的标记。在选择测量种类时，应保证量程卡的位置与 STEP 7 中的设置一致。

③模块测量精度与转换时间的设置。SM331 采用积分式 A/D 转换器，积分时间直接影响到 A/D 转换时间、转换精度和干扰抑制频率。积分时间越长，精度越高，快速性越差。积分时间与干扰抑制频率互为倒数。积分时间为 20 ms 时，对 50 Hz 的干扰噪声有很强的抑制作用。为了抑制工频频率，一般选用 20 ms 的积分时间。

SM331 的转换时间由积分时间、电阻测量的附加时间（1 ms）和断线监视的附加时间（10 ms）组成。以上均为每一通道的处理时间，如果模块中使用了 N 个通道，总的转换时间（称为循环时间）为各个通道的转换时间之和。

6ES7331-7KF02 模拟量输入模块的积分时间、干扰抑制频率、转换时间和转换精度的关系见表 4-2。单击图 4-22 中"积分时间"所在行最左边的 Integration time 所在的方框，在弹出的菜单内选择按积分时间设置或按干扰抑制频率来设置参数。单击某一组的积分时间设置框后，在弹出的菜单内选择需要的参数。

表 4-2　6ES7331-7KF02 模拟量输入模块的参数关系

积分时间/ms	2.5	16.7	20	100
基本转换时间（包含积分时间）/ms	3	17	22	102
附加测量电阻转换时间/ms	1	1	1	1
附加开路监控转换时间/ms	10	10	10	10
附加测量电阻和开路监控转换时间/ms	16	16	16	16
精度/bit（包括符号位）	9	12	12	14
干扰抑制频率/Hz	400	60	50	10
模块的基本响应时间/ms（所有通道使能）	24	136	176	816

④设置模拟值的平滑等级。有些模拟量输入模块用 STEP 7 设置模拟值的平滑等级，模拟值的平滑处理可以保证得到稳定的模拟信号。这对于缓慢变化的模拟值（例如温度测量值）是很有意义的。

平滑处理用平均值数字滤波来实现，即根据系统规定的转换次数来计算转换后的模拟值的平均值。用户可以在平滑参数的 4 个等级（无、低、平均、高）中进行选择。这 4 个等级决定了用于计算平均值的模拟量采样值的数量。所选的平滑等级越高，平滑后的模拟值越稳定，但是测量的快速性越差。

4. 模拟量输出模块

模拟量输出模块的设置与模拟量输入模块的设置有很多类似的地方。模拟量输出模块可能需要设置下列参数：

①确定每一通道是否允许诊断中断。

②选择每一通道的输出类型为 Deactivated、电压输出或电流输出。选定输出类型后，再选择输出信号的量程。

③CPU 进入 STOP 时的响应：可以选择不输出电流电压（OCV）、保持最后的输出值（KLV）和采用替代值（SV）。

4.3　梯形图程序的实现方法

在 4.1.3 节的第 6 步中，打开逻辑块［主要包括组织块（OB）、功能（FC）和功能块（FB），这些程序块的详细介绍参见第 6 章］便可以编辑程序了，本课程设计使用梯形图完成编程，下面将介绍梯形图的基本编辑方法。

4.3.1　梯形图（LAD）布局设置

用户可以设置在梯形图或功能块表示法中生成程序的布局。所选的格式（A4 窄幅/宽幅/最大尺寸）将影响一行中所能显示的元素的数目。

①首先打开要编辑的逻辑块，双击 Blocks，选择一个要编辑的程序块，如图 4-23 中"OB2"，打开程序编辑窗口，如图 4-24 所示。

②选择菜单命令 Options→Customize…。

③在出现的对话框中选择 LAD/FBD 选项卡，如图 4-25 所示。

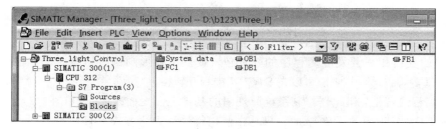

图 4-23 项目窗口

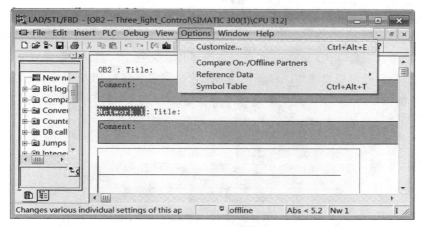

图 4-24 程序编辑窗口

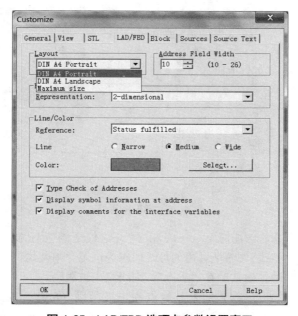

图 4-25 LAD/FBD 选项卡参数设置窗口

④在 Layout 列表框中，选择所需的格式，输入所需格式的大小。

4.3.2 梯形图（LAD）程序编写规则

梯形图（LAD）编程语言是 STEP 7 常用的编程语言。STEP 7 是与西门子 SIMATIC S7 系列 PLC 配套的支持用户开发应用程序的软件包，提供了梯形图，语句表（STL）和功能块图（FBD）3 种基本编程语言，它们可以在 STEP 7 中相互转换。

梯形图编程语言是从继电器控制系统原理图的基础上演变而来的。PLC 的梯形图与继电器控制系统梯形图的基本思想是一致的，只是在使用符号和表达方式上有一定区别。梯形图是用得最多的 PLC 图形编程语言，梯形图具有直观易懂的优点，很容易被工厂里熟悉继电器控制的人员掌握，特别适合于数字量逻辑控制。

梯形图由触点、线圈和用方框表示的指令框组成，具体将在第 5 章介绍。触点通常代表逻辑输入条件，例如外部的开关、按钮和内部条件等。线圈通常代表逻辑运算的结果，常用来控制外部的指示灯、交流接触器和内部的标志位等。指令框用来表示定时器、计数器或者数学运算等附加指令。使用编程软件可以直接生成和编辑梯形图，并将它下载到 PLC。

梯形图程序如图 4-26 所示，其中触点和线圈等组成的独立电路称为网络（Network），编程软件自动为网络编号。

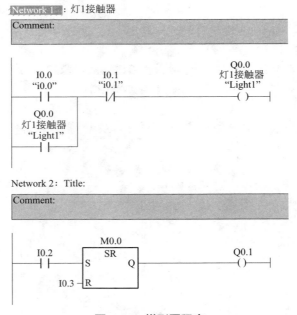

图 4-26 梯形图程序

梯形图的一个关键概念是"能流"（power flow），这仅是概念上的"能流"。图 4-26 中，把左边的母线假想为电源"相线"，而把右边的母线假想为电源"中性线"。如果有"能流"从左至右流向线圈，则线圈被激励；如果没有"能流"，则线圈未被激励。

"能流"可以通过被激励（ON）的常开触点和未被激励（OFF）的常闭触点自左向右流，"能流"在任何时候都不会通过触点自右向左流。在图 4-26 中，当 I0.0 和 I0.1 或 Q0.0 和 I0.1 触点都接通后，线圈 Q0.0 才会接通（被激励），只要其中一个触点不接通，线圈就不会接通。

要强调指出的是，引入"能流"的概念，仅仅是为了和继电器-接触器控制系统相比较，以对梯形图有一个深入的认识，其实"能流"在梯形图中是不存在的。

梯形图中的触点和线圈可以使用物理地址，例如 I0.1、Q0.0 等。如果在符号表中对某些地址定义了符号，例如图 4-26 中令 Q0.0 的符号为"灯 1 接触器"，可用符号地址来代替物理地址，使程序易于阅读和理解。

用户可以在网络号的右边加上网络的标题，在网络号的下面为网络加上注释。还可以选择在梯形图下面自动加上该网络中使用符号的信息（symbol information）。

如果没有跳转指令和中断，网络中的程序逻辑运算会按照从左往右的方向执行，与"能流"的方向一致。网络之间则按照从上到下的顺序执行，执行完所有的网络以后，下一次循环返回最上面的网络重新开始。

注意：如果将两块独立电路放在同一个网络内，将会出错。本书中有时为了方便没有标出网络号，请读者自行区分。

一个梯形图程序段中，可以有多个分支，每条分支上可以有多个元素。所有的元素和分支都必须连接。当用户编写梯形图程序时，必须遵守编程规则。如果有错误发生，会有信息提示。

①每个梯形图程序段都必须以输出线圈或功能框结束，下列的元素不能用于程序段结束：

a. 比较框；

b. 中间输出结果的线圈；

c. 上升沿或下降沿线圈。

②功能框的位置。用于功能框连接的分支起始点必须总是左母线，在该功能框前的分支上可以有逻辑操作或其他功能框。

③线圈的位置线圈自动位于程序的最右端，形成分支的终点。但用于中间结果输出的线圈，上升沿线圈或下降沿线圈，都不能置于分支的最左端或最右端，也不允许放在平行分支上。

④有些线圈需要布尔逻辑操作，而有些线圈不能用布尔逻辑操作：

a. 需要布尔逻辑操作的线圈有：输出、置位输出、复位输出；中间结果输出、上升沿、下降沿；所有的计数器和定时器线圈；逻辑非跳转；主控继电器接通；将 RLO 存入 BR 存储器；返回。

b. 不能用布尔逻辑操作的线圈有：主控继电器激活、主控继电器取消、打开数据块、主控继电器关。

c. 此外，所有其他的线圈既可以用布尔逻辑操作也可以不用。另外，下列线圈一定不能用于平行输出：逻辑非跳转、跳转、从线圈调用、返回。

⑤使能输入/使能输出功能框的使能输入端 EN 和使能输出端 ENO 可以连接使用，也可以不用。

⑥删除和修改。如果分支中只有一个元素，当删除这个元素时，整个分支也同时删除。当删除一个功能框时，该功能框的所有布尔输入分支都将被删除，主分支除外。修改状态可用于简单的同类型元素的覆盖。

⑦平行分支：

a. 左到右画一个或（OR）分支。

b. 向下打开平行分支，向上闭合。

c. 选择某一梯形元素后，总是可以打开一个平行分支。

d. 在选择的梯形元素之后，总是可以闭合一个平行分支。

e. 删除一个平行分支，将删掉该分支上的所有元素。当分支上最后一个元素被删除，则分支自动删除。

同时，在绘制梯形图时尽量遵守如下准则：

①自上而下、从左到右，每个继电器线圈为一个逻辑行，即一层阶梯。每一个逻辑行起于左母线，然后是触点的连接，最后终止于继电器线圈或右母线。

注意：*左母线与线圈之间一定要有触点，而线圈与右母线之间不能有任何触点，应直接连接。*

②一般情况下，在梯形图中某个编号继电器线圈只能出现一次，而继电器触点（常开/常闭）可重复出现。

③在一个逻辑行上，串联触点多的支路应放在上方。如果将串联触点多的支路放在下方，则语句增多，程序变长。

④在每一个逻辑行上，并联触点多的支路应放在左边。如果将并联触点多的支路放在右边，则语句增多，程序变长。

⑤梯形图中，不允许一个触点上有双向"电流"通过。

⑥多个逻辑行都具有相同条件时，为了减少语句数量，常将这些逻辑行合并。

⑦设计梯形图时，输入继电器的触点状态全部按相应的输入设备为常开状态进行设计更为合适，不易出错。因此，也建议尽可能用输入设备的常开触点与 PLC 输入端连接。如果某些信号只能用常闭触点输入，可先按输入设备全部为常开来设计，然后将梯形图中对应的输入继电器触点取反（即常开改为常闭，常闭改为常开）。

4.3.3 逻辑块的梯形图程序编写

本节仅介绍逻辑块〔包括组织块（OB）、功能块（FB）和功能（FC）〕的创建和基本梯形图编制方法，具体逻辑块的使用和参数设置内容请参考第 6 章第 2 节。

1. 组织块 OB1 创建和梯形图编制

在硬件组态完成以后，单击 Save and Compile 按钮，双击左边树状列表中的 Blocks（如果找不到，可将左边的"⊞"逐个点开），可得到图 4-27 所示窗口，可见系统自动生成了组织块 OB1。

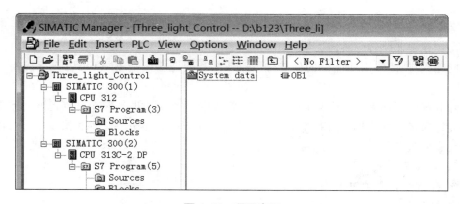

图 4-27　项目窗口

双击 OB1，可以在其中编辑名称、注释，并选择编程语言，如图 4-28 所示，此处选择 LAD 进行梯形图编程。

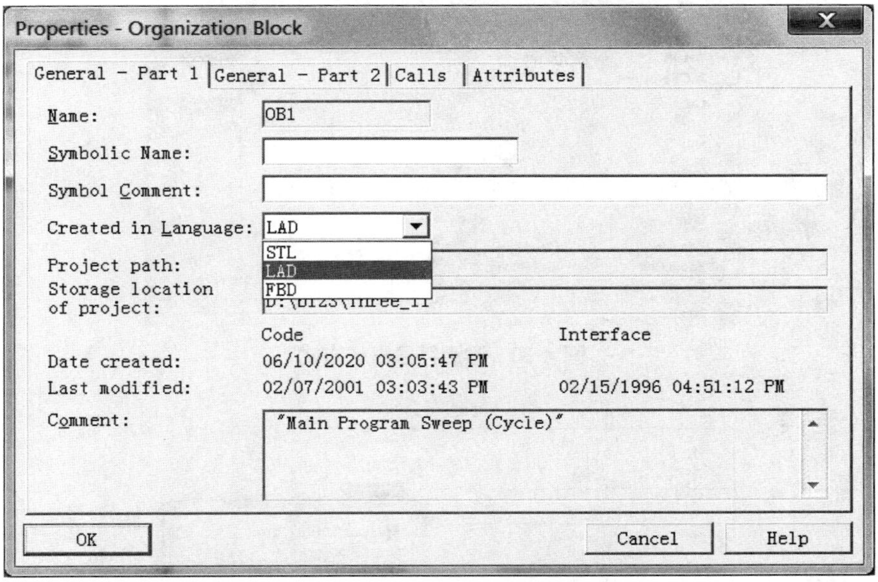

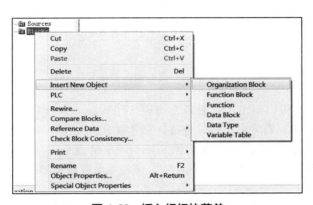

图 4-28　OB1 编程语言选择

如果要插入其他组织块，可以右击 Blocks 插入组织块，如图 4-29 所示。

图 4-29　插入组织块菜单

下面采用梯形图在 OB1 中编写一个串联电路、一个并联电路以及一个置位/复位记忆功能程序，以供读者参考。

（1）创建一个串联电路程序

用梯形图编程创建一个串联电路程序的步骤如下：

①选择当前分支（单击水平线），单击工具栏中的┤├按钮并插入两个常开触点。

②单击工具栏中的按钮┤()┤并在当前分支的右端插入一个线圈。

③检查符号表达方式是激活的，如图 4-30 所示。

④单击两个常开触点上方的??.?，如图 4-31 所示，分别输入符号名"Key＿1（键 1）"和"Key＿2"（键 2），按【Enter】键确认。

⑤单击线圈上方的??.?符号并为线圈输入名称"Green Light"，梯形图如图 4-32 所示。

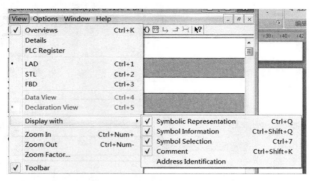

图 4-30　激活符号表达方式

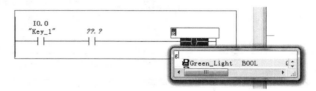

图 4-31　梯形图编辑过程

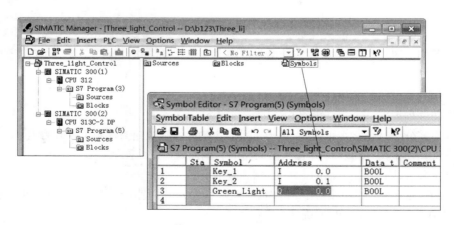

图 4-32　串联电路程序

⑥如果符号显示红色可以双击项目窗口左边栏 S7 Program（＊），然后双击"Symbols"编辑符号表，如图 4-33 所示。符号名也可以直接从符号表中插入符号名。单击??.? 符号，然后选择菜单命令 Insert→Symbol 或用右键菜单中的 Insert Symbol 命令，在出现的窗口中选择"Key _ 1"，滚动下拉列表直到找到相应的名字并选中它，该符号名被自动加入。

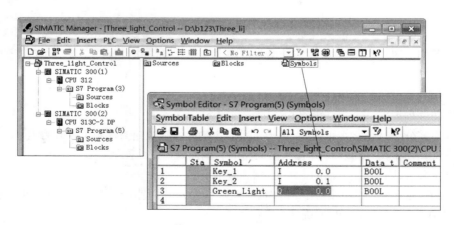

图 4-33　符号表编辑

⑦如果没有符号显示为红色（如果符号在符号表中不存在或有语法错误则该符号显示为红色），保存该块。

（2）创建一个并联电路程序

用梯形图编程创建一个并联电路程序的步骤如下：

①选择 Network 1（见图 4-34），单击工具栏中的按钮 ![HHO] 插入一个新段。

②选择当前分支，插入一个常开触点和一个线圈。

③选择当前分支的垂直线，单击工具栏中的按钮 ![↳] 插入一个并行分支。

④在并行分支上增加另一个常开触点。

⑤单击工具栏中的按钮（如果有必要，可选择向下的箭头）关闭分支。

⑥要赋值符号地址，可按照与串联电路同样

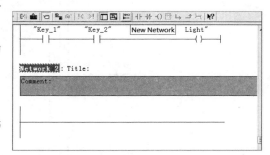

图 4-34　插入新网络

的方法进行。用"Key _ 3"和"Key _ 4"重写上下两个常开触点的符号名，线圈名则为"Red _ Light"，按【Enter】键确认。

⑦如果没有符号显示为红色，保存该块。并联电路程序如图 4-35 所示。

图 4-35　并联电路程序

（3）创建一个置位/复位记忆功能程序

用梯形图编程创建一个置位/复位记忆功能程序的步骤如下：

①选择"Network2"，插入一个新段。

②选择当前分支，在编程元素目录的 Bit logic 下查找到 SR，双击插入该元素。

③分别在 S 和 R 的输入之前插入一个常开触点。

④为 SR 输入以下符号名：上面的触点"Automatic _On"，下面的触点"Manual _On"，SR 元素"Automatic Mode"。

⑤保存该块并关闭窗口。记忆功能程序如图 4-36 所示。

如果想看一看绝对地址与符号地址之间的差别（见图 4-37），可选择菜单命令 View→Display→Symbolic Representation。

在 LAD/STL/FBD 编程窗口改变符号寻址的形式，可选择菜单命令 Options→Customize，然后选择 LAD/FBD 标签中的 Address Field Width，可以将行断设为 10～26 个字符。

在 Help→Contents 下面的主题"编程块"、"创建逻辑块"和"编辑梯形图指令"中可以找到更多的信息。

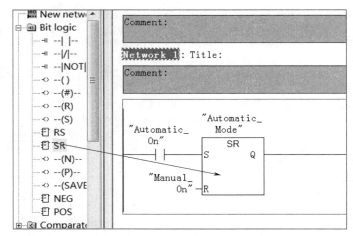

图 4-36　记忆功能程序

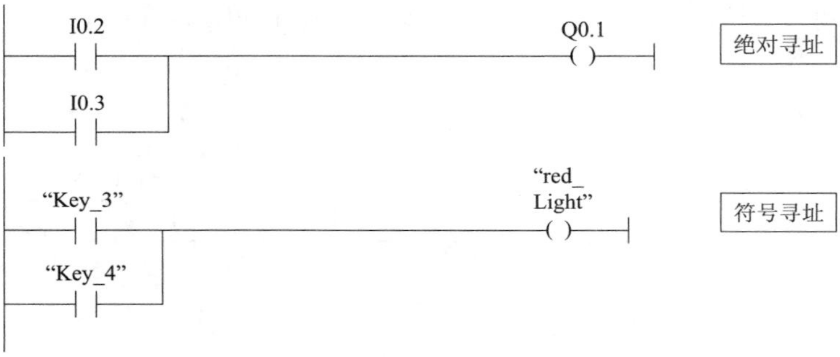

图 4-37　绝对地址与符号地址之间的差别

2. 功能块 FB1 创建和梯形图编制

（1）创建并打开功能块

功能块（FB）在程序的分级结构中位于组织块之下。它包含程序的一部分，这部分程序可以在 OB1 中被多次调用。功能块的所有形参和静态数据都存储在一个单独的、被指定给该功能块的数据块（DB）中。在用户项目中找到 Blocks 文件夹并打开它。右击右部窗口，选择菜单命令 Insert New Object→Function Block，插入一个功能块作为新对象，如图 4-38 所示。

双击 FB1，打开 LAD/STL/FBD 编程窗口。在 Properties-Function Block 对话框中（见图 4-39），编辑符号名和符号注释，选择用以生成块的语言，选中 Multiple Instance FB 复选框，单击 OK 按钮确认其余的设置。FB1 被插入 Blocks 文件夹。

这里将说明如何创建一个功能块（FB1），FB1 使用两个不同的数据块（DB1 和 DB2）来控制和监视一个汽油或柴油发动机。

所有作为块参数从组织块传送给功能块的指定的信号，必须作为输入和输出参数在变量声明表中列出（声明"in"和"out"）。

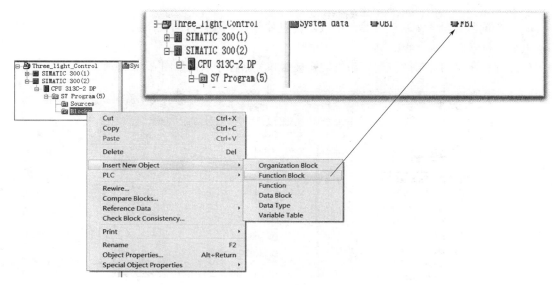

图 4-38 创建功能块

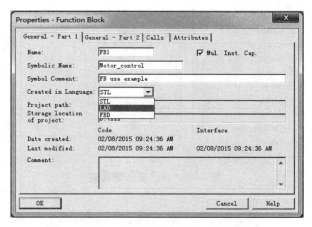

图 4-39 Properties-Function Block 对话框

①填写变量声明表：

a. 打开 LAD/STL/FBD 编程窗口，选择菜单命令 View→LAD，如图 4-40 所示。

注意：现在 FB1 在标题栏中，因为是通过双击 FB1 打开的编辑窗口。

b. 可单击一个单元并使用图 4-41 中相应的名称和注释，在变量声明表中输入以下声明。右击，在弹出的快捷菜单中选择 Elementary Types 命令，选择类型。当按【Enter】键时，光标跳到下一栏或插入新的一行。

②用梯形图编制一个发动机切换、接通和关断程序。编程步骤如下：

a. 使用工具栏中相应的按钮或编程元素目录在段 1 中顺序插入一个常开触点，一个常闭触点和一个 SR 元素，如图 4-42 所示。

b. 在输入 R 之前选择当前分支，插入另一个常开触点。在该触点前选择当前分支。

c. 依次使用工具栏中的按钮 ⌐ 廾 ⌐ 插入一个与常开触点并联的常闭触点。

d. 检查符号表达方式是否激活。

e. 选中问号并输入来自于变量声明表的相应名称（♯号会自动被添加）。为串联电路中的常闭触点输入符号名 Automatic Mode。

f. 保存程序（用梯形图编制发动机切换接通和关断程序示例如图 4-43 所示。

图 4-40　激活梯形图视窗

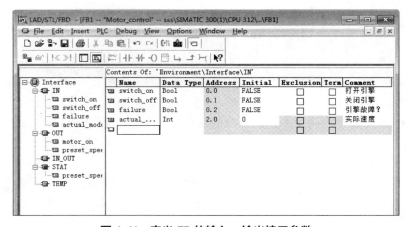

图 4-41　定义 FB 的输入、输出接口参数

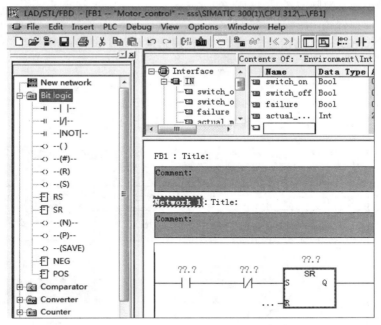

图 4-42　插入 SR 元素

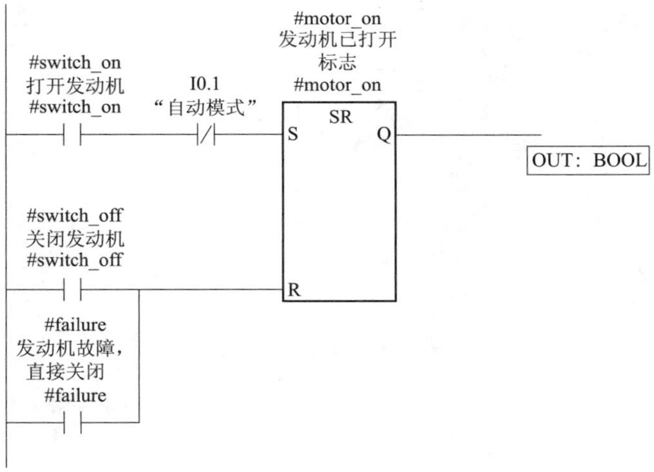

图 4-43　发动机切换接通和关断程序

局域变量用 ♯ 号指示并且只在该块中有效。全局变量则出现在引号中。这些符号定义在符号表中并且在整个程序中有效。信号状态"自动模式"在 OB1 中由另一个 SR 元件定义，现在在 FB1 中被查询。

发动机被切换为接通或关断的条件：

● 当变量 switch_on 有信号状态"1"，并且变量"自动模式"有信号状态"0"时，发动机被切换为接通。该功能只有当"自动模式"被取反时（常闭触点）才能够被使能。

● 当变量 switch_on 有信号状态"0"，变量 failure 有信号状态"0"时，发动机被关断。

● 该功能可通过取反 ♯ failure 再次实现（♯ failure 是一个"0"有效信号，它在常态下为

"1"信号,如果出现故障则为"0")。

③编制速度监控程序。编程步骤如下:

a. 插入一个新段并选择当前分支,然后在编程元素目录中浏览直至找到 Compare 功能并插入一个 GT _ I。

b. 在当前分支中插入一个线圈。

c. 选中问号,用变量声明表中的名称标定线圈和比较器。

d. 保存程序(用梯形图编制速度监控程序示例如图 4-44 所示)。

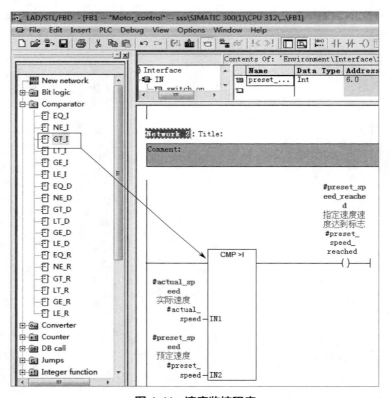

图 4-44 速度监控程序

比较器比较变量 actual _ speed 和 preset _ speed,并把变量的结果赋值给 preset _ speed _ reached(信号状态"1"),并以此信号来监控发动机速度。

选择菜单命令 Help→Contents 下可以找到更多的信息。

(2)生成背景数据块并修改实际值

前面已经编写了 FB1,并且还在变量声明表中定义了指定的参数。为使以后能在 OB1 中编写调用功能块的指令,必须生成相应的数据块。一个背景数据块(DB)总是被指定给功能块。

FB1 用于控制和监视一个汽油或柴油发动机。不同的发动机的预设速度分别存储在两个数据块中,可以在这些数据块中修改其实际值。

① 生成背景数据块(DB1):

a. 在 SIMATIC 管理器中打开项目,找到 Blocks 文件夹,并右击右半窗口,如图 4-45 所示。

b. 在弹出的快捷菜单中选择 Insert New Object→Data Block 命令，插入一个数据块。

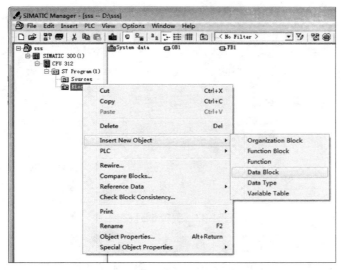

图 4-45　插入数据块

c. 单击 OK 按钮确认 Properties 对话框中显示的所有设置（见图 4-46）。DB1 被添加到项目中。

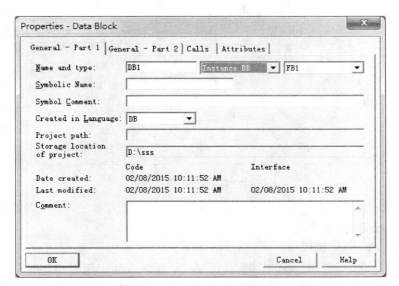

图 4-46　数据块属性设置

d. 双击打开 DB1。

e. 打开 LAD/STL/FBD 编程窗口并显示来自 FB1 变量声明表（见图 4-47）的数据。

②修改 DB1 实际值。现在 DB1 包含指定给一个汽油发动机的数据。输入数据，还要执行以下步骤：

a. 选择菜单命令 View→Data View，进入 Data View。

b. 在实际值栏中为汽油发动机输入数值 1 500（在 actual _ Speed 这一行中，见图 4-47），为该汽油发动机定义了最大速度。

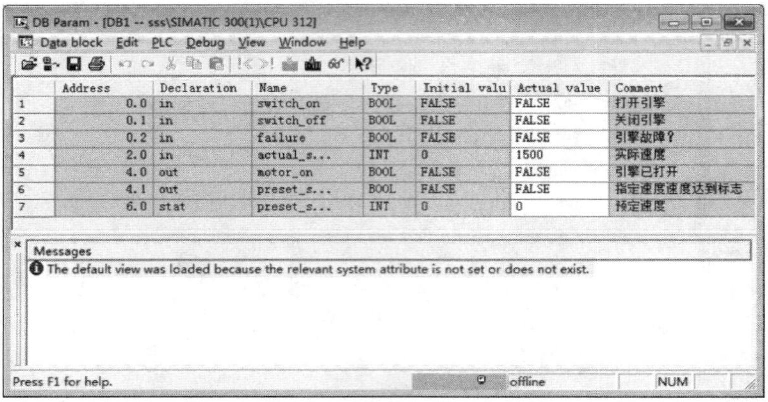

图 4-47 编辑 DB1 变量

c. 保存 DB1,并关闭编程窗口。

③生成 DB2 并修改 DB2 实际值。用与 DB1 相同的方式为 FB1 生成另一个 DB2,并输入实际值 1 200(在 actual_speed 这一行中)作为柴油发动机的最大速度,如图 4-48 所示。

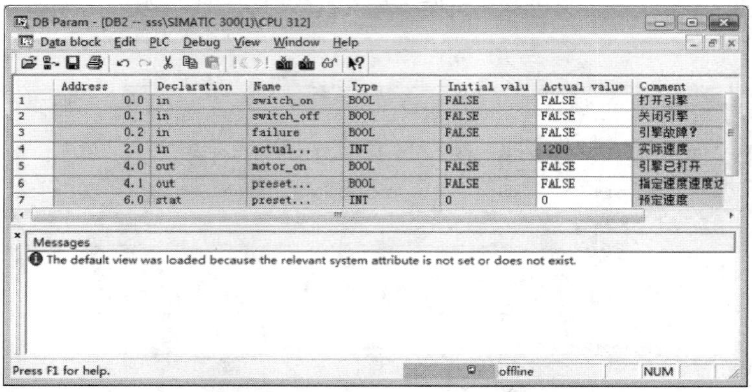

图 4-48 编辑 DB2 变量

通过修改实际值,已完成用一个功能块控制两个发动机的准备工作。要控制更多的发动机,所要做的就是生成其他的数据块。

(3)用梯形图编制块调用程序

接下来要做的是在 OB1 中编程对功能块调用。只有在 OB1 中调用一个功能块时,为编写该块所做的所有工作才是有意义的。功能块的每一次调用要使用一个数据块,用这种方式,可以控制两个发动机。用梯形图编制块调用程序步骤如下:

①在 SIMATIC 管理器中打开项目,找到 Blocks 文件夹,并打开 OB1。

②在 LAD/STL/FBD 编程窗口插入新的 Network。

③在编程元素目录中查找到 FB1 并插入该块,如图 4-49 所示。

④在 switch_on,switch_off 和 failure 各项前面分别插入一个常开触点。

⑤单击 Motor_control 模块上的 ?? .? 符号,然后将光标保持在同一位置右击,在弹出的快捷菜单中选择 Insert Symbol 命令,会出现一个下拉列表(如果是第一次操作,这个过程会需要

些时间），如图 4-50 所示。

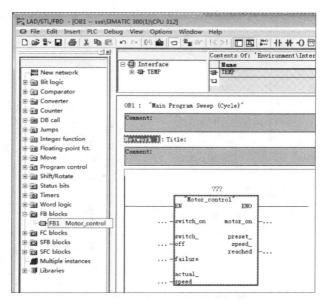

图 4-49　在 OB1 中插入 FB1

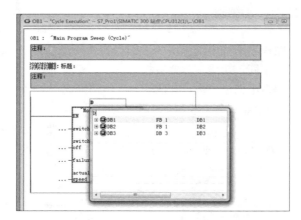

图 4-50　选择 FB1 的背景数据块

⑥单击 DB1，该块自动被输入到输入结构中。

⑦单击问号，使用下拉列表中相应的符号名为功能块的所有其他参数输入地址。发动机指定的输入和输出变量（声明 in 和 out）显示出来，如图 4-51 所示。

⑧在一个新段中编写功能块 FB1 的调用指令，并使用 DB2，使用下拉列表（见图 4-51）中相应的地址。对应输入信号被赋值给柴油发动机的每一个信号。

⑨保存该块。当创建一个有组织块、功能块和数据块的程序结构时，必须在分级结构中高一级的块中（如 OB1）编写子程序块（如 FB1）的调用。其过程都是一样的。可以在符号表中给出各个块的符号名，还可以在任何时候存档或打印编程块。相应的功能可在 SIMAT-IC Manager 中菜单命令 File→Archive 或 File→Print 中找到。在 Help→Contents 下可找到更多的信息。

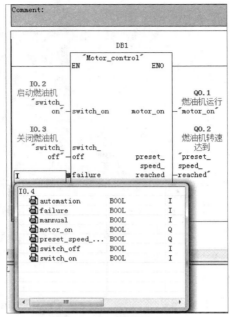

图 4-51　为参数赋值

3. 功能（FC）创建和梯形图编制

(1) 创建一个功能（FC）

功能和功能块一样，在程序结构中组织块的下面。为使一个功能被 CPU 处理，它必须被它的前一级块调用。与功能块不同，功能不需要数据块。

在功能中，在变量声明表中列出参数，但是不允许使用静态局域数据。用户可以使用 LAD/STL/FBD 编程窗口创建一个功能，其方法与创建一个功能块一样。

找到 Blocks 文件夹并打开它。右击右半窗口，在弹出的快捷菜单中选择 Insert New Object→Function 命令，插入一个功能（FC），如图 4-52 所示。

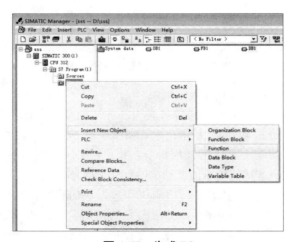

图 4-52　生成 FC

在出现的 Properties- Function 对话框中，接受名称 FC1 并选择所需的编程语言，如图 4-53 所示。单击 OK 按钮确认其余的默认设置。FC1 被加入 Blocks 文件夹。双击打开 FC1。

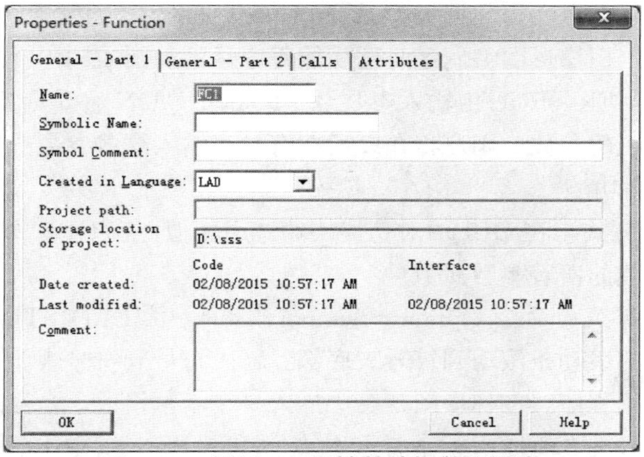

图 4-53　设置 FC 属性并选择编程语言

与功能块不同，功能的变量声明表中不能定义静态数据。在功能块中定义的静态数据当该块关闭时仍可保留下来，例如静态数据可以是用于 Speed 限值的存储位。要编程功能，可以使用符号表中的符号名。

在 Help→Contents 下可以找到更多的信息。

（2）编程功能

①变量声明表中声明功能。在这部分中，将创建一个定时器功能。当发动机接通时该定时器功能使能一个风扇接通，然后，在发动机断开后该风扇继续运行 5 s（延迟断开）。必须在变量声明表中指定功能的输入和输出参数（in 和 out 声明）。打开 LAD/STL/FBD 编程窗口，使用该变量声明表的方法与使用功能块的声明表一样。变量声明如图 4-54 中的右上部的方框内的内容。

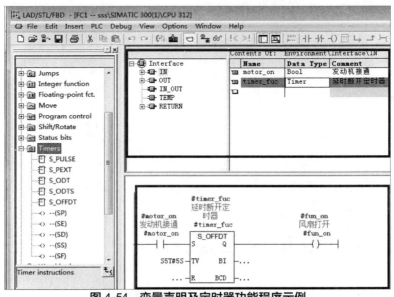

图 4-54　变量声明及定时器功能程序示例

②用梯形图编制定时器功能程序。选择当前支路输入梯形图指令。在编程元素目录中查找

S_OFFDT，选择该元素。在输入 S 之前插入一个常开触点，在输出 Q 之后插入一个线圈。选择梯形图符号并输入变量声明表中相应的名字（♯号会自动添加）。在 S_OFFDT 的输入 TV 上设置延迟时间 S5T♯5S，一个定义为数据类型 S5Time♯（S5T♯）的常数，持续时间为 5 s。然后保存该功能并关闭窗口（用梯形图编制定时器功能程序示例如图 4-54 中右下部方框内的内容）。

在该功能中，♯TIMER_FUC 由输入参数♯ MOTOR_ON 启动。当该功能在 OB1 中调用之后，它将被赋予发动机的参数。用户将在以后在符号表输入这些参数的符号名。

（3）在 OB1 中调用功能

对 FC1 的调用执行方式与在 OB1 中对功能块的调用相似，在 OB1 中用汽油发动机或柴油发动机的相应的地址给功能的所有参数赋值。

①增加符号名。选择菜单命令 Option→Symbol Table，从 LAD/STL/FBD 编程窗口中打开符号表，使用窗口右边的滚动条滚动到符号表底部，输入符号到符号表。

②用梯形图编制调用程序。在梯形图视窗中插入一个新网络段，然后在编程元素目录中查找 FC1，插入该功能。在 FC1 之前插入一个常开触点。单击 FC1 调用中的问号，插入符号名。在网络中编辑对 FC1 的调用并使用柴油发动机控制的地址，方法与前一网络一样。用梯形图编程调用示例如图 4-55 所示。

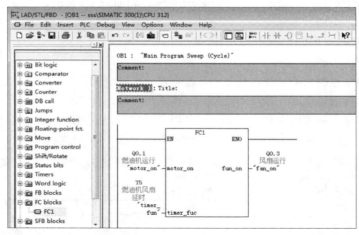

图 4-55　编程调用示例

选择菜单命令 View→Display→Symbolic Representation 可以在符号地址和绝对地址之间切换。

选择菜单命令 View→Display→Symbol Information 可以显示每个段中各个地址的信息。要在屏幕上显示几个段，选择菜单命令 View→Display→Comment。选择菜单命令 View→Zoom Factor，则可以改变显示段的大小。

4.4　S7-PLCSIM 仿真与调试方法

4.4.1　仿真 PLC 的启动

单击 SIMATIC Manager 窗口的工具条上的图标（Simulation On/Off），或者选择菜单命令

Options→Simulate Modules，都能打开 S7-PLCSIM 仿真窗口，如图 4-56 所示。

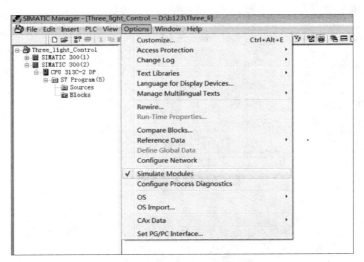

图 4-56 **启动 S7-PLCSIM 仿真软件**

仿真软件启动后，PG/PC 与 PLC 的所有连接均自动指向仿真 PLC，也就是在 STEP 7 中的 Download、Upload、Monitor 等操作均指向仿真 PLC。关闭了仿真 PLC 后，PG/PC 才能与实际的 PLC 连接。

4.4.2 S7-PLCSIM 仿真软件的使用

1. 仿真软件的视图对象

S7-PLCSIM 用仿真 PLC 来模拟实际 PLC 的运行，用户程序的调试是通过视图对象（View Objects）来进行的。S7-PLCSIM 提供了多种视图对象，用它们可以实现对仿真 PLC 内的各种变量、计数器和定时器的监视与修改。

（1）插入视图对象

使用 Insert 菜单或工具条上相应的按钮，可以在 PLCSIM 窗口中生成下列元件的视图对象：输入变量（I）、输出变量（Q）、位存储器（M）、定时器（T）、计数器（C）、通用变量、累加器与状态字、块寄存器、嵌套堆栈、垂直变量等，如图 4-57 所示。它们用于访问和监视相应的数据区，可选的数据格式有位、二进制、十进制、十六进制 BCD 码、S5Time、日期时间（DATE-AND-TIME，简写为 DT）、S7 格式（例如 W♯16♯O）、字符和字符串。视图对象 MW2 上的 Value 选择框用来选择设置变量的值（Value）、最大值（Max）或最小值（Min）。用鼠标拖动滑动条上的滑动块，可以快速地设置这些值。

字节变量只能设置为十进制数（Dec），字变量可以设置为十进制数和整数（Int），双字变量可以设置为十进制数/整数和实数（Real）。

（2）CPU 视图对象

图 4-58 中标有 CPU 的小窗口是 CPU 视图对象。开始新的仿真时，将自动出现 CPU 视图对象，用户可以选择运行（RUN）、停止（STOP）和暂停（RUN-P）模式。

选择菜单命令 PLC→Clear/Reset 或单击 CPU 视图对象中的 MRES 按钮，可以复位仿真 PLC 的存储器，删除程序块和硬件组态信息，CPU 将自动进入 STOP 模式。

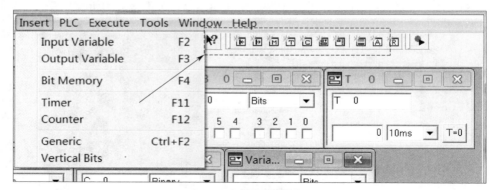

图 4-57　插入视图对象

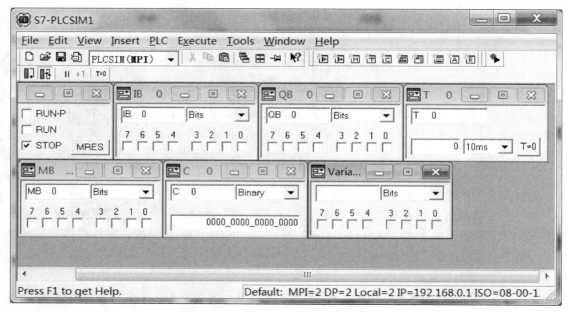

图 4-58　S7-PLCSIM 的仿真窗口

CPU 视图对象中的 LED 指示灯 SF 表示有硬件、软件错误；RUN 与 STOP 指示灯表示运行模式与停止模式；DP（分布式外设或远程 I/O）用于指示 PLC 与分布式外设或远程 I/O 的通信状态；DC（直流电源）用于指示电源的通断情况。用 PLC 菜单中的命令可以接通或断开仿真 PLC 的电源。

（3）其他视图对象

通用变量视图对象用于访问仿真 PLC 所有的存储区（包括数据块）；垂直位视图对象可以用绝对地址或符号地址来监视和修改 I、Q、M 等存储区。

累加器与状态字视图对象用来监视 CPU 中的累加器、状态字和用于间接寻址的地址寄存器 AR1 和 AR2。

块寄存器视图对象用来监视数据块地址寄存器的内容，也可以显示当前和上次打开的逻辑块的编号，以及块中的步地址计数器（SAC）的值。

定时器视图对象和计数器视图对象用于监视和修改它们的实际值，在定时器视图对象中可以设置定时器的时间基准。视图对象和工具条内标有"T＝0"的按钮分别用来复位指定的定时器或所有的定时器。可以在 Execute 菜单中设置定时器为自动方式或手动方式。手动方式允许修改定时器的时间值或将定时器复位，自动方式时定时器受用户程序的控制。

2. 使用 S7-PLCSIM 仿真软件调试程序的步骤

①在 STEP 7 编程软件中生成项目，编写用户程序。

②单击 STEP 7 的 SIMATIC Manager 工具条中的 Simulation On/Off 按钮，或选择菜单命令 Options→Simulate Modules，打开 S7-PLCSIM 窗口，窗口中自动出现 CPU 视图对象。与此同时，自动建立了 STEP 7 与仿真 CPU 的连接。

③在 S7-PLCSIM 窗口中选择菜单命令 PLC→Power On 接通仿真 PLC 的电源：在 CPU 视图对象中单击 STOP 小框，令仿真 PLC 处于 STOP 模式。选择菜单命令 Execute→Scan Mode→Continuous Scan 或单击 Continuous Scan 按钮，令仿真 PLC 的扫描方式为连续扫描，这时仿真 CPU 将会与真实 PLC 一样连续地周期性地执行程序，如图 4-59 所示。

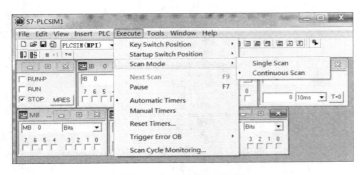

图 4-59　扫描模式选择

④在 SIMATIC Manager 中打开要仿真的用户项目，选中 Blocks，单击工具条中的下载按钮，或选择菜单命令 PLC→Download，将块对象下载到仿真 PLC 中，如图 4-60 所示，依次在图 4-61 的窗口中单击 Yes 按钮。

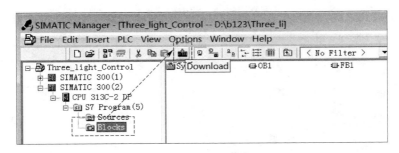

图 4-60　下载仿真程序

⑤单击 S7-PLCSIM 工具条中标有"I"的按钮，创建输入 IB 字节的视图对象。用类似的方法生成输出字节 QB、位存储器 M、定时器和计数器的视图对象，输入和输出一般以字节中的位的形式显示，根据被监视变量的情况确定 M 视图对象的显示格式。

⑥用视图对象来模拟实际 PLC 的输入/输出信号，用它来产生 PLC 的输入信号，或通过它

来观察 PLC 的输出信号和内部元件的变化情况，检查下载的用户程序的执行是否能得到正确的结果。例如可以操作地址 PIW 256，数据格式 WORD，然后在下面输入一个数据，按【Enter】键，就可以写入这个数据。仿真器运行结果如图 4-62 所示。

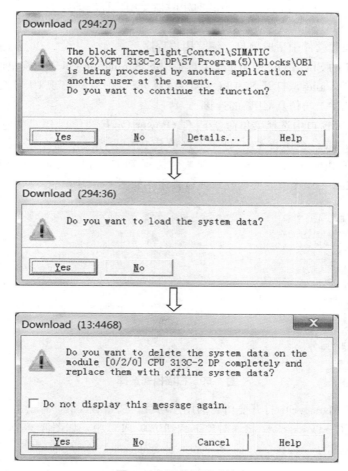

图 4-61　下载过程确认

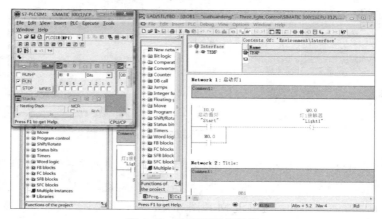

图 4-62　仿真器运行结果

⑦退出仿真软件时，可以保存仿真时生成的 LAY 文件及 PLC 文件，以便于下次仿真时直接使用本次的各种设置。LAY 文件用于保存仿真时各视图对象的信息，例如选择的数据格式等；PLC 文件用于保存仿真运行时设置的数据和动作等，包括程序、硬件组态和设置的运行模式等。

3. 仿真软件的设置

（1）设置扫描方式

S7-PLCSIM 可以用两种方式执行仿真程序。

①单次扫描。每次扫描包括读外设输入、执行程序和将结果写到外设输出。CPU 执行单次扫描后处于等待状态，可以选择菜单命令 Execute→Next Scan 执行下一次扫描。通过单次扫描观察每次扫描后某个变量的变化。

②连续扫描。这种运行方式与实际的 CPU 执行用户程序字相同，CPU 执行一次扫描后又开始下一次扫描。可以用工具条中的按钮或用 Execute 菜单中的命令选择扫描方式。

（2）符号地址

为了在仿真软件中使用符号地址，选择菜单命令 Tools→Options→Attach Symbol...，在出现 Open 对话框的项目中找到并双击 Symbol 图标。

选择菜单命令 Tools→Options→Show Symbols，可以显示或隐藏符号地址。垂直位视图对象可以显示每位的符号地址，其他视图对象在地址域显示符号地址。

（3）组态 MPI 地址

选择菜单命令 PLC→MPI Address...，可以设置仿真 PLC 在指定的网络中的节点地址。选择菜单命令 Save PLC 或 Save PLC As...保存新地址。

4.4.3　仿真 PLC 特有的功能及其与实际 PLC 的区别

1. 仿真 PLC 特有的功能

仿真 PLC 有下述实际 PLC 没有的功能。

①可以立即暂时停止执行用户程序，对程序状态不会有影响。

②由 RUN 模式进入 STOP 模式不会改变输出的状态。

③在视图对象中的变动立即使对应的存储区中的内容发生相应的改变，要到扫描结束时才会修改存储区。

④可以选择单次扫描或连续扫描。

⑤可使定时器自动运行或手动运行，可以手动复位全部定时器或复位指定的定时器。

⑥可以手动触发下列中断 OB：OB40～OB47（硬件中断）、OB70（I/O 冗余错）、OB72（CPU 冗余错误）、OB73（通信冗余错误）、OB80（时间错误）、OB82（诊断中断）、OB83（插入拔出模块）、OB85（程序顺序错误）和 OB86（机架故障）。

⑦对映像存储器与外设存储器的处理：如果在视图对象中改变了过程输入的值，S7-PLCSIM 立即将它复制到外设存储区。在下一次扫描开始，外设输入值被写到过程映像存储器时，希望的变化不会丢失。

2. 仿真 PLC 与实际 PLC 的区别

①PLCSIM 不支持写到诊断缓冲区的错误报文，例如不能对电池失电和 EEPROM 故障仿真，但是可以对大多数 I/O 错误和程序错误仿真。

②工作模式的改变（例如由 RUN 转换 STOP 模式）不会使 I/O 进入"安全"状态。

③不支持功能模块和点对点通信。

④支持有 4 个累加器的 S7-400 CPU。在某些情况下 S7-400 与只有 2 个累加器的 S7-300 的程序运行可能不同。

S7-300 的大多数 CPU 的 I/O 是自动组态的，模块插入物理控制器后被 CPU 自动识别。仿真 PLC 没有这种自动识别功能。如果将自动识别 I/O 的 S7-300 程序下载到仿真 PLC，则系统数据没有 I/O 组态。因此，在用 PLCSIM 仿真 S7-300 程序时，如果想定义 CPU 支持的模块，首先必须下载硬件组态。

第 5 章
STEP 7 梯形图编程的基本操作指令

当编程语言选择为梯形图（LAD）时，在编程环境中，选择主菜单的 Insert 项的 Program Elements，则编辑环境的左边出现了指令树窗口，右边出现了用户程序窗口。下面主要说明仿真中使用的 S7-300 PLC 站点的梯形图操作指令。

5.1 梯形图指令及其结构

在指令树窗口中涵盖了 S7-300 的所有常用梯形图指令，用户可以采用双击或拖拉的方式应用到用户程序的需要处，即利用指令树窗口的指令，在建立逻辑块时出现的属性窗口中选择 LAD 的编程方式以后，在用户程序窗口绘制所需的梯形图程序，如图 5-1 所示。

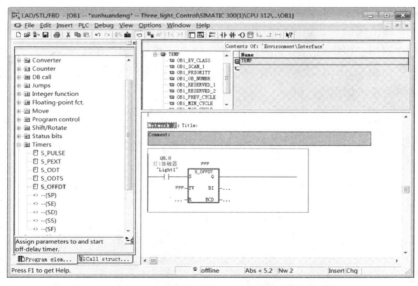

图 5-1 S7-300 PLC 站点的 STEP 7 梯形图编程窗口

指令（有时又称"元素"）是程序的最小独立单元。用户程序是由若干条顺序排列的指令构成的，梯形图指令对应梯形图编程语言。

5.1.1　指令的组成

梯形图指令用图形元素表示 PLC 要完成的操作。在梯形逻辑指令中，其操作码是用图素表示的，该图素形象地表明 CPU 要做什么，其操作数的表示方法与语句指令相同。例如：

$$\overset{\text{M1.1}}{-(\quad)}$$

该指令中，—(　)可认为是操作码，表示一个二进制赋值操作；M1.1 是操作数，表示赋值的对象。

梯形逻辑指令也可不带操作数。例如，—|NOT|— 是对逻辑操作结果取反的操作。

5.1.2　操作数

一般情况下，指令的操作数位于 PLC 的存储器中，此时操作数由操作数标识符和参数组成。操作数标识符告诉处理器操作数放在存储器的哪个区域及操作位数（标识参数），进一步说明操作数在该存储区域内的具体位置，如图 5-2 所示。

操作数标识符由主标识符和辅助标识符组成。主标识符表示操作数所在的存储区，辅助标识符进一步说明操作数的位数长度。

①主标识符有 I（输入映像寄存器存储区）、Q（输出映像寄存器存储区）、M（位存储区）、PI（外设输入）、PQ（外设输出）、T（定时器）、C（计数器）、DB（数据块）、L（本地数据）。

图 5-2　指令结构及操作数组成

②辅助标识符有 B（字节：8 位）、W（字：2 字节）、D（双字：4 字节），如 IB1、MW10、MD100。若没有辅助标识符，则操作数的位数是 1 位，即位地址。

PLC 物理存储器是以字节为单元的，所以存储单元规定为字节单元。位地址参数用一个点与字节地址分开，如 M10.0，表示 MB10 中 8 位中的最低位。关于位地址、字节地址、字地址和双字地址的详细关系，如图 5-3 所示。

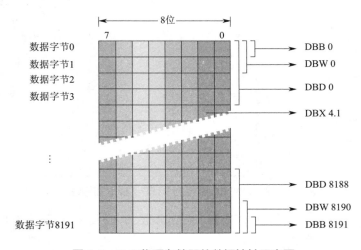

图 5-3　PLC 物理存储器的数据地址示意图

5.2 位逻辑指令

位逻辑指令主要包括位逻辑运算指令、位操作指令和跳变沿检测指令。其梯形图形式和对应的功能如图 5-4 所示。它们可以对布尔操作数（BOOL）的信号进行扫描并完成逻辑运算，并且将每次的运算结果存放于逻辑操作结果位（RLO），用以赋值、置位、复位布尔操作数，也可控制定时器和计数器的运行。

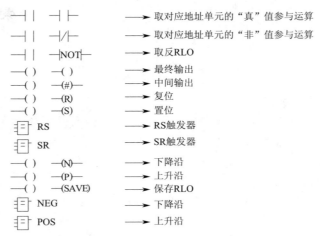

图 5-4　位逻辑指令梯形图形式和对应的功能

5.2.1 位逻辑运算指令

位逻辑运算指令是"与"（A）、"与非"（AN）、"或"（O）、"或非"（ON）、"异或"（X）、"异或非"（XN）指令及其组合，其指令基本功能如表 5-1 所示。它对"0"或"1"这些布尔操作数进行扫描，经逻辑运算，结果送入状态字的 RLO 位。

表 5-1　位逻辑运算指令基本功能

LAD 指令	功能	存储区
〈位地址1〉〈位地址2〉 ├─┤├─┤/├─	与逻辑表示串联的逻辑关系，即将存储单元 1（位地址 1）的"真"值和存储单元 2（位地址 2）的"非"值相"与"，结果存于 RLO 位	
〈位地址1〉 ├─┤├─ 〈位地址2〉 ├─┤/├─	或逻辑表示串联的逻辑关系，即将存储单元 1（位地址 1）的"真"值和存储单元 2（位地址 2）的"非"值相"或"，结果存于 RLO 位	I、Q、M、D、L
〈位地址1〉〈位地址2〉 ├─┤├─┤/├─ 〈位地址1〉〈位地址2〉 ├─┤├─┤/├─	异或逻辑表示仅当两个存储单元（位地址 1 和位地址 2）的值不同时，输出结果为"1"	

1. "与"和"与非"指令

逻辑"与"在梯形图里是用串联的触点回路表示的，被扫描的操作数标在触点上方。如果串联回路里的所有触点皆闭合，该回路就"通电"。如图 5-5 所示，此程序表达：若输入位 I0.0 为"1"，且输出位 Q4.0 为"0"，且位存储位 M10.0 为"1"，则输出位 Q4.1 为"1"（"通电"）。

这里需要特别注意：

①在梯形图程序中，虽然采用了比较接近于继电器-接触器线路的常开触点┤├、常闭触点┤/├的图形符号来表示，但是并不存在真正的所谓触点，而只是存储单元。常开触点表示取对应存储单元的"真"值参与逻辑运算；常闭触点表示取对应存储单元的"非"值参与逻辑运算。

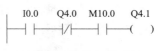

图 5-5　"与"逻辑应用

②在梯形图程序中，不存在真正的电流。所谓"通电"，实际上表示逻辑运算（输出结果）为"1"。

2. "或"和"或非"指令

"或"逻辑在梯形图里是用并联回路表示的，被扫描的操作数标在触点上方，表示选择逻辑。在图 5-6（a）中，只要有一条支路导通，即输入位 I0.0 为"1"，或输入位 I0.0 为"0"，或输入位 I0.1 为"1"，则输出位 Q4.1 的信号状态就为"1"。

3. "异或"和"异或非"指令

图 5-6（b）所示为"异或"逻辑的梯形图。当输入位 I0.0 和 I0.1 状态不同时，输出位 Q4.1 为"1"。

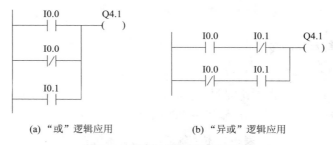

(a)"或"逻辑应用　　　　(b)"异或"逻辑应用

图 5-6　"或""异或"逻辑应用

5.2.2　位操作指令

1. 输出指令

逻辑串输出指令又称赋值操作指令。该操作把状态操作字中的 RLO 位值赋给指定的操作数（位地址）。若 RLO 为"1"，则操作数被置位（"通电"），否则操作数被复位（"断电"）。输出指令格式如表 5-2 所示。

表 5-2　输出指令格式

LAD 指令	功　能	操作数类型	存储区
＜位地址＞ ——（　）	逻辑串赋值输出	BOOL（位）	Q、M、D、L
＜位地址＞ ——（　#　）—┤├—	中间结果赋值输出，不能作为逻辑串的结尾	BOOL（位）	

逻辑串输出指令通过把"首次检测位"置"0"来结束一个逻辑串,其后不可以再串并联其他触点。当"首次检测位"为"0"时,表明程序中的下一条指令是一个新逻辑串的第一条指令,CPU 对其进行首次扫描操作。

中间输出指令在存储逻辑中用于存储 RLO 的中间值,该值是中间输出指令前的位逻辑操作结果,灵活应用时可以提高编程效率。在与其他触点串联的情况下,中间输出与一般触点的功能一样。中间输出指令不能用于结束一个逻辑串,因此,中间输出指令不能放在逻辑串的结尾或分支的结尾处。图 5-7 所示为输出指令的基本应用。

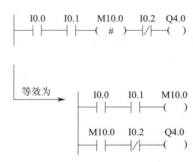

图 5-7　输出指令的基本应用

其功能为:若下列条件同时成立,则输出 Q4.0 为"1"("通电")。

①输入位 I0.0,I0.1 同时为"1";

②输入位 I0.2 为"0"。

中间输出(M10.0)存放 I0.0 和 I0.1 串联后的信息,可用于以后的编程。

由图 5-7 可以看出,两种梯形图的语句表是完全相同的,即所执行的功能完全相同。可以说,两种梯形图是完全等效的,只不过采用了中间输出,使得逻辑关系更一目了然。存储的中间结果可以应用于程序的其他位置来共同完成一个控制任务。

例 5-1　用"与"、"或"、"输出"指令编写三相异步电动机单方向连续运转的控制程序。编程时需注意以下三点:

①在 PLC 控制方式中,启动按钮一般选择常开按钮;

②停止按钮可以选择常开按钮,也可以选择常闭按钮;

③热继电器主要用于三相异步电动机的过载保护,用常闭触点表示三相异步电动机的正常工作状态。

三相异步电动机单方向连续运转的 I/O 地址分配如表 5-3 所示。

表 5-3　三相异步电动机单方向连续运转的 I/O 地址分配

输入地址	电路元件	说　明	输出地址	电路器件	说　明
I0.0	SB2	启动按钮(常开按钮)	Q4.1	KM	电动机接触器线圈
I0.1	SB1	停止按钮(常开按钮)			
I0.2	FR	热继电器(常闭触点)			

其梯形图如图 5-8 所示。

由于停止按钮 SB1 选择了常开按钮,当没有按下 SB1 时,I0.1 单元存储值为"0",所以选择其闭点（取反值）形式串联于线路中，才能使线路畅通；当按下 SB1 时，I0.1 单元存储值变为"1"，其闭点（取反值）将线路切断。然而，热继电器为常闭触点，当电动机主电路正常时，该触点闭合（常态），这时 I0.2 单元存储值为"1"，所以选择其开点（"真"值）形式串联于线路中，才能使线路畅通；当电动机过载时，热继电器动作，I0.2 单元存储值为"0"，其开点（"真"值）将线路切断。

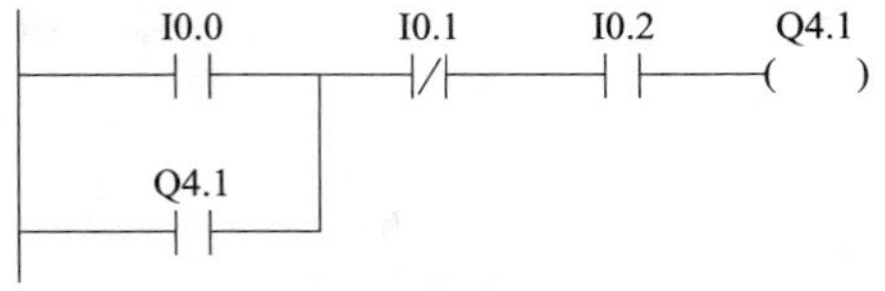

图 5-8　三相异步电动机单向运转方法 1 梯形图

如果将停止按钮选择为常闭触点形式，则图 5-8 所示的梯形图将变为图 5-9 所示形式。

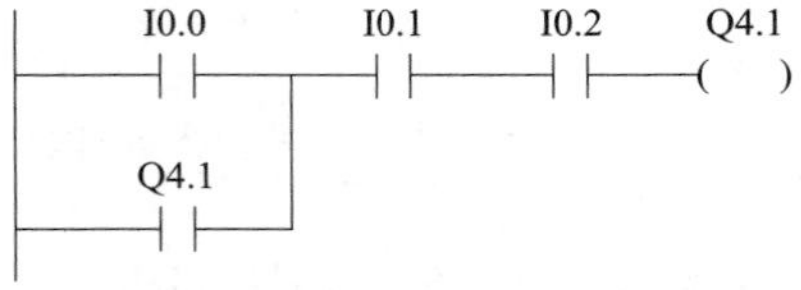

图 5-9　三相异步电动机单向运转方法 2 梯形图

由此可见，PLC 的 I/O 接线与其控制程序是紧密相连的，外部触点的形式直接影响到控制程序中触点的选择形式。

2. 先"与"后"或"

当控制逻辑串是串并联的复杂组合时，CPU 的扫描顺序是先"与"后"或"。因为"与"逻辑相当于数学里的"乘法"；"或"逻辑相当于数学里的"加法"。当乘法、加法混合运算的时候，当然先"乘"（"与"）后"加"（"或"）。

先串后并的程序结构如图 5-10 所示。

先并后串的程序结构如图 5-11 所示。

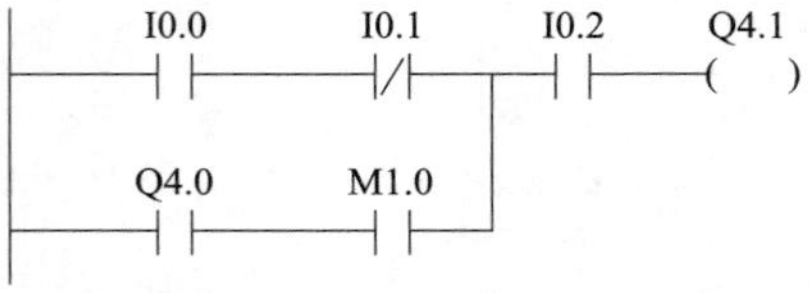

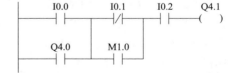

图 5-10　先串后并的程序结构　　　　　图 5-11　先并后串的程序结构

3. 置位/复位指令

置位/复位指令根据 RLO 的值来决定指定地址的状态是否需要改变。只有 RLO 为"1"时，置位指令使指定地址位状态为"1"，复位指令使指定地址位状态为"0"。如果 RLO 为"0"，指定地址位状态保持不变。

置位/复位指令可用于结束一个逻辑串（梯级），复位指令也可用于复位定时器和计数器。置位/复位指令和操作数如表 5-4 所示。

表 5-4　置位/复位指令（线圈格式）**和操作数**

LAD 指令	功能	存储区
＜位地址＞ ——（S）	置位输出，一旦 RLO 为"1"，则被寻址信号状态置"1"，即使 RLO 又变为"0"，输出仍保持为"1"	Q、M、D、L
＜位地址＞ ——（R）	复位指令，一旦 RLO 为"1"，则被寻址信号状态置"0"，即使 RLO 又变为"0"，输出仍保持为"0"	Q、M、T、C、D、L

置位/复位指令及时序图如图 5-12 所示。

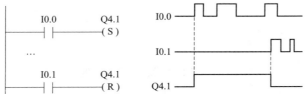

图 5-12　置位/复位指令及时序图

从图 5-12 中可见，在当前扫描周期，当置位信号和复位信号不同时出现时，无论是哪个信号出现，信号维持时间只要大于一个扫描周期，即能完成对应控制，并保持到相反操作为止；当置位指令和复位指令同时出现时，因为图 5-12 中所示复位指令在后，按照扫描的结果，最终执行的是复位指令，即"谁在后，谁优先"。

由于置位/复位指令是两条独立的指令，即使控制同一操作数，两条指令的位置可以根据用户需要随意设置，两条指令之间也可以根据需要插入其他控制程序。

4. 触发器

如果将上述独立的置位/复位线圈指令汇总在一起用功能框表示，就构成了触发器。该功能框有两个输入端，分别是置位输入端 S 和复位输入端 R，有一个输出端 Q（位地址）。触发器分为两种类型：置位优先型（RS 触发器）和复位优先型（SR 触发器）。两个触发器的区别在于当 S/R 端信号同时到来时"谁在后，谁优先"。

触发器可以用在逻辑串的最右端，结束一个逻辑串；也可以用在逻辑串中，影响右边的逻辑操作结果。

触发器指令和操作数如表 5-5 所示。

表 5-5　触发器指令和操作数

指令名称	LAD 指令	参　数	数据类型	存储区
SR 触发器	＜位地址＞ SR —S　　Q— —R	＜位地址＞表示需要置位/复位的位	BOOL	Q、M、D、L
		S 为置位输入端		
RS 触发器	＜位地址＞ RS —R　　Q— —S	R 为复位输入端		
		Q 为与位地址对应的存储单元的状态		

复位优先型 SR 触发器的 S 端在 R 端之上。当两个输入端都为"1"时，下面的复位输入最终有效，即复位输入优先，触发器或被复位或保持复位不变。

置位优先型 RS 触发器的 R 端在 S 端之上。当两个输入端都为"1"时，下面的置位输入最终有效，即置位输入优先，触发器或被置位或保持置位不变。

图 5-13 给出了使用复位优先型 SR 触发器的梯形图及时序图。

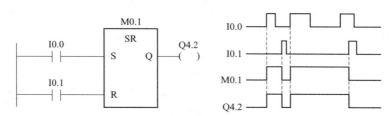

图 5-13　SR 触发器的梯形图及时序图

5. 对 RLO 的直接操作指令

这一类指令直接对逻辑操作结果 RLO 进行操作，改变状态字中 RLO 位的状态。有关内容如表 5-6 所示。

表 5-6　对 RLO 的直接操作指令

LAD 指令	功能	说明
─┤NOT├─	取反 RLO	在逻辑串中，对当前的 RLO 取反
─┤S├─	置位 RLO	把 RLO 无条件置"1"，并结束逻辑串；使 STA 置"1"，OR、FC 清"0"
─┤R├─	复位 RLO	把 RLO 无条件清"0"，并结束逻辑串；使 STA、OR、FC 清"0"
──(SAVE)──	保存 RLO	把 RLO 存入状态字的 BR 位，该指令不影响其他状态位

例 5-2　用 PLC 完成三相异步电动机的单向运转连续控制。

采用继电器-接触器控制方式的单向运转线路原理图如图 5-14 所示。由图 5-14 可以看出，由于"自锁"的存在，系统能够保持住启动信号，直到停止按钮按下为止，最终完成连续运转。

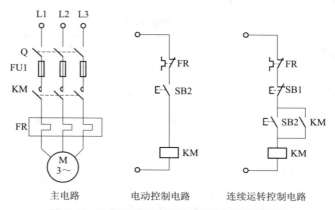

图 5-14　三相异步电动机单向运转线路原理图

如果采用 PLC 控制，图 5-14 中的主电路保持不变，连续运转控制电路采用 PLC 来完成，其 PLC 的编程元件的地址分配（I/O 接线）如表 5-7 所示。

表 5-7　三相异步电动机的单向运转 PLC 的编程元件的地址分配

输入地址	电路元件	说　明	输出地址	电路元件	说　明
I0.0	SB2	启动按钮（常开按钮）	Q4.1	KM	电动机接触器线圈
I0.1	SB1	停止按钮（常闭按钮）			
I0.2	FR	热继电器（常闭触点）			

（1）方法一

用输出指令编程，其梯形图如图 5-8 所示。该控制程序的梯形图程序与采用继电器-接触器控制方式的控制电路非常相似，常称为"启、保、停"电路。其中，I0.0 为启动信号，Q4.0 为需要保持的信号，I0.1 和 I0.2 为停止信号。输出信号（Q4.1）在启动信号（I0.0）和停止信号（I0.1/I0.2）之间保持为"1"的状态（接通）。

（2）方法二

由于完成的是简单的"启、保、停"控制，可以采用 S/R 指令来编程。其中，图 5-15 所示为线圈形式，S/R 指令间可以插入其他程序网络；图 5-16 所示为功能框形式，即采用触发器指令。

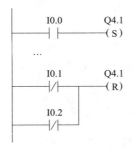

图 5-15　线圈形式

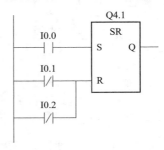

图 5-16　功能框形式

例 5-3　用 PLC 控制三相异步电动机正反转控制。

由三相异步电动机原理可知，改变三相异步电动机定子绕组的电源相序，就可以改变运行方向。在实际应用中，通过两个接触器改变电源相序来实现电动机正、反转控制。主电路如图 5-17 所示。

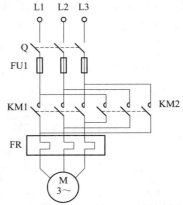

图 5-17　三相异步电动机正反转控制主电路

在采用 PLC 控制时，为了防止接触器触点粘连等故障，可以将接触器的辅助常开触点接回到 PLC 的输入端，作为回馈信号。三相异步电动机的正反转控制主电路的 I/O 分配如表 5-8 所示。

表 5-8　三相异步电动机的正反转控制主电路的 I/O 分配

单元	元件地址	电路元件	说　明
输入单元	I0.0	SB1	停止按钮（常开按钮）
	I0.1	SB2	正转启动（常开按钮）
	I0.2	SB3	反转启动（常开按钮）
	I0.3	FR	热继电器（常闭触点）
	I0.4	KM1	正转回馈（KM1 辅助常开）
	I0.5	KM2	反转回馈（KM2 辅助常开）
输出单元	Q4.0	KM1	正转接触器线圈
	Q4.1	KM2	反转接触器线圈

三相异步电动机正反转控制梯形图程序如图 5-18 所示。此程序在正、反转间切换时，必须按下停止按钮才可完成。这种控制方法能够在一定程度上避免短路事故的发生。

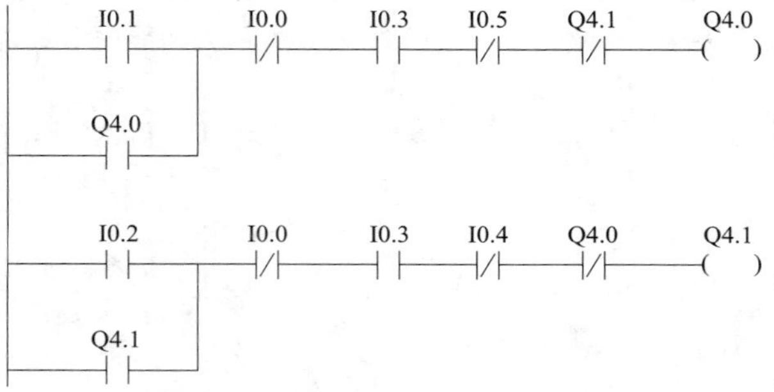

图 5-18　三相异步电动机正反转控制梯形图程序

5.2.3　跳变沿检测指令

当信号状态发生变化时，产生跳变沿。当状态由"0"变化到"1"时，产生正跳沿（或上升沿、前沿）；当状态由"1"变化到"0"时，产生负跳沿（或下降沿、后沿）。跳变沿检测的原理是：在每个扫描周期中，把信号状态和它在前一个扫描周期的状态进行比较，若不同，表明有一个跳变沿。因此，前一个周期里的信号状态必须被存储，以便能和新的信号状态相比较。

在 STEP 7 中，有两类跳变沿检测指令：一种是对 RLO 的跳变沿进行检测；另一种是对触点的跳变沿直接进行检测。指令格式如表 5-9 所示。

表 5-9　跳变沿检测指令

对 RLO 跳变沿检测的指令		
LAD 指令	功能	存储区
＜位地址＞ —(P)	RLO 正跳沿检测,位地址用于存放需要检测的 RLO 的上一扫描周期值。当 RLO 值由"0"变化到"1"时,输出接通一个扫描周期	Q、M、D
＜位地址＞ —(N)	RLO 负跳沿检测,当 RLO 值由"1"变化到"0"时,输出接通一个扫描周期	

对触点跳变沿检测的指令			
RS 触发器	SR 触发器	功能	存储区
位地址1 — POS Q 位地址2 — M_BIT	位地址1 — NEG Q 位地址2 — M_BIT	位地址 1：被检测的触点地址 位地址 2：存储被检测触点上一个扫描周期的状态 Q：单稳输出（只接通一个扫描周期）	Q、M、D、I(I 对位地址 2 非法)

由表 5-9 可知，无论是哪种跳变沿检测指令，为了检测信号的变化，均需要一个位地址单元用于存储被检测触点上一个扫描周期的状态。通过将本周期值与上一个扫描周期的状态进行比较来进行跳变沿检测。

图 5-19 所示为 RLO 跳变沿指令及时序图。在这个例子中，CPU 将检测到的上一周期 RLO（在本例中，RLO 正好与输入 I0.1 的信号状态相同）存放在存储位 M0.0 和 M0.1 中，与本周期检测到的 RLO 值（输入 I0.1）进行比较。当有正跳沿时，使得输出 Q4.0 的线圈在一个扫描周期内通电；当有负跳沿时，使得输出 Q4.1 的线圈在一个扫描周期内通电。

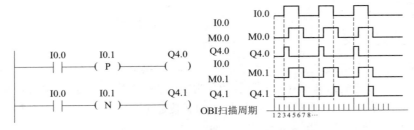

图 5-19　RLO 跳变沿指令及时序图

需要注意的是，在编程时必须考虑到，—(P)—和—(N)—是对其之前的 RLO 的跳变沿检测，而不是触点的状态变化。在一般情况下，RLO 可能由一个逻辑串形成，不单独与某触点的状态直接相关。若要单独检测某触点的跳变沿，可使用对触点跳变沿直接检测的梯形图指令。图 5-20 所示为使用触点负跳沿检测指令的例子。图中，由＜位地址 1＞给出需要检测的触点编号（I0.1），＜位地址 2＞（M1.0）用于存放该触点在一个扫描周期的状态。

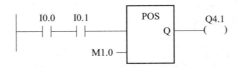

图 5-20　触点负跳沿检测指令的例子

功能说明：图 5-20 的功能是，只有下列条件同时成立时，输出 Q4.1 为 "1"。

①输入位 I0.0、I0.1 同时为 "1"。

②输入 M1.0 有正跳沿。

例 5-4　用单按钮来完成电动机的启停控制，即奇数次按下为启动；偶数次按下为停止。单按钮完成电动机启停控制的 I/O 分配表如表 5-10 所示，梯形图及时序图如图 5-21 所示。

表 5-10　单按钮完成电动机启停控制的 I/O 分配表

单元	地址	说明	单元	地址	说明
输入	I0.0	启停按钮	中间位存储	M0.0	存储 I0.0 上一个周期状态
输出	Q4.0	电动机接 触器线圈		M1.0	I0.0 上升沿检测
				M1.1	I0.0 偶数次上升沿检测

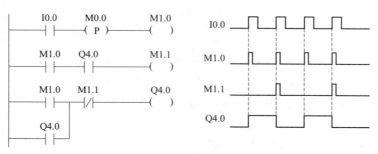

图 5-21　单按钮完成电动机启停控制梯形图及时序图

5.3　定时器与计数器指令

5.3.1　定时器指令

定时器是 PLC 中不可或缺的重要编程元件，是由位和字组成的复合单元，定时器的状态（触点）用位表示，其定时值存储在定时器字中，占 2B（即 16 位存储器）。S7-300/400 提供的定时器有：脉冲定时器（SP）、延时脉冲定时器（SE）、接通延时定时器（SD）、带保持的接通延时定时器（SS）和断电延时定时器（SF）。

1. 定时器的组成

在 CPU 的存储器中留出了定时器区域，每个定时器为 2B，称为定时字。在 S7-300 中，最多允许使用 256 个定时器，即 T0～T255。

（1）定时器的存储格式

S7 系列 PLC 中定时时间的存储由时基和定时值两部分组成。定时时间等于时基与定时值的乘积。当定时器运行时，定时值不断减 1，直至减到 0，表示定时时间到。定时时间到后，引起定时器触点的动作。定时器的字存储格式如图 5-22 所示，表 5-11 中列出了 S7-300 时基与定时范围。可以看出，图 5-22 中时间设定值为 127 s。

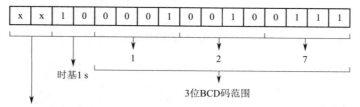

图 5-22　定时器的字存储格式

注意：只有在语句表指令（STL）中可以按照图 5-22 所示的格式装入时间设定值。

表 5-11 S7-300 时基与定时范围

时基	时基的二进制代码	分辨率	定时范围
10 ms	0 0	0.01 s	10 ms～9 s_990 ms
100 ms	0 1	0.1 s	100 ms～1 min_39 s_900 ms
10 ms	1 0	1 s	1 s～16 min_39 s
10 ms	1 1	10 s	10 s～2 h_46 min_30 s

（2）S5 时间表示法

S5 时间表示法在 STL、LAD 指令中都能使用。西门子 S7 系列 PLC 的定时器继承于西门子 S 系列的 PLC，故称为 S5 时间表示法，其指令格式如下：

$$L \quad S5T \# aH\_ bbM\_ ccS\_ dddMS$$

其中，a 表示小时，bb 表示分钟，cc 表示秒，ddd 表示毫秒，范围为 1 ms 到 2 h_ 46 min _ 30 s。此时，时基是自动选择的，原则是根据定时时间选择能满足要求的最小时基。

2. 定时器的启动与运行

S7 系列 PLC 中的定时器与时间继电器的工作特点相似。对于定时器，同样要设置定时时间，也要启动定时器（使定时器线圈通电）。除此之外，定时器增加了一些功能，如随时复位定时器、随时重置定时时间（定时器再启动）、查看当前剩余定时时间等。

S7 系列 PLC 中的定时器不仅功能强，而且类型多。图 5-23 所示为 S7-300 中 5 种定时器总览。以下将以梯形图指令为主，详细介绍定时器的运行原理及使用方法。

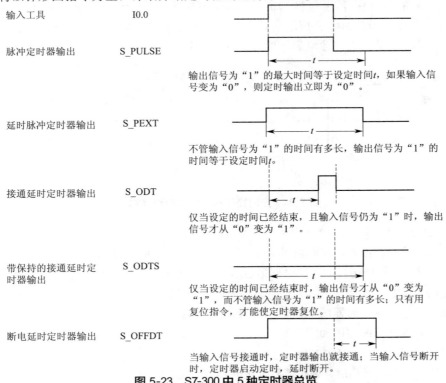

图 5-23 S7-300 中 5 种定时器总览

3. 定时器梯形图

在梯形图编程环境下，定时器采用功能框的形式，使用框图的形式编程；还可以查看定时器的当前剩余时间。用功能框表示的定时器指令和操作数如表 5-12 所示。

表 5-12　用功能框表示的定时器指令和操作数

项目	脉冲定时器	延时脉冲定时器	接通延时定时器	带保持的接通延时定时器	断电延时定时器
LAD 指令	T no. S_PULSE S　　Q TV　　BI R　　BCD	T no. S_PEXT S　　Q TV　　BI R　　BCD	T no. S_ODT S　　Q TV　　BI R　　BCD	T no. S_ODTS S　　Q TV　　BI R　　BCD	T no. S_OFFDT S　　Q TV　　BI R　　BCD

	操作数	数据类型	存储区	说　明
参数	no	TIMER	—	定时器编号，范围与 CPU 有关
	S	BOOL	I、Q、M、D、L	启动输入端
	TV	S5TIME	I、Q、M、D、L	设置定时器时间
	R	BOOL	I、Q、M、D、L	复位输入（可省略）
	Q	BOOL	Q、M、D、L	定时器输出（可省略）
	BI	WORD	Q、M、D、L	剩余时间输出（二进制）（可省略）
	BCD	WORD	Q、M、D、L	剩余时间输出（BCD）（可省略）

S7-300 定时器必须编辑的操作数有 3 个，即定时器编号 Tno、启动输入端 S 和设置定时器时间端 TV。其他端子可根据需要选择编辑。以接通延时定时器为例，其梯形图指令应用格式如图 5-24 所示。其中，图 5-24（a）所示是具有全部操作数的定时器，图 5-24（b）所示是具有最少操作数的定时器。编程时要注意其表达形式和对应关系。

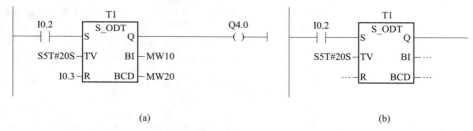

(a)　　　　　　　　　　　　　　　　　　(b)

图 5-24　定时器梯形图指令应用格式

（1）脉冲定时器(S_PULSE)

如果"S 端子"有正跳沿，则脉冲定时器以设定的时间值启动指定的定时器。只要"S 端子"为 1，定时器就保持运行。在定时器运行时，其常开触点闭合，即定时器状态为"1"。定时时间到，定时器的状态变为"0"。若在定时时间内，"S 端子"由"1"变为"0"，则定时器被复位至启动前的状态，其定时器的常开触点断开。复位端始终优先，若为"1"，则定时器无法启动。脉冲定时器程序及时序图如图 5-25 所示。

（2）延时脉冲定时器(S_PEXT)

如果"S 端子"有正跳沿，则扩展脉冲定时器以设定的时间值启动指定的定时器。即使"S 端子"变为"0"，定时器仍保持运行，直到定时时间到后才停止（定时器被复位）。在定时器运行时，其常开触点闭合。当定时时间到后，常开触点断开，使用扩展脉冲定时器的程序及时序图如图 5-26 所示。

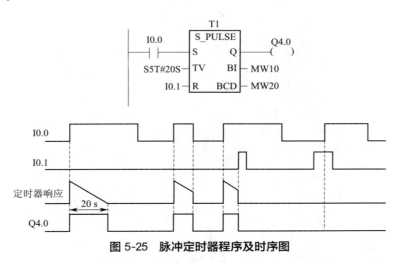

图 5-25　脉冲定时器程序及时序图

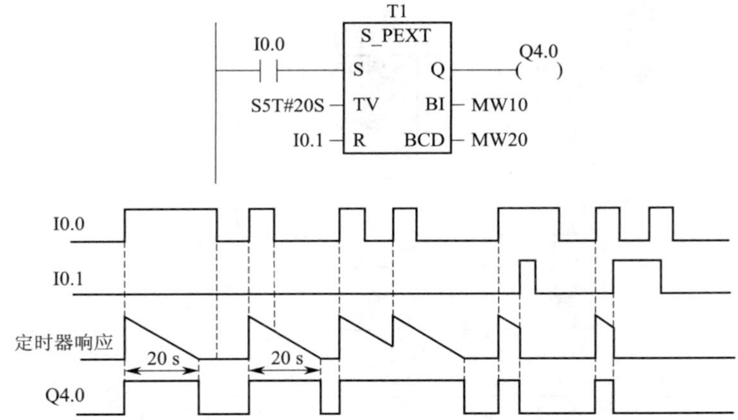

图 5-26　扩展脉冲定时器的程序及时序图

由图 5-26 可知，当定时器启动，且设定时间未到时，如果在输入端又有正跳沿启动定时器，则定时器从设定时间开始重新计时。复位信号在控制过程中（因其位置在启动定时器之后），始终具有优先权。

（3）接通延时定时器(S_ODT)

如果"S 端子"有正跳沿，则接通延时定时器以设定的时间值启动指定的定时器。当定时时间到后，常开触点闭合并保持。直到"S 端子"变为"0"，定时器才被复位至启动前的状态。此时，定时器的常开触点断开。若在定时时间内，"S 端子"变为"0"，则定时器也被复位。使用接通延时定时器的程序及时序图如图 5-27 所示。

由图 5-27 可知，接通延时定时器与接触器-继电器线路中的通电延时型定时器的原理基本相同，必须保证当设定时间到时，其控制信号仍保持接通，其触点状态才能接通。

（4）带保持的接通延时定时器(S_ODTS)

如果"S 端子"有正跳沿，带保持的接通延时定时器以设定的时间值启动指定的定时器，即使"S端子"变为"0"，定时器仍保持运行。此时，定时器常开触点断开。当定时时间到后，常闭触点闭合保持。使用带保持的接通延时定时器的程序及时序图如图5-28所示。

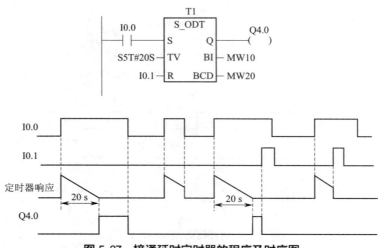

图 5-27　接通延时定时器的程序及时序图

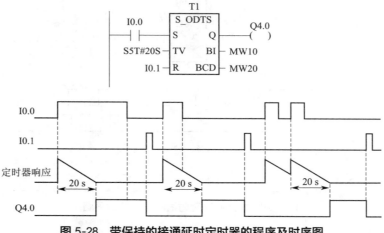

图 5-28　带保持的接通延时定时器的程序及时序图

由图5-28可知，若在设定的延时时间内，RLO再有一个正跳沿，定时器重新启动，即原定时器的当前值再次启动定时器时，被设定值所覆盖。带保持的接通延时定时器只有用复位指令才能复位该定时器，即其复位信号不能省略；否则，定时器无法再次被启动。

（5）断电延时定时器(S_OFFDT)

当"S端子"接通时，定时器就接通，其常开触点闭合。当输入信号断开时（"S端子"有负跳沿），则断电延时定时器以设定的时间值启动指定的定时器。当定时时间到后，定时器断开，其状态为"0"。使用断电延时定时器的程序及时序图如图5-29所示。

由图5-29可知，断电延时定时器与接触器-继电器线路中的断电延时型定时器的原理基本相同。当定时器通电时，其触点不起延时作用（开点立即闭合，闭点立即断开）；当定时器断电时，其触点延时动作（开点延时打开，闭点延时闭合）。

如果断电延时的触点还没有断开前，定时器的输入信号再次接通，则原定时器的当前值被清 0，定时器重新被启动。同样，复位信号具有优先权。

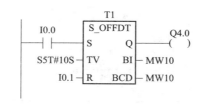

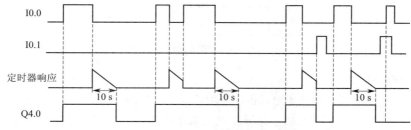

图 5-29　断电延时定时器的程序及时序图

4. 定时器线圈指令

S7-300 中定时器除了具有框图指令格式外，还具有线圈指令格式，如表 5-13 所示。

表 5-13　S7-300 中 5 中定时器的线圈指令格式

LAD 指令	功能	说明
Tno. —(SP) S5T♯…	启动脉冲定时器	
Tno. —(SE) S5T♯…	启动扩展脉冲定时器	该指令以指定方式启动定时器 Tno. 当 RLO 有上升沿时，将设定时间 S5T♯…装入累加器 1，同时定时器开始运行； Tno. 为定时器号，数据类型为 TIME，对于 CPU 315 来说，范围为 T0～T255
Tno. —(SD) S5T…	启动接通延时定时器	
Tno. —(SS) S5T♯…	启动带保持的接通延时定时器	
Tno. —(SF) S5T♯…	启动断电延时定时器	

下面以带保持的接通延时定时器（SS）为例，说明线圈指令的用法。其梯形图如图 5-30 所示。

S7-300 的定时器的框图指令格式和线圈指令格式可以根据用户喜好及需要来选择，均能完成延时控制任务。框图指令格式的优点是：将定时器的所有功能集中编辑，并且便于运行监控。线圈指令格式的优点是：结构更灵活，可以根据需要，将同一定时器的不同功能设置在不同网络中。

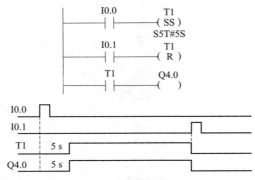

图 5-30　定时器线圈指令应用

5. 定时器编程举例

例 5-5　用 PLC 完成三相异步电动机串电阻降压启动控制。

采用继电器-接触器控制方式的三相异步电动机串电阻降压启动控制原理图如图 5-31 所示。可以看出，由于定时器 KT 的存在，系统完成了启动期间定子串电阻到短接电阻（KM2 闭合）的切换，最终完成了串电阻降压启动的控制。

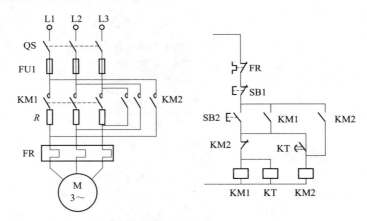

图 5-31　三相异步电动机串电阻降压启动控制原理图

如果控制线路采用梯形图控制来完成，其 PLC 编程元件的 I/O 地址分配如表 5-14 所示，梯形图程序如图 5-32 所示。

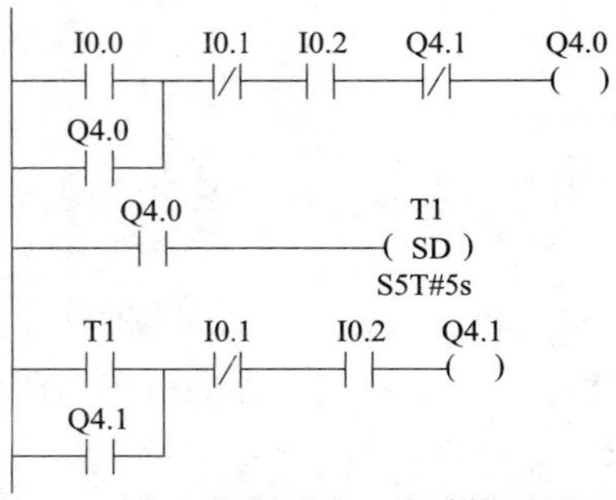

图 5-32　定子串电阻降压启动梯形图程序

表 5-14　三相异步鼠笼电机串电阻降压启动地址分配

输入地址	电路元件	说　明	输出地址	电路元件	说　明
I0.0	SB2	启动按钮（常开）	Q4.0	KM1	启动接触器线圈
I0.1	SB1	停止按钮（常开）	Q4.1	KM2	短接电阻接触器线圈
I0.2	FR	热继电器（常闭）			

例 5-6　根据下述某锅炉的鼓风机和引风机的控制要求，写出 PLC 的 I/O 分配，并设计梯形图控制程序。

①按下启动按钮 SB2，引风机立即启动，鼓风机比引风机晚 10 s 启动；

②按下停止按钮 SB1，鼓风机立即停止，引风机比鼓风机晚 12 s 停机。

系统地址分配及控制时序图如图 5-33 所示。

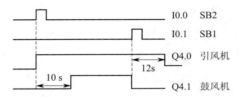

图 5-33　鼓风机和引风机系统地址分配及控制时序图

根据控制时序，可选用 5 种定时器及其组合完成控制。图 5-34 给出了两种参考控制方案。其中，图 5-34（a）采用了接通定时器（SD）和扩展脉冲定时器（SE）来完成控制，且采用线圈指令格式；图 5-34（b）采用了接通延时和断电延时定时器来完成控制，且采用了梯形图指令形式。

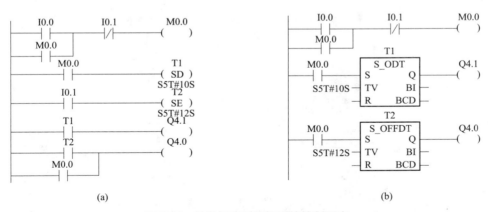

图 5-34　鼓风机和引风机系统控制程序

例 5-7　闪烁控制程序。对于某信号灯 HL，当开关 Q1 接通后，就以灭 1 s、亮 2 s 的频率不断闪烁。

编程元件地址分配如下：

①输入开关为 I0.0；

②输出信号灯控制线圈为 Q4.0。

因为信号灯点亮和熄灭的时间不同，所以需要两个定时器 T1 和 T2。T1 的时间设定值为

2 s，T2 的时间设定值为 1 s，用 T1 去触发 T2。当 T2 时间到时，关断 T1，完成循环闪烁控制。控制程序及时序图如图 5-35 所示。

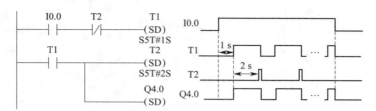

图 5-35　信号灯闪烁控制程序及时序图

5.3.2　时钟存储器

在 S7 系列 PLC CPU 的位存储器 M 中，可以任意指定一字节，如 MB200，作为时钟脉冲存储器。当 CPU 运行时，MB200 的各个位能周期性地产生不同频率（或周期）的方波脉冲。各时钟存储位与时钟脉冲频率（或周期）的关系如表 5-15 所示。

表 5-15　各时钟存储位与时钟脉冲频率（或周期）**的关系**

位	7	6	5	4	3	2	1	0
时钟脉冲周期/s	2	1.6	1	0.8	0.5	0.4	0.2	0.1
时钟脉冲频率/Hz	0.5	0.625	1	1.25	2	2.5	5	10

时钟存储器的设定是在 STEP 7 中做硬件组态时完成的，具体步骤如下：
①进入 STEP 7 的硬件组态界面，如图 5-36 所示。

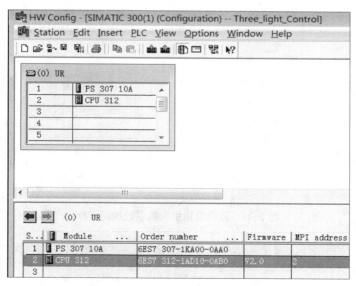

图 5-36　STEP 7 的硬件组态界面

②选择 CPU 模板，设置时钟存储器。在图 5-37 所示窗口的 Clock Memory 栏内勾选 Clock memory，灰色区域变白后进行设置。

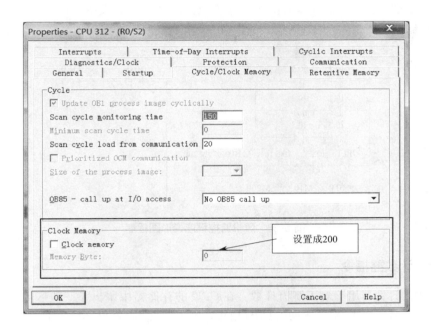

图 5-37 设置时钟存储器窗口

③下载设置。将已经设置好的时钟存储器保存、下载,这时指定的 MB200 的各个位即为不同频率(或周期)的时钟脉冲,并可应用到相应的控制任务中。

例 5-8 风机监控程序设计。

某设备有三台风机。当设备处于运行状态时,如果风机至少有两台以上转动,则指示灯长亮;如果仅有一台风机转动,则指示灯以 0.5 Hz 的频率闪烁;如果没有任何风机转动,则指示灯以 2 Hz 的频率闪烁;当设备不运行时,指示灯不亮。

编程元件的 I/O 地址分配如表 5-16 所示。实现上述功能的梯形图程序如图 5-38 所示。

表 5-16 风机监控系统编程元件的 I/O 地址分配

输入地址	说明	中间单元	说明	输出地址	说明
I0.0	模拟设备运行	M10.0	至少两台运行	Q4.0	监控指示灯
I0.1	模拟风机 1 运行开关	M10.1	一台也不运行		
I0.2	模拟风机 2 运行开关	MB200	时钟存储单元		
I0.3	模拟风机 3 运行开关				

在图 5-38 中,输入位 I0.1、I0.2 和 I0.3 分别表示风机 1、风机 2 和风机 3。当风机转动时,信号状态为“1”。使用 CPU 中的时钟存储器功能,并将其存储在字节 MB200 中,则存储位 M200.3 为 2 Hz 频率脉冲,M200.7 为 0.5 Hz 频率脉冲。存储位 M10.0 为“1”时,表示至少有两台风机转动;M10.1 为“1”,表示没有风机转动;当 M10.0 和 M10.1 都为“0”时,表示只有

一台风机运转。设备运行状态用输入位 I0.0 来模拟，为"1"时，设备运行。风机转动状态指示灯由 Q4.0 控制。

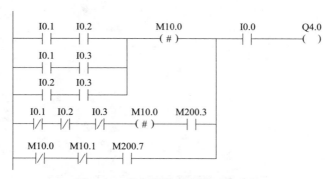

图 5-38 风机监控程序梯形图程序

5.3.3 计数器指令

S7-300 中的计数器用于对正跳沿计数。在 CPU 的存储器中留出了一块区域用于存储计数值，每个计数器需要 2 B。对于不同的 CPU 模板，用于计数器的存储区域也不同，最多允许使用 64～512 个计数器。

计数器同定时器一样，也是一种复合单元，是由表示当前计数值的字及状态的位组成。在 S7-300 中有 3 种计数器可供选择：加计数器（S_CU）、减计数器（S_CD）和加/减计数器（S_CUD）。

1. 计数器的组成

在 CPU 中保留一块存储区作为计数器存储区，每个计数器占用 2 字节，计数器字中的第 0～11 位表示计数值（BCD 码），计数范围是 0～999，数值存储格式如图 5-39 所示。

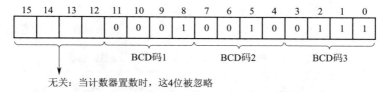

图 5-39 计数器数值存储格式

2. 计数器指令的功能框表示形式

用功能框表示的计数器指令如表 5-17 所示。

表 5-17 用功能框表示的计数器指令

项目	加计数器	减计数器	可加/减计数器
LAD 指令	Cno S_CU CU — Q S PV — CV R — Cv_BCD	Cno S_CU CD — Q S PV — CV R — Cv_BCD	Cno S_CU CU — Q CD S — CV PV R — Cv_BCD

项目	加计数器		减计数器	可加/减计数器
指令	参数	数据类型	存储区	说 明
	no.	COUNTER	C	计数器标识号,从 C0 起
	CU	BOOL	I、Q、M、D、L	加计数输入端,上升沿有效
	CD	BOOL	I、Q、M、D、L	减计数输入端,上升沿有效
	S	BOOL	I、Q、M、D、L	当 S 端信号上升沿来时,将
	PV	WORD	I、Q、M、D、L	PV 端的初始值装入(BCD 码)计数器,作为计数器的当前值
	R	BOOL	I、Q、M、D、L	复位输入端,将计数器的当前值清"0"
	Q	BOOL	Q、M、D、L	计数器状态输出,只有当前值为"0"时,输出为"0"
	CV	WORD	Q、M、D、L	当前计数值输出(整数格式)
	CV_BCD	WORD	Q、M、D、L	当前计数值输出(BCD 格式)

在图 5-40 中使用了可逆计数器功能框指令。输入 I0.0 的正跳沿,使计数器 C0 的计数值增加;输入 I0.1,使计数值减小。计数器 C0 的状态用于控制输出 Q4.0。给 C0 预置的初始值格式为 C#······,数据为十进制数。当 I0.2 有正跳沿时,该值被置入计数器 C0。

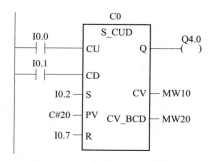

图 5-40 可逆计数器指令使用

3. 计数器线圈表示形式
计数器的线圈指令如表 5-18 所示。

表 5-18 计数器的线圈指令

LAD 指令	功能
Cno. —(SC) (预置值)C#···	该指令为计数器置初始值。当 RLO 有上升沿时,将预置值十进制数(格式为 C#···)装入累加器 1 中,作为计数器的当前值
Cno. —(CU)	加计数。程序运行时,RLO 每有一个上升沿时,计数器加 1;若达上限 999,停止加计数
Cno. —(CD)	减计数。程序运行时,RLO 每有一个上升沿时,计数器减 1;若达下限 0,停止减计数

下面以加计数器为例,说明计数器线圈指令的用法。具体功能及使用如图 5-41 所示。

这个例子用于对输入 I0.1 的正跳沿计数。每一个正跳沿使计数器 C10 的计数值加 1。输入 I0.0 有正跳沿时,计数器 C10 被置初始值"100"。"C#"表示以 BCD 码格式输入一个数值。

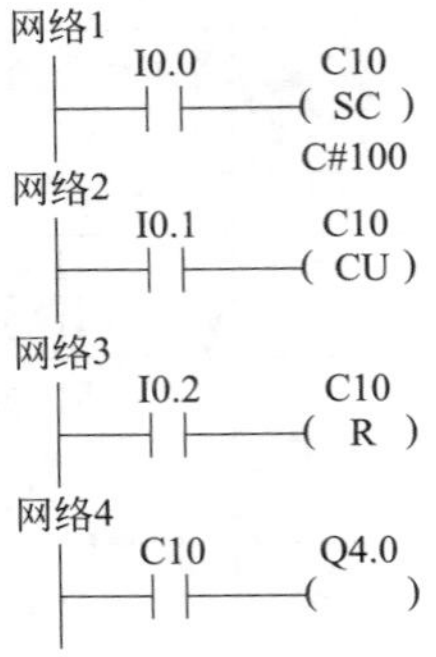

```
网络1  I0.0      C10
       ─┤├─     ─( SC )
                 C#100
网络2  I0.1      C10
       ─┤├─     ─( CU )
网络3  I0.2      C10
       ─┤├─     ─( R )
网络4  C10      Q4.0
       ─┤├─     ─(  )
```

图 5-41　加计数器线圈指令应用

4. 计数器的应用

（1）比较指令

S7-300 PLC 的计数器与其他型号的 PLC 不同。没有达到某一设定值，计数器的状态就接通这一特性。对于 S7-300PLC 的计数器，只要计数器的当前值不是"0"，计数器的状态就为"1"。要想使计数器达到某值进行相应的操作，必须将计数器指令和比较指令配合使用。比较指令的格式如表 5-19 所示。

表 5-19　比较指令的格式

LAD 指令	LAD 指令上部的符号	说明
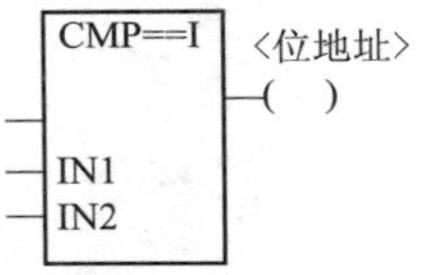 CMP==I 〈位地址〉 ─( )─ ─IN1 ─IN2	CMP? I	比较累加器 2 和累加器 1 低字中的整数是否＝＝、<>、<、>、>=、<=，如果条件满足，RLO=1，即梯形图中输出"位地址"处为"1"
	CMP? D	比较累加器 2 和累加器 1 低字中的双整数是否＝＝、<>、<、>、>=、<=，如果条件满足，RLO=1，即梯形图中输出"位地址"处为"1"
	CMP? R	比较累加器 2 和累加器 1 低字中的浮点数是否＝＝、<>、<、>、>=、<=，如果条件满足，RLO=1，即梯形图中输出"位地址"处为"1"

注：表中"?"分别代表＝＝、<>、<、>、>=、<=。

比较指令用于比较累加器 2 和累加器 1 中的数值大小（在梯形图指令中，PLC 自动将 IN1 和 IN2 端的数值装入累加器 2 和累加器 1）。被比较的数据的类型应该相同。数据类型可以是整数（I）、长整数（D）或实数（R）。共有 6 种比较逻辑关系：等于（＝＝）、不等于（<>）、大于（>）、小于（<）、大于或等于（>=）、小于或等于（<=）。若比较结果为"真"，则输出为"1"；否则为"0"。图 5-42 所示为整数比较指令的基本功能。

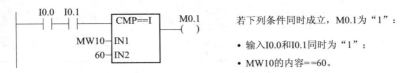

```
I0.0  I0.1      ┌─────────┐
─┤├──┤├──────┤ CMP==I  │   M0.1
                │         ├──( )─
         MW10 ──┤ IN1     │
           60 ──┤ IN2     │
                └─────────┘
```

若下列条件同时成立，M0.1 为"1"：
- 输入 I0.0 和 I0.1 同时为"1"；
- MW10 的内容＝＝60。

图 5-42　整数比较指令的基本功能

（2）计数器与比较指令的配合应用实例

例 5-9　货物转运仓库监控系统设计。

　　计数器在工业控制中的应用广泛。图 5-43 所示为货物转运仓库监控系统示意图。传送带 1 负责将物品运进仓库区，传送带 2 负责将物品运出仓库，用光电传感器检测物品的进出。系统设置 5 个指示灯监控仓库区的占用程度。根据系统的需要，设置系统 I/O 分配如表 5-20 所示。

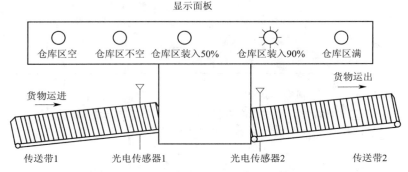

图 5-43　货物转运仓库监控系统示意图

表 5-20　货物转运仓库监控系统 I/O 分配表 1

	元件地址	功　能		元件地址	功　能
输入单元	I0.0	光电传感器 1	**输出单元**	Q4.0	仓库区空
	I0.1	光电传感器 2		Q4.1	仓库区不空
	I0.2	手动置初值		Q4.2	仓库区装入 50%
	I0.3	手动复位		Q4.3	仓库区装入 90%
				Q4.4	仓库区满

　　仓库区系统占用程度指示灯的控制程序如图 5-44 所示。程序中只给出了占用程度指示灯的控制程序。在实际应用中，本系统应包含传送带 1、传送带 2 的控制程序，并注意仓库区空、仓库区满两个信号与传送带 1、传送带 2 的连锁关系。

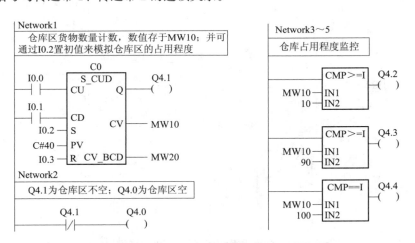

图 5-44　仓库区系统占用程度指示灯的控制程序

　　如果仓库的库存量≥1000，由于一个计数器的最大计数值为 999，因此用一个计数器将无法完成控制。同时，图 5-44 中所示指示灯的控制程序，没有考虑到两个传送带的控制。较完整的系统 I/O 分配如表 5-21 所示。

表 5-21　货物转运仓库监控系统 I/O 分配表 2

	元件地址	功　能		元件地址	功　能
输入单元	I0.0	系统启动	输出单元	Q4.0	传送带 1
	I0.1	系统停止		Q4.1	传送带 2
	I0.2	光电传感器 1		Q4.2	仓库区空
	I0.3	光电传感器 2		Q4.3	仓库区不空
	I0.7	手动复位		Q4.4	仓库区装入 50%
				Q4.5	仓库区装入 90%
				Q4.6	仓库区满

当计数值＞＝1000 时，控制程序可以考虑采用两个计数器。其中，C0 负责计十位和个位数字，C10 负责计百位及以上数字，即 C0 逢百向 C10 进 1，而且两个计数器之间可以进行借位操作，真正完成了两个计数器间的级联。控制程序如图 5-45 所示。

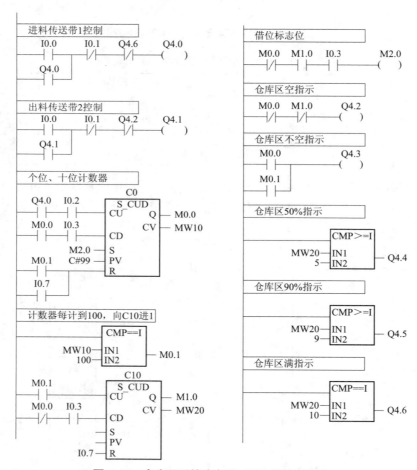

图 5-45　仓库区系统库存量>1000 的控制程序

5.3.4　定时器与计数器的配合使用

在 S7-300 中，一个定时器的最大定时时间为 2 h 46 min 30 s。当定时时间大于此值时，可采用下述两种方案。

1. 定时器与定时器配合

采用定时器与定时器（建议采用 S＿ODT 定时器）配合使用，此时最终的定时时间为多个定时时间之和。如图 5-46 所示，Q4.0 在按下启动按钮（I0.0）25 s 后接通。

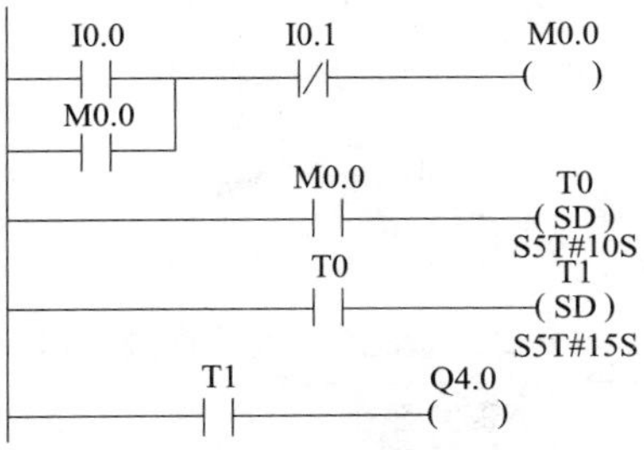

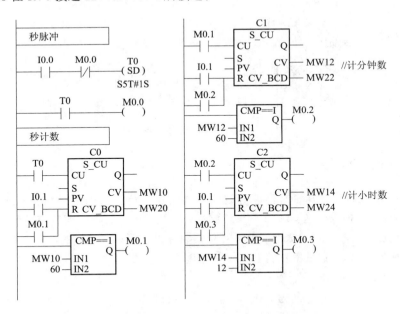

图 5-46　定时器级联的扩展方式

2. 定时器与计数器配合

定时器与计数器配合，用定时器编制一个定时脉冲信号，作为计数器的计数单位。此时，最终定时时间为多个设定时间之积。

例 5-10　数字时钟控制程序。

图 5-47 给出了用定时器与计数器配合编制的具有"时：分：秒"格式的时钟控制参考程序。程序中，M0.3 在 I0.0 接通 $12 \times 60 \times 60$ s 后接通。

图 5-47　数字时钟控制程序

程序中，I0.0 为启动开关，I0.1 为手动复位按钮；可以通过 MW24、MW22、MW20 来实时监控时钟的时、分、秒数值。在控制程序中，先用 SD 定时器编写秒脉冲程序；然后将定时器 T0 作为秒计数器 C0 的输入端；用比较指令监控每计到 60 s 时，为分钟计数器加 1，同时复位秒计数器。依此类推，实现多个计数器的进位控制，来扩展定时范围。

5.4 数据处理功能指令

此类指令主要涉及对数据的非数值运算操作，主要包括装入和传送指令、转换指令、比较指令。

5.4.1 传送指令

传送指令梯形图及说明如表 5-22 所示。

表 5-22　传送指令梯形图及说明

LAD 指令	操作数	数据类型	存储区	说明
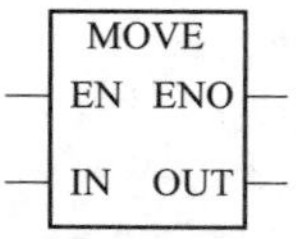 MOVE EN ENO IN OUT	EN	BOOL(位)	I、Q、M、D、L	允许输入
	ENO	BOOL(位)		允许输出
	IN	8 位、16 位、32 位的所有数据类型		源操作数(可为常数)
	OUT	8 位、16 位、32 位的所有数据类型		目的操作数

在梯形图中，用 MOVE 功能框表示装入和传送指令，能传送数据长度为 8 位、16 位或 32 位的所有基本数据类型。如果允许输入端 EN 为"1"，则允许执行传送操作，使输出 OUT 等于输入 IN（即将源操作数装入累加器 1，然后将累加器 1 的内容传送到目的地址），并使允许输出端 ENO 为"1"。如果允许输入端 EN 为"0"，则不执行传送操作，并使 ENO 为"0"。

在传送指令梯形图中，只要 EN 端为"1"，就完成传送指令。为了防止无意义的重复操作，EN 端经常与跳变沿指令配合使用，使控制信号每接通一次，只执行一次传送操作，如图 5-48 所示。

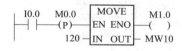

①若输入位 I0.0 有上升沿，执行下列操作：
　a.将十进制数 120 传送至 MW10；
　b.输入位 M1.0 为 1。
②若输入位 I0.0 没有上升沿，不执行传送工作。

图 5-48　使用 MOVE 指令和功能

5.4.2 转换指令

转换指令是将累加器 1 中的内容进行数据类型转换，转换后的结果仍存放在累加器 1 中。STEP 7 能够实现的转换操作有：BCD 码与整数及长整数之间的转换；实数与长整数之间的转换；数的取反、取负操作。在 STEP 7 中，整数和长整数是以补码形式表示的。BCD 码的数值有两种表示方法：一种是字格式（16 位）的 BCD 码，其数值范围是－999～＋999；另一种是双字格式（32 位）的 BCD 码，其数值范围是－9 999 999～＋9 999 999 BCD 码的数据格式如图 5-49 所示，最高位（SSSS）表示 BCD 数的符号，0000 表示正，1111 表示负。

1. BCD 码与整数的转换

在执行 BCD 码转换为整数或长整数指令时，如果要转换的数据不在 BCD 码的有效范围（A～F），则不能进行正确转换。此时，系统的正常运行被终止，将出现下列事件之一：

①CPU 进入 STOP 状态，"BCD 转换错误信息"写入诊断缓冲区（事件号 2521）。

②如果 OB121 已经编程就调用。

BCD 码与整数之间的转换梯形图及说明如表 5-23 所示。

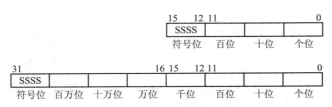

图 5-49 BCD 码的数据格式

表 5-23 BCD 码与整数之间的转换梯形图及说明

LAD 指令	功能	参数	数据类型	说明	存储区
BCD_I EN ENO IN OUT	将 3 位 BCD 码数转换为 16 位整数	EN	BOOL	使能输入	
		ENO	BOOL	使能输出	
		IN	WORD	BCD 码	
		OUT	INT	转换后的整数	
I_BCD EN ENO IN OUT	将 16 位整数转换为 3 位 BCD 码数	EN	BOOL	使能输入	
		ENO	BOOL	使能输出	
		IN	INT	整数	
		OUT	WORD	BCD 码的结果	
I_DI EN ENO IN OUT	将 16 位整数转换为 32 位整数	EN	BOOL	使能输入	
		ENO	BOOL	使能输出	
		IN	INT	要转换的值	
		OUT	DINT	转换的结果值	EN 和 IN 端： I、Q、M、D、L ENO 和 OUT 端： Q、M、D、L
BCD_DI EN ENO IN OUT	将 7 位 BCD 码数转换为 32 位整数	EN	BOOL	使能输入	
		ENO	BOOL	使能输出	
		IN	DWORD	BCD 码	
		OUT	DINT	转换后的双整数	
DI_BCD EN ENO IN OUT	将 32 位 BCD 码数转换为 7 位 BCD 码数	EN	BOOL	使能输入	
		ENO	BOOL	使能输出	
		IN	DINT	双整数	
		OUT	DWORD	BCD 码的结果	
DI_R EN ENO IN OUT	将 32 位整数转换为 32 位实数	EN	BOOL	使能输入	
		ENO	BOOL	使能输出	
		IN	DINT	要转换的值	
		OUT	REAL	转换的结果值	

2. 实数与长整数的转换

因为实数的取值范围远远大于 32 位整数，所以不是所有的实数都能正确地转换为 32 位整数。如果被转换的实数格式超出了 32 位整数的表示范围，则在累加器 1 中得不到有效的转换结果；同时，状态字中的 OV 和 OS 位被置"1"。实数与长整型之间的转换梯形图及 STL 指令如表 5-24 所示，不同的指令转换结果不同，如表 5-25 所示。

表 5-24　实数与长整形之间的转换梯形图

STL 指令	LAD 指令	功能	参数	数据类型	说明	储存区
RND	ROUND EN ENO IN OUT	将实数化整为最接近的整数	EN	BOOL	使能输入	
			ENO	BOOL	使能输出	
			IN	REAL	要舍入的值	
			OUT	REAL	舍入后的结果	
TRUNC	TRUNC EN ENO IN OUT	取实数的整数部分（截尾取整）	EN	BOOL	使能输入	
			ENO	BOOL	使能输出	
			IN	REAL	要取整的值	
			OUT	DINT	IN 的整数部分	EI 和 IN 端：I，Q，M，D，L
RND +	CEIT EN ENO IN OUT	将实数化整为大于或等于该实数的最小整数	EN	BOOL	使能输入	ENO 和 OUT 端：Q，M，D，L
			ENO	BOOL	使能输出	
			IN	REAL	要取整的值	
			OUT	DINT	上取整后的结果	
RND—	FLOOR EN ENO IN OUT	将实数化整为小于或等于该实数的最小整数	EN	BOOL	使能输入	
			ENO	BOOL	使能输出	
			IN	REAL	要取整的值	
			OUT	DINT	下取整后的结果	

表 5-25　实数与整形转换举例

指令	累加器 1 的内容							
	化整前	化整结果	化整前	化整结果	化整前	化整结果	化整前	化整结果
RND	+100.5	+100	+99.5	+100	−100.5	−100	−99.5	−100
RND+	+100.5	+101	+99.5	+100	−100.5	−100	−99.5	−99
RND—	+100.5	+100	+99.5	+99	−100.5	−101	−99.5	−100
TRUNC	+100.5	+100	+99.5	+99	−100.5	−100	−99.5	−99

3. 数的取反取负

对累加器中的数求反码，就是将累加器的内容按字或双字数据类型进行处理，逐位取反；对累加器 1 中的数求补码，就是逐位取反后再加 1。求补码，只有对整数或长整数才有意义。实数取反，就是将符号位取反。在梯形图中，数的取反取负所有转换指令对应的功能框图如表 5-26 所示。

表 5-26　梯形图中数的取反取负所有转换指令对应的功能框图

LAD 指令	功能	参数	数据类型	说明	存储区
INV_I EN ENO IN OUT	对 16 位整数求反码	EN	BOOL	使能输入	EI 和 IN 端： I、Q、M、D、L ENO 和 OUT 端： Q、M、D、L
		ENO	BOOL	使能输出	
		IN	INT	输入值	
		OUT	INT	整数的反码	
INV_DI EN ENO IN OUT	对 32 位整数求反码	EN	BOOL	使能输入	
		ENO	BOOL	使能输出	
		IN	DINT	输入值	
		OUT	DINT	双整数的反码	
NEG_I EN ENO IN OUT	对 16 位整数求补码（取反码加 1），相当于乘－1	EN	BOOL	使能输入	
		ENO	BOOL	使能输出	
		IN	INT	输入值	
		OUT	INT	整数的补码	
NEG_DI EN ENO IN OUT	对 32 位整数求补码	EN	BOOL	使能输入	
		ENO	BOOL	使能输出	
		IN	DINT	输入值	
		OUT	DINT	双整数的补码	
NEG_R EN ENO IN OUT	对 32 位整数求反	EN	BOOL	使能输入	
		ENO	BOOL	使能输出	
		IN	REAL	输入值	
		OUT	REAL	取反结果	

5.5　运算指令

5.5.1　算术运算指令

算术运算指令主要是加、减、乘、除四则运算和一些基本的数学函数运算。数据类型为整数 INT、长整数 DINT 和实数 REAL。

算术运算指令均在累加器 1 和累加器 2 中执行。累加器 1 是主累加器，累加器 2 是辅助累加器。在执行算术运算时，累加器 2 中的值作为被减数或被除数。算术运算的结果保存在累加器 1 中，累加器 1 中原有的值被运算结果覆盖，累加器 2 中的值保持不变，即完成如下操作：

累加器 2（＋、－、＊、/）累加器 1＝（赋值）累加器 1

在进行算术运算时，不必考虑 RLO，对 RLO 也不产生影响。然而，算术运算指令对状态字的某些位将产生影响，这些位是 CC1 和 CC0 以及 OV 和 OS。可以用位操作指令或条件跳转指令对状态字中的标志位进行判断操作。

1. 整数算术运算

整数算术运算指令包含整数和长整数运算指令。指令说明如表 5-27 所示。

表 5-27 整数算术运算指令说明

(a)			
LAD 指令	STL 指令	LAD 指令的符号	功能说明
ADD_I EN ENO IN1 OUT IN2	+1	ADD_I	将 IN1 和 IN2 中的 16 位整数相加,结果保存到 OUT 端
	−1	SUB_I	将 IN1 中的 16 位整数减去 IN2 中的 16 位整数,结果保存到 OUT 中
	·1	MUL_I	将 IN1 和 IN2 中的 16 位整数相乘,结果以 32 位整数保存到 OUT 中
	/1	DIV_I	将 IN1 中的 16 位整数除以 IN2 中的 16 位整数,商保存到 OUT 端
无	+	—	将累加器 1 中的数与一个 0~255 间的常数相加,结果保存在累加器 1 中
SUB_DI EN ENO IN1 OUT IN2	+D	ADD_DI	将 IN1 和 IN2 中的 32 位整数相加,结果保存到 OUT 中
	−D	SUB-DI	将 IN1 的 32 位整数减去 IN2 中的 32 位整数,结果保存到 OUT 中
	·D	MUL-DI	将 IN1 和 IN2 中的 32 位整数相乘,结果保存到 OUT 中
	/D	DIV-DI	将 IN1 的 32 位整数除以 IN2 中的 32 位整数,商保存到 OUT 中
	MOD	MOD	将 IN1 的 32 位整数除以 IN2 中的 32 位整数,余数保存到 OUT 中

(b)			
参数	数据类型	存储区	说明
IN1	INT、DINT	I、Q、M、D、L	将 IN1 装入累加器 1,在将 IN2 装入累加器 1 时,IN1 的数据被压入累加器 2
IN2	INT、DINT	I、Q、M、D、L	第二个参与运算的数,被装入累加器 1 中,要求与 IN1 中的数据类型一致
OUT	INT、DINT	Q、M、D、L	将存于累加器 1 的运算结果传送到输出端

图 5-50 所示为整数加法梯形图指令应用编程举例。图中,IN1 为被加数输入端,IN2 为加数输入端,OUT 为结果输出端。本例中,加数和被加数以及相加结果的数据类型均为整数(INT)。如果 EN 的信号状态为"1",则进行整数加法操作。若结果在整数的表示范围之外,则状态字的 OV 位和 OS 位为"1",且使 ENO 为"0";若结果没有溢出,则状态字的 OV 位清"0",OS 位保持原状态,且使 ENO 为"1";若 EN 为"0",则不进行加法运算,此时 ENO 为"0"。当 ENO 为"0"时,梯形图指令之后与 ENO 连接的(串级排列)其他功能不执行。

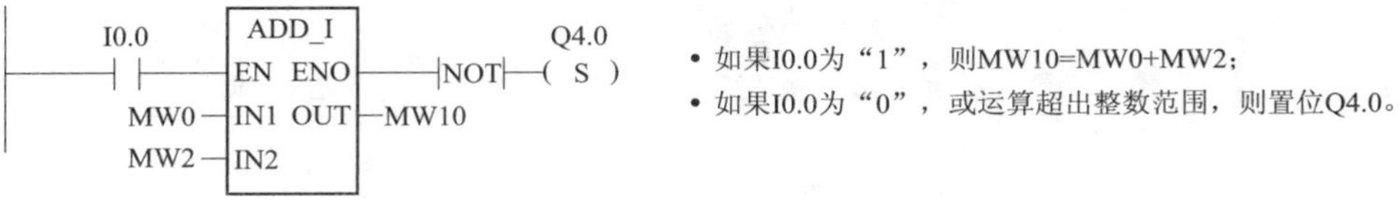

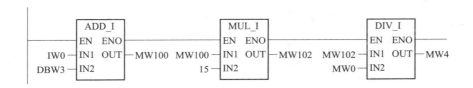

如果I0.0为"1"，则MW10=MW0+MW2；

如果I0.0为"0"，或运算超出整数范围，则置位Q4.0。

图 5-50　整数加法梯形图指令应用编程举例

例 5-11　运用算术运算指令，完成方程式运算：MW4＝((IW0＋ DBW3)×15)/MW0。梯形图程序如图 5-51 所示，可以看出，梯形图程序直观、易读。

图 5-51　算术运算指令梯形图程序举例

2. 实数算术运算

实数算术运算指令说明如表 5-28 所示，参与运算的所有数据必须均为实数格式，否则需要做必要的转换，例如 DTR（将长整数转化为实数）。注意，没有整数（INT）到实数（REAL）间的转换指令。要想完成转换，需要先做 ITD（将整数转化为长整数），再做 DTR，将整数转换为实数，反之亦然。图 5-52 所示为使用实数算术运算指令的例子。

表 5-28　实数算术运算指令说明

(a)			
LAD 指令	STL 指令	LAD 指令中的符号	功能说明
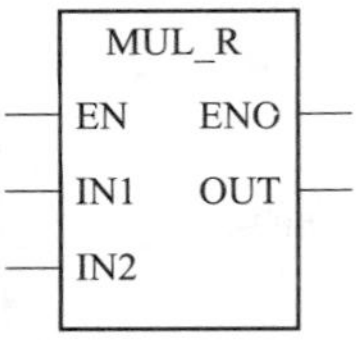 MUL_R EN　ENO IN1　OUT IN2	＋R	ADD_R	将 IN1 和 IN2 中的实数相加,结果保存到 OUT 中
	－R	SUB_R	将 IN1 中的实数减去 IN2 中的实数,结果保存到 OUT 中
	・R	MUL_R	将 IN1 和 IN2 中的实数相乘,结果保存到 OUT 中
	/R	DIV_R	将 IN1 中的实数除以 IN2 中的实数,商保存到 OUT 中
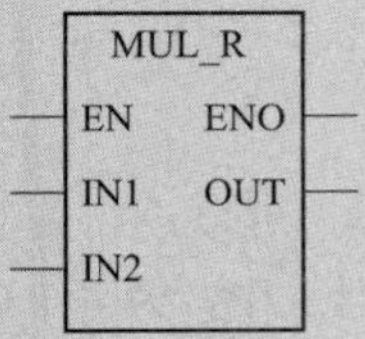 MUL_R EN　ENO IN1　OUT IN2	ABS	ABS	求输入 IN 中实数的绝对值,结果保存到 OUT 中
	SQR	SQR	求输入 IN 中实数的平方值,结果保存到 OUT 中
	SQRT	SQRT	求输入 IN 中实数的平方根值,结果保存到 OUT 中
	LN	LN	求输入 IN 中实数的自然对数值,结果保存到 OUT 中
	EXP	EXP	求输入 IN 中实数基于 e 的指数值,结果保存到 OUT 中

续表

(a)			
LAD 指令	STL 指令	LAD 指令中的符号	功能说明
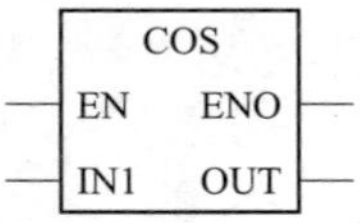	SIN	SIN	求输入 IN 中以弧度表示的角度值的正弦值,结果保存到 OUT 中
	COS	COS	求输入 IN 中以弧度表示的角度值的余弦值,结果保存到 OUT 中
COS EN ENO IN1 OUT	ASIN	ASIN	求输入 IN 中实数的反正弦值,将以弧度表示角度的结果保存到 OUT 中
	ACOS	ACOS	求输入 IN 中实数的反余弦值,将以弧度表示角度的结果保存到 OUT 中
	TAN	TAN	求输入 IN 中以弧度表示的角度的正切值,结果保存到 OUT 中
	ATAN	ATAN	求输入 IN 中实数的反正切值,将以弧度表示角度的结果保存到 OUT 中
(b)			
参数	数据类型	存储区	说明
EN	BOOL	I,Q,M,D,L	运行允许位,高电平("1")有效,可与沿检测指令配合使用。可省略
IN	REAL	I,Q,M,D,L	输入数据分别装入累加器 1、2 中进行计算
OUT	REAL	Q,M,D,L	将存于累加器 1 的运算结果传送到输出端

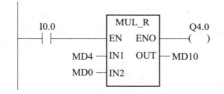

- 如果 I0.0 为 "1",执行实数乘操作 (MD0)*(MD4),并将操作结果存入 MD10。运算过程中,若没有溢出 (0V=0),则输出 Q4.0 为 "1"。
- 如果 I0.0 为 "0",不执行上述操作,且输出 Q4.0 为 "0";当运算过程中发生溢出 (0V=1) 时,则输出 Q4.0 为 "0"。

图 5-52　实数算术运算指令举例

5.5.2　字逻辑运算指令

字逻辑运算指令是将两个字(数据长度为 16 位和 32 位)逐位进行逻辑运算,可以进行逻辑"与"、逻辑"或"和逻辑"异或"运算。参与字逻辑运算的两个字,一个是在累加器 1 中,另一个可以在累加器 2 中,或者是立即数(常数)。字逻辑运算的结果存放在累加器 1 低字节中,双字逻辑运算的结果存放在累加器 1 中,累加器 2 的内容保持不变。字逻辑运算指令说明如表 5-29 所示。

表 5-29　字逻辑运算指令说明

(a)			
LAD 指令	STL 指令	LAD 指令中的符号	功能说明
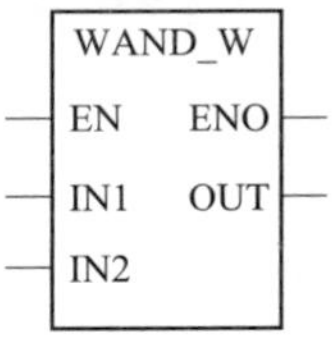 WAND_W EN　ENO IN1　OUT IN2	AW	WAND_W	将 IN1 和 IN2 中的字相与,结果保存到 OUT 中
	OW	WOR_W	将 IN1 和 IN2 中的字相或,结果保存到 OUT 中
	XOW	WXOR_W	将 IN1 和 IN2 中的字相异或,结果保存到 OUT 中
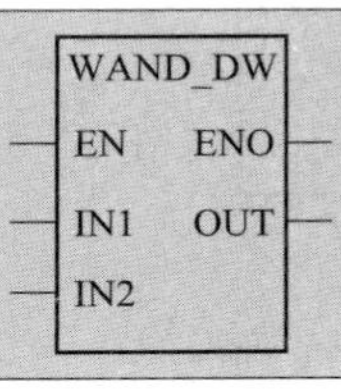 WAND_DW EN　ENO IN1　OUT IN2	AD	WAND_DW	将 IN1 和 IN2 中的双字相与,结果保存到 OUT 中
	OD	WOR_DW	将 IN1 和 IN2 中的双字相异,结果保存到 OUT 中
	XOD	WXOR_DW	将 IN1 和 IN2 中的双字相异或,结果保存到 OUT 中
(b)			
参数	数据类型	存储区	说明
IN1	WORD、DWORD	I,Q,M,D,L	第一个逻辑值
IN2	WORD、DWORD	I,Q,M,D,L	第二个逻辑值
OUT	WORD、DWORD	Q,M,D,L	逻辑操作结果

字逻辑运算仍然在两个累加器中执行。在梯形图指令中，PLC 自动将 IN1 和 IN2 中的数据装入两个累加器；完成相应字逻辑运算后，将存放于累加器 1 的逻辑运算结果传送到输出端 OUT 中。参与逻辑运算的数据及结果均为字（W）或双字（DW）数据类型。如果 EN 的信号状态为"1"，则启动逻辑运算指令。字逻辑运算结果将影响状态字的下列标志位：

①CC1：如果逻辑运算的结果为"0"，CC1 被复位至"0"；如果逻辑运算的结果为非"0"，CC1 被置位至"1"。

②CC0：在任何情况下，被复位至"0"。

③OV：在任何情况下，被复位至"0"。

图 5-53 所示为字逻辑运算指令的基本用法。

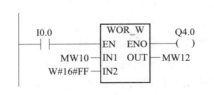

• 如果I0.0为"1"，则执行"字或"操作即将MW10的高8位保留，低8位置"1"，并存放于MW12中，且输出Q4.0为"0"。
例如：
MW10 = 01101110　00011100
　IN2 = 00000000　11111111
MW12 = 01101110　11111111
• 如果I0.0为"0"，则不执行上述操作，且输出Q4.0为"0"。

图 5-53　字逻辑运算指令的基本用法

5.5.3 数据运算指令应用举例

例 5-12 根据表达式：MD10＝ sin 30°＋cos 45.5°，用梯形图编写运算程序。

由于三角函数规定的操作数均为弧度，所以需要首先将角度转化为弧度（弧度＝角度×3.14÷180），然后求正弦值和余弦值。

用梯形图编写的参考程序如图 5-54 所示。

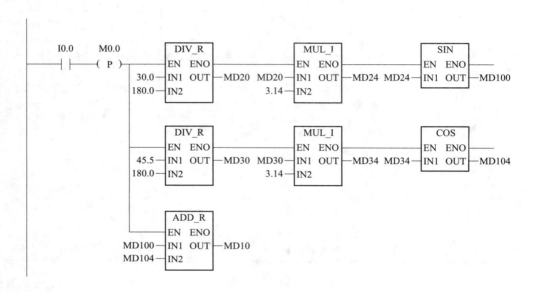

图 5-54　数据运算指令应用举例参考程序

5.6 移位指令和数据块指令

5.6.1 移位指令

所有的移位指令均是在累加器 1 内完成的。要想完成对某操作数的移位，需要先将其装入累加器 1；执行移位操作，结果存放于累加器 1 中；然后用传送指令将累加器 1 的内容（移位结果）送到目的地址寄存器。在梯形图中，PLC 自动将 IN 端数据装入累加器 1，执行完移位操作后，自动将移位结果传送到 OUT（目标寄存器）端。

移位指令对累加器 1 中的内容向左或向右逐位移动，移动次数由输入值 N 提供的数值确定。移位后，空出的位填以"0"或符号位（"0"代表正，"1"代表负），被移动的最后一位保存在状态字中的 CC1 里，CC0 和 OV 被复位为"0"。可使用条件跳转指令对 CC1 进行判断。循环移位指令与一般移位指令的差别是：循环移位指令的空位填以从 IN 中移出的位。

1. 无符号数移位指令

无符号数移位指令说明如表 5-30 所示。

移位指令的 EN 端为高电平有效。为了避免每次扫描都执行无谓的操作，可以将移位控制信号与上升沿指令配合使用。这样，控制信号每接通一次，只执行一位移位操作。

表 5-30　无符号数移位指令说明

类型	STL 指令	LAD 指令	说　明	参　数	数据类型	存储区
无符号字左移	SLW	SHL_DW EN　ENO IN　OUT N	当 EN 为"1"时,将 IN 中的字型数据向左逐位移动 N 位,送到 OUT,左移空出的位补"0"	EN	BOOL	I、Q、M、D、L
				IN	WORD	I、Q、M、D、L
				N	WORD	Q、M、D、L、常数
无符号字右移	SRW	SHR_DW EN　ENO IN　OUT N	当 EN 为"1"时,将 IN 中的字型数据向右逐位移动 N 位,送到 OUT,右移空出的位补"0"	ENO	BOOL	Q、M、D、L
				OUT	WORD	Q、M、D、L
无符号字左移	SLD	SHL_DW EN　ENO IN　OUT N	当 EN 为"1"时,将 IN 中的双字型数据向左逐位移动 N 位,送到 OUT,左移空出的位补"0"	EN	BOOL	I、Q、M、D、L
				IN	WORD	I、Q、M、D、L
				N	WORD	Q、M、D、L、常数
无符号双字右移	SRD	SHR_DW EN　ENO IN　OUT N	当 EN 为"1"时,将 IN 中的双字型数据向右逐位移动 N 位,送到 OUT,右移空出的位补"0"	ENO	BOOL	Q、M、D、L
				OUT	WORD	Q、M、D、L

注:当 N 为常数时,其数据格式为 W#16#????。

例 5-13　无符号数的移位过程。

一个无符号数左移 5 位的指令及过程如图 5-55 所示。

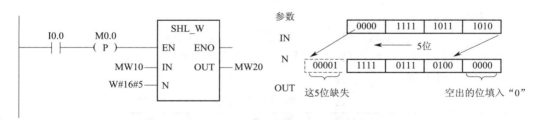

图 5-55　无符号字型数据左移

一个无符号数右移 3 位的指令及过程如图 5-56 所示。

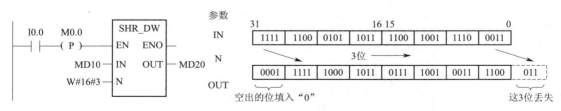

图 5-56　无符号双字型数据右移

2. 有符号数移位指令

有符号数的最高位为符号位，"0"表示正数，"1"表示负数。为了不丢失符号位，有符号数移位只有右移，没有左移。有符号数移位指令说明如表 5-31 所示。

表 5-31　有符号数移位指令

类型	STL指令	LAD指令	说　明	参　数	数据类型	存储区
有符号整数右移	SSI	SHR_I EN ENO IN OUT N	当 EN 为"1"时,将 IN 中的整数数据向右逐位移动 N 位,送到 OUT,右移空出位填以符号位(正填"0",负填"1")	EN	BOOL	I、Q、M、D、L
				IN	WORD	I、Q、M、D、L
				N	WORD	Q、M、D、L、常数
有符号长整数右移	SSD	SHR_DI EN ENO IN OUT N	当 EN 为"1"时,将 IN 中的长整数数据向右逐位移动 N 位,送到 OUT,右移空出位填以符号位(正填"0",负填"1")	ENO	BOOL	Q、M、D、L
				OUT	WORD	Q、M、D、L

例 5-14　有符号数的移位过程。

一个有符号数右移 3 位的指令及过程如图 5-57 所示。

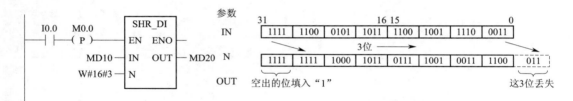

图 5-57　有符号长整数右移

3. 循环移位指令

所有的移位指令均在累加器 1 内完成。累加器 1 为 32 位的寄存器，当进行循环移位时，需要将移出的位填补到空出位，所以只有无符号双字型数据（32 位）才能进行循环移位。循环移位指令说明如表 5-32 所示。

表 5-32　循环移位指令说明

类型	STL指令	LAD指令	说　明	参　数	数据类型	存储区
无符号双字循环左移	RLD	ROL_DW EN ENO IN OUT N	当 EN 为"1"时,将 IN 中的双字型数据向左循环移动 N 位后送到 OUT,每次将最高位移出后,移进最低位	EN	BOOL	I、Q、M、D、L
				IN	WORD	I、Q、M、D、L
				N	WORD	Q、M、D、L、常数
无符号双字循环右移	RRD	ROR_DW EN ENO IN OUT N	当 EN 为"1"时,将 IN 中的双字型数据向右循环移动 N 位后送到 OUT,每次将最低位移出后,移进最高位	ENO	BOOL	Q、M、D、L
				OUT	WORD	Q、M、D、L

例 5-15　循环移位过程。

一个无符号双字的循环右移指令及过程如图 5-58 所示。

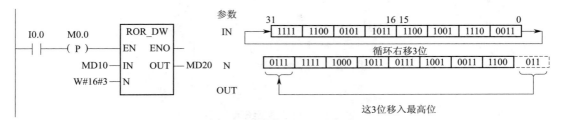

图 5-58　无符号双字的循环右移

5.6.2　移位指令应用

在 PLC 的程序设计中，经常遇到大量的顺序控制或步进控制问题。如果能采用状态流程图的设计方法，再使用步进指令将其转化成梯形图程序，就可以完成比较复杂的顺序控制或步进控制任务。

设计状态流程图的方法：首先将全部控制过程分解为若干个独立的控制功能步（顺序段），确定每步的启动条件和转换条件。每个独立的步分别用方框表示，根据动作顺序，用箭头将各个方框连接起来，在相邻的两步之间用短横线表示转换条件；在每步的右边画上要执行的控制程序，如图 5-59 所示。

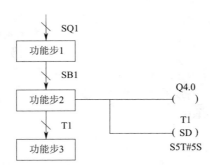

图 5-59　流程图基本画法

很多 PLC 中专门设置了用于顺序控制或步进控制的步进指令。例如在 S7-200（PLC）中，有 3 条步进指令与顺序控制中的流程图相对应。常常将控制过程分成若干个顺序控制继电器（SCR）段。一个 SCR 段有时也称为一个控制功能步，简称步。每个 SCR 都是一个相对稳定的状态，都有段开始 LSCR、段结束 SCRE 和段转移 SCRT。

但是在 S7-300 PLC 中，没有单独的步进指令。对于步进顺序控制，可用多种编程方法；用移位指令也可以轻松实现步进控制，一般采用无符号字（双）左移指令完成。用参与移位的寄存器来表示顺序控制的各个功能步，并将每个功能步与其后的转换条件串联，作为下一步的移位信号，可以轻松地实现步进控制。

例 5-16　装卸料系统示意图如图 5-60 所示，要求小车在原位时，按下启动按钮，系统开始装料（5 s）、右行、卸料（8 s）、左行、装料……若运行中按下停止按钮，系统需要运行完本次循环后，停止在原位。

根据系统控制要求，系统 I/O 分配如表 5-33 所示。

图 5-60 装卸料系统示意图

表 5-33 装卸料系统 I/O 分配

	地址	功 能		地址	功 能
输入单元	I0.0	启动按钮(常开)	**输出单元**	Q4.0	装料
	I0.1	停止按钮(常开)		Q4.1	右行
	I0.2	SQ1(装料位)		Q4.2	卸料
	I0.3	SQ2(卸料位)		Q4.3	左行

根据系统控制要求，绘制的系统流程图如图 5-61 所示。

根据流程图 5-61，利用移位指令（SHL-W）编写的控制程序如图 5-62 所示。注意：移位寄存器 MW10 内部结构如图 5-63 所示，M11.0 为 MW10 的最低位。

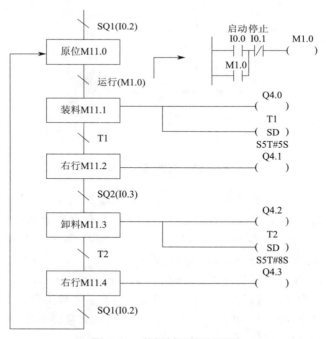

图 5-61 装卸料系统流程图

5.6.3 数据块指令

数据块指令说明如表 5-34 所示。

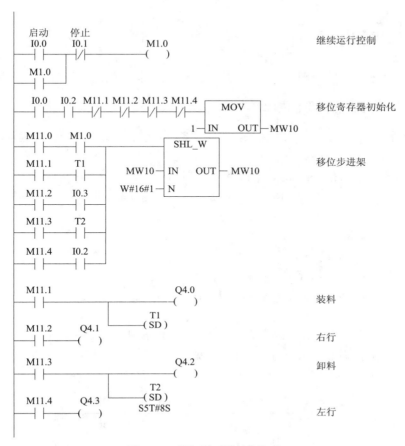

图 5-62　装卸料系统控制程序

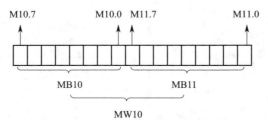

图 5-63　寄存器 MW10 内部结构

表 5-34　数据块指令说明

LAD 指令	STL 指令	说明
DB(或 DI)—(OPN) (只有 OPN 指令)	OPN	该指令打开一个数据块,作为共享数据块或背景数据块,如 OPNDB10;OPN DI20
	CAD	该指令交换数据块寄存器,使共享数据块成为背景数据块;反之亦然
DB(或 DI)号 ——(OPN) (只有 OPN 指令)	DBLG	该指令将共享数据块的长度(字节数)装入累加器 1,如 L DBLG
	DBNO	该指令将共享数据块的块号装入累加器 1,如 L　DBNO
	DILG	该指令将背景数据块的长度(字节数)装入累加器 1,如 L　DILG
	DINO	该指令将背景数据块的块号装入累加器 1,如 L　DINO

5.7 控制指令

控制指令控制程序的执行顺序，使得 CPU 能够根据不同的情况执行不同的指令序列。

5.7.1 逻辑控制的梯形图指令

逻辑控制指令只有两条，可用于无条件跳转或条件跳转控制。在梯形图编程环境下，跳转指令如图 5-64 所示。

①JMP：无条件跳转指令，无条件跳转到标号地址处。

②JMPN：条件跳转指令，以 RLO=0 为条件跳转到标号地址处；RLO=1 时，顺序向下执行。

③LABEL：标号地址处。

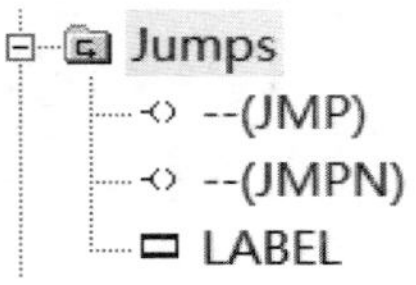

例 5-17　跳转指令应用。

用 I0.0 开关的通断来决定 Q4.0 的控制。I0.0=1 时，10.2 控制 Q4.0；I0.0=0 时，I0.3 控制 Q4.0；I0.7 控制 Q4.7（不受 I0.0 的影响）。

参考控制程序如图 5-65 所示。

在 STEP 7 中，没有根据算术运算结果直接跳转的梯形图指令，但是可以通过使用反映各位状态的常开触点、常闭触点，结合前边介绍的两条跳转指令，实现根据运算结果的跳转功能。与状态位有关的触点及说明如表 5-35 所示。

图 5-64　跳转指令

表 5-35　状态位（status bits）常开、常闭触点

LAD 指令		说明
>0	>0	算术运算结果大于 0，则常开触点闭合、常闭触点断开。该指令检查状态字条件码 CC0 和 CC1 的组合,决定结果与 0 的关系
<0	<0	算术运算结果小于 0,则常开触点闭合、常闭触点断开。该指令检查状态字条件码 CC0 和 CC1 的组合,决定结果与 0 的关系
>=0	>=0	算术运算结果大于或等于 0,则常开触点闭合、常闭触点断开。该指令检查状态字条件码 CC0 和 CC1 的组合,决定结果与 0 的关系
<=0	<=0	算术运算结果小于或等于 0,则常开触点闭合、常闭触点断开。该指令检查状态字条件码 CC0 和 CC1 的组合,决定结果与 0 的关系
==0	==0	算术运算结果等于 0,则常开触点闭合、常闭触点断开。该指令检查状态字条件码 CC0 和 CC1 的组合,决定结果与 0 的关系
<>0	<>0	算术运算结果不等于 0,则常开触点闭合、常闭触点断开。该指令检查状态字条件码 CC0 和 CC1 的组合,决定结果与 0 的关系
OV	OV	若状态字的 OV 位(溢出位)为"1",则常开触点闭合、常闭触点断开
OS	OS	若状态字的 OS 位(存储溢出位)为"1",则常开触点闭合、常闭触点断开

LAD 指令		说明
UO ——┤├——	UO ——┤/├——	浮点算术运算结果溢出,则常开触点闭合、常闭触点断开。该指令检查状态字条件码 CC0 和 CC1 的组合
BR ——┤■├——	BR ——┤/├——	若状态字的 BR 位(二进制结果位)为"1",则常开触点闭合、常闭触点断开

Network 1:Title:

I0.0为0时:跳转到标号a1处;
I0.0为1时:顺序向下执行

```
     I0.0
     "i0.0"                                    a1
——————┤├————————————————————————————————————(JMPN)——
```

Network 2:Title:

I0.0为1时:I0.2控制Q4.0;

```
     I0.2                                      Q4.0
——————┤├————————————————————————————————————( )——
```

Network 3:Title:

无条件跳转

```
                                               c1
——————————————————————————————————————————————(JMP)——
```

Network 4:Title:

I0.0为0时:I0.3控制Q4.0

```
┌─────────┐
│   a1    │
└─────────┘
     I0.3                                      Q4.0
——————┤├————————————————————————————————————( )——
```

Network 5:Title:

公共程序部分

```
┌─────────┐
│   c1    │
└─────────┘
     I0.5                                      Q4.1
——————┤├————————————————————————————————————( )——
```

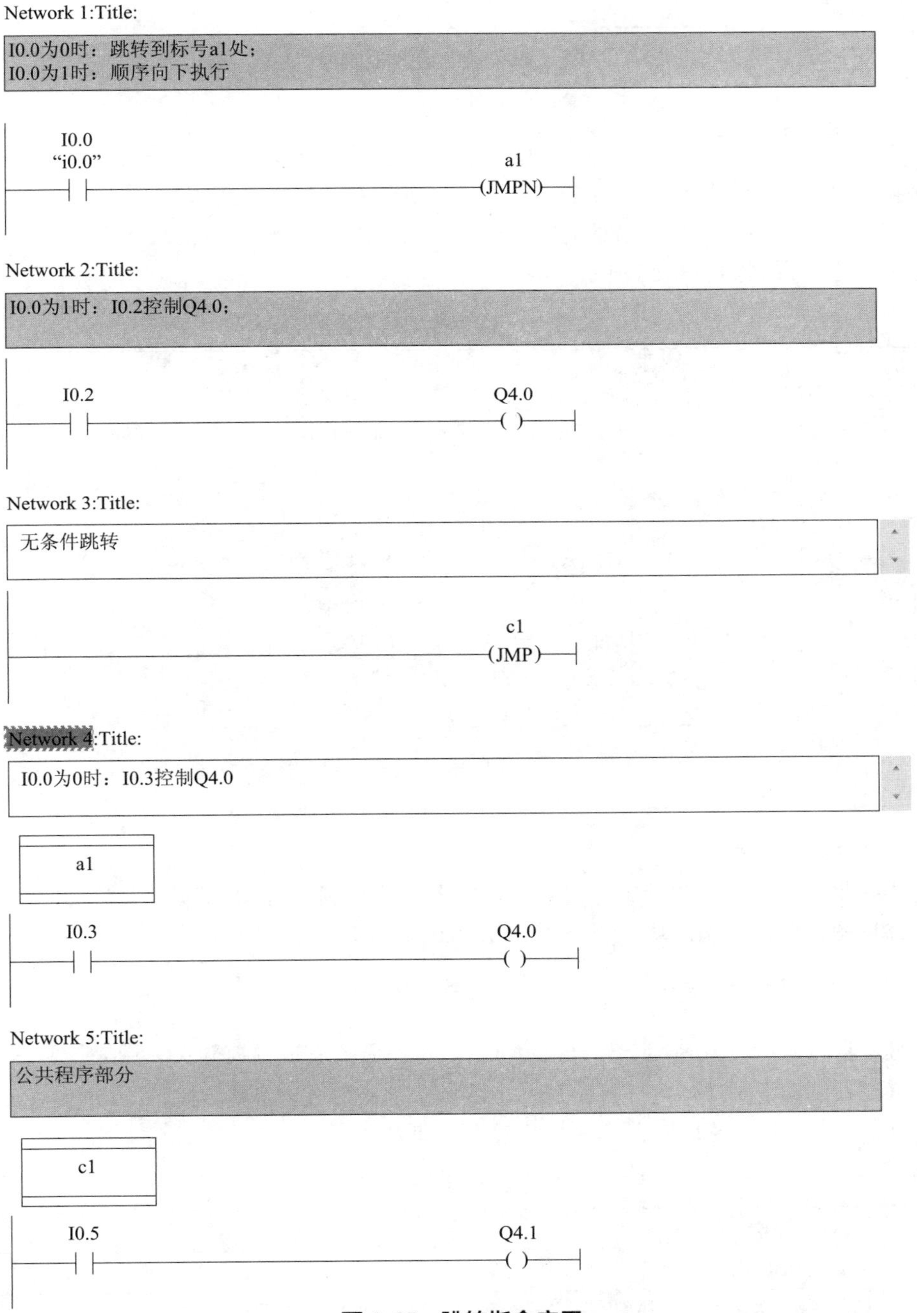

图 5-65　跳转指令应用

这些梯形图指令可以用在梯形图程序中，影响逻辑运算结果 RLO，最终形成以状态位为条件的跳转操作。图 5-66 给出了使用状态位的一个例子。

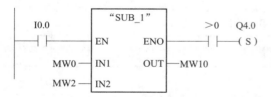

I0.0
"SUB_1"
EN
ENO
MW0
IN1
OUT
MW10
MW2
IN2
>0
Q4.0
(S)
•如果I0.0为"1"，则执行整数减法操作。在操作中，(MW0)-(MW2)的结果大于0，则输出Q4.0被置为1。
•如果I0.0为"0"，则不执行上述操作。

图 5-66　状态位指令应用

5.7.2　程序控制指令

程序控制指令是指功能块（FB、FC、SFB、SFC）调用指令和逻辑块（OB、FB、FC）结束指令。调用块或结束块可以是有条件的或是无条件的。STEP 7 中的功能块实质上就是子程序。

程序控制指令说明如表 5-36 所示。

表 5-36　程序控制指令说明

LAD 指令	参数		数据类型	存储区	说明
＜FC/SFC no.＞ ——(CALL)	FC/SFC　no.		BLOCK_FC	—	no. 为被调用的不带参数的 FC 或 SFC 号数，如 FC10 或 SFC 59
〈DB no.〉 FB no. EN ENO	梯形图中的符号	参数			
	FB no.	DB no.	BLOCK_DB	—	背景数据块号，只在调用 FB 时提供
	FC no.	Block no.	BLOCK_FB/ BLOCK_FC	—	被调用的功能块号
	SFB no.	EN	BOOL	I、Q、M、D、L	允许输入
	SFC no.	ENO	BOOL	I、Q、M、D、L	允许输出
—(RET)	—	—	—	—	块结束

梯形图调用块有两种方式：

①用线圈驱动指令调用功能块，相当于 STL 指令 UC 和 CC，不能实现参数传递；

②用梯形图指令调用功能块，相当于 STL 指令 CALL，可以传递参数。

5.7.3　主控继电器指令

主控继电器（master controlled relay，MCR）是梯形图逻辑主控开关，用来控制信号流的通断。主控继电器如图 5-67 所示。

在 STEP 7 中，与主控继电器指令相关的指令如表 5-37 所示。

表 5-37　与主控继电器指令相关的指令

STL 指令	LAD 指令	说明
MCRA	——(MCRA)	激活 MCR 区，该指令表示一个按 MCR 方式操作区域的开始
MCRD	——(MCRD)	结束 MCR 区，该指令表示一个按 MCR 方式操作区域的结束

续表

STL 指令	LAD 指令	说明
MCR(	——(MCR<)	主控继电器,该指令将 RLO 保存于 MCR 堆栈中,并产生一条新分支母线,其后的指令与该分支母线相连,又称分支开始指令
)MCR	——(MCR>)	恢复 RLO,结束分支母线,又称分支结束指令

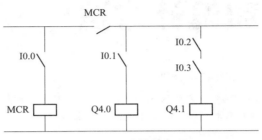

图 5-67　主控继电器

MCR 的信号状态对 MCR 区域（MCRA 和 MCRD 之间）内的指令执行情况及对逻辑操作的影响如表 5-38 所示。

表 5-38　MCR 的信号状态对 MCR 区域内的指令执行情况及对逻辑操作的影响

MCR 信号状态	= (输出线圈或中间线圈)	S 或 R(置位或复位)	T(传送或赋值)
0	写入"0"模仿掉电时继电器的静止状态	不写入 模仿掉电时自锁继电器的静止状态。使其保持当前的状态	写入 模仿一个元件,在掉电时产生"0"值
1	正常执行	正常执行	正常执行

使用 MCR 指令时要注意以下几点：

①如果在 MCRA 和 MCRD 之间有 BEU 指令，则 CPU 执行 BEU 指令时，也结束 MCR 区域。

②如果在激活的 MCR 区域中有块调用指令，则激活状态不能继承到被调用块中，必须在被调用块中重新激活 MCR 区域，才能使指令根据 MCR 位操作。

③"MCR("指令和")MCR"指令要成对使用，以表示分支母线的开始与结束。

④MCR 指令可以嵌套使用，最大的嵌套深度为 8 层，表明使用 MCR 指令可以产生 8 条不同层次的子母线分支；与此对应的是在 CPU 中有一个 8 级的 MCR 指令，可以产生 8 级 MCR 堆栈，用于存储建立子母线前的 RLO，使得在结束子母线分支时，从栈顶中逐级弹出 RLO 的值。

⑤不要用主控继电器 MCR 代替硬接线的机械主控继电器去实现紧急停止功能。

第6章
程序结构和设计方法

　　了解了 STEP 7 的梯形图操作指令和组态方法以后，读者便可以进行基本的项目设计操作。但若要能够利用 STEP 7 完成真正的分布式控制系统设计，读者有必要进一步掌握它的程序结构和一些基本设计方法，这些内容将在本章介绍。此外，本章还给出了一些梯形图程序的设计实例，希望能够给读者带来一些启发。

6.1　STEP 7 CPU 程序结构与堆栈

6.1.1　CPU 程序的块结构

　　西门子 STEP 7 CPU 中的 PLC 程序是块结构，它将用户编写的程序和程序所需的数据放置在块中，使单个的程序部件标准化。通过块与块之间类似于子程序的调用，使用户程序结构化，可以简化程序组织，使程序易于修改、查错和调试。块结构增加了 PLC 程序的组织透明性、可理解性和易维护性。块结构包括组织块（OB）、功能块（FB）、功能（FC）、系统功能块（SFB）、系统功能（SFC），这些统称为逻辑块。程序运行时所需的大量数据和变量存储在数据块（DB 或DI）中。各种块的简要说明见表 6-1，具体的介绍见本章第 2 节。

表 6-1　用户程序的逻辑块

块	简要描述
组织块（OB）	操作系统与用户程序的接口，决定用户程序的结构
功能块（FB）	用户编写的包含经常使用功能的子程序，有专用的存储区（即背景数据块）
功能（FC）	用户编写的包含经常使用的功能子程序，没有专用的存储区
系统功能块（SFB）	集成在 CPU 模块中，通过 SFB 调用系统功能，有专用的存储区（即背景数据块）
系统功能（SFC）	集成在 CPU 模块中，通过 SFC 调用系统功能，无专用的存储区
共享数据块（DB）	存储用户数据的数据区域，供所有的逻辑块共享，不用编程
背景数据块（DI）	用于保存 FB 和 SFB 的输入、输出参数和静态变量，其数据在编译时自动生成

　　组织块是 CPU 操作系统与用户程序的接口。循环执行的组织块就是主程序 OB1。它是每个用户程序中必不可少的部分。系统只有通过主程序 OB1 的调用，才能够执行其他用户功能块（FB、FC）和系统功能块（SPB、SFC）。若将控制任务分层划分为工厂级、车间级、生产线、设备级等多级任务，分别建立与各级任务对应的逻辑块。每一层的控制程序（逻辑块）作为上一级控制程序的子程序又可以调用下一级的子程序，这种调用称为嵌套调用，即被调用的块又可以调用其他块，块结构的嵌套调用示意图如图 6-1 所示。

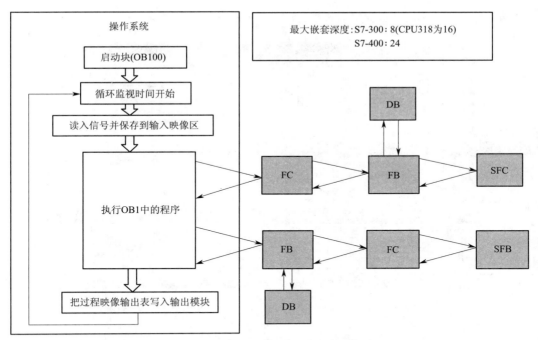

图 6-1 块结构的嵌套调用示意图

6.1.2 用户程序使用的堆栈

S7 程序在多级调用过程中完成了对应的堆栈操作。

1. 局部数据堆栈

局部数据堆栈简称 L 堆栈，是 CPU 中单独的存储区，可用来存储逻辑块的局部变量（包括 OB 的起始信息），查看局部数据的堆栈占用方法如图 6-2 所示。调用功能（FC）时要传递的实际参数、梯形图程序中的中间逻辑结果等，可以按位、字节、字和双字来存取。

2. 块堆栈

块堆栈简称 B 堆栈，是 CPU 系统内存中的一部分，用来存储被中断的块的类型、编号、优先级和返回地址；存储中断时打开的共享数据块和背景数据块的编号；存储临时变量的指针（被中断块的 L 堆栈地址）。

3. 中断堆栈

中断堆栈简称 I 堆栈，用来存储当前累加器和地址寄存器的内容、数据块寄存器 DB 和 DI 的内容、局域数据的指针、状态字、MCR（主控继电器）寄存器和 B 堆栈的指针。

①当调用功能（FC）时会有以下事件发生：FC 实参的指针存到调用块的 L 堆栈；调用块的地址和返回位置存储在块堆栈，调用块的局部数据压入 L 堆栈；FC 存储临时变量的 L 堆栈区被推入 L 堆栈上部；当被调用 FC 结束时，先前块的信息存储在块堆栈中，临时变量弹出 L 堆栈。因为 FC 不用背景数据块，不能分配初始数值给 FC 的局部数据，所以必须给 FC 提供实参。以 FC 调用为例，L 堆栈操作示意图如图 6-3 所示。

②当调用功能块（FB）时，会有以下事件发生：调用块的地址和返回位置存储在块堆栈中，调用块的临时变量压入 L 堆栈；数据块 DB 寄存器内容与 DI 寄存器内容交换；新的数据块地址装入 DI 寄存器；被调用块的实参装入 DB 和 L 堆栈上部；当被调用 FB 结束时，先前块的现场信

息从块堆栈中弹出，临时变量弹出 L 堆栈；DB 和 DI 寄存器内容交换。

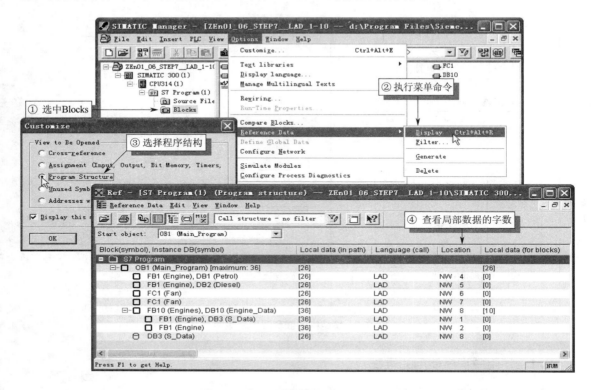

图 6-2　查看局部数据堆栈占用的方法

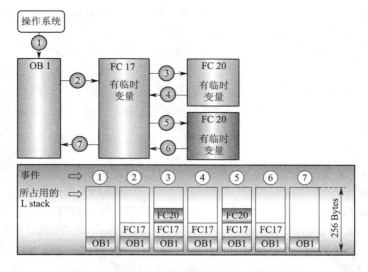

图 6-3　调用 FC 时发生的 L 堆栈操作示意图

当调用 FB 时，STEP 7 并不一定要求给 FB 形参赋予实参，除非参数是复式数据类型的 I/O 形参或参数类型形参。如果没有给 FB 的形参赋予实参，则 FB 就调用背景数据块内的数值，该数值是在 FB 的变量声明表或背景数据块内为形参所设置初始数值。

6.2　逻辑块

功能（FC）、功能块（FB）和组织块（OB）统称为逻辑块（或程序块）。组织块（OB）是由操作系统直接调用的逻辑块。

6.2.1　组织块（OB）

在正常情况下，PLC 按照循环扫描的方式执行用户程序。如果要对某些特殊的外部事件或内部事件快速响应，PLC 采用中断的方式处理。在 S7-300 系列 PLC 中，对这些特殊事件的处理安排了大量组织块，如表 6-2 所示。可以在这些组织块中编写相应的中断处理程序。当 CPU 检测到中断源发出的中断请求时，在执行完当前指令（断点）后，根据优先权的高低，立即响应优先权较高的中断。执行完中断程序后，返回到被中断程序的断点处，继续执行原来的用户程序。

表 6-2　STEP 7 的组织块资源表及优先级

启动（中断）事件		组织块（OB）编号	优先级
循环运行主组块		OB1	1
8 个日期时间中断		OB10～OB17	2
4 个延时中断		OB20～OB23	3～6
9 个循环中断		OB30～OB38	7～15
8 个硬件中断		OB40～OB47	16～23
状态中断		OB55	24
刷新中断		OB56	24
制造厂特殊中断		OB58	24
多处理器中断		OB60	25
4 个同步循环中断		OB61～OB64	25
冗余故障	I/O	OB70	25
	CPU	OB72	28
	通信	OB73	25
异步故障中断	时间故障	OB80	26
	电源故障	OB81	25
	诊断故障	OB82	25
	热插拔故障	OB83	25
	CPU 硬件故障	OB84	25
	程序故障	OB85	25
	机架故障	OB86	25
	通信故障	OB87	25
	过程故障	OB88	28
启动中断	暖启动故障	OB100	27
	热启动故障	OB101	27
	冷启动故障	OB102	27
编程中断		OB121	同引起错误的 OB 优先级
I/O 访问错误		OB122	

需要指出的是：中断发生时，中断程序由操作系统自动调用，而不是由程序调用。但是，在OB1中要编写相应的开中断和关中断的程序，否则无法执行中断程序。在编写中断程序时，首先要遵循"短而精"的原则，尽量减少执行时间；其次，注意不要使用其他程序的编程元件，应尽量使用相应组织块的临时局域变量。

1. 组织块的组成

组织块只能由操作系统启动，它由变量声明表和用户程序组成。当操作系统调用时，每个OB提供20字节的变量声明表，其含义取决于OB。变量名称是STEP 7规定的。OB的变量声明表如表6-3所示。

表6-3 OB的变量明表

字节地址	内　　　容
0	事件级别与标识符。例如，OB121的标识符为B＃16＃25，表示编程错误中断
1	用代码表示与启动OB事件有关的信息
2	优先级。例如，OB80的优先级为26
3	OB块的编号。例如，OB121的编号为121
4～11	附加信息。例如，OB40的第5字节为产生中断的模板类型，16＃54为输入模板，16＃55为输出模板；第6、7字节组成的字为产生中断的模板的起始地址；第8～11字节组成的双字为产生中断的通道号
12～19	启动OB的日期和时间（年、月、日、时、分、秒、毫秒和星期）

2. 组织块的分类

①循环执行的组织块。安排在OB1中，执行完之后，开始新的循环。

在启动组织块（OB100用于暖启动，OB101用于热启动，OB102用于冷启动）被执行后，首先执行OB1。在开始执行OB1程序之前，操作系统通过读取当前输入模板的信号状态来更新输入过程映像表，如图6-4所示；然后根据更新过的输入映像表来执行OB1程序。在OB1的程序中，可以根据需要，调用用户编辑的功能块FB及FC，系统功能块SFB及SFC；OB1程序执行结束时，操作系统传送过程输出映像表到输出模板，更新输出模板的信号状态，完成一个循环

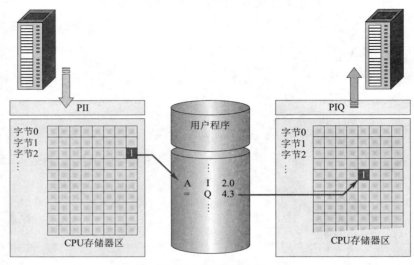

图6-4 I/O过程映像

周期。然后，继续读取输入模板信号，开始下一周期的运行。这个过程连续不断地重复，即循环执行。所有被监控运行的组织块（OB）中，OB1 的优先权最低，因此它可以被其他任何 OB 块中断。

②启动组织块。用于系统的初始化。CPU 上电或操作模式改为 RUN 时，根据不同的启动方式来执行 OB100～OB102 中的一个。

当 PLC 接通电源以后，CPU 有 3 种启动方式，可以在 STEP 7 中设置 CPU 的属性时选择其一：热启动（hot restart）、暖启动（warm restart）、冷启动（cold restart），不同的 CPU 具有不同的启动方式。例如 S7-300 系列，除了 CPU318 可以选择暖启动或者冷启动外，其他的 CPU 只有暖启动方式；对于 S7-400 系列，根据不同的 CPU 型号，都可以选择热启动、暖启动或者冷启动。

③定期执行的组织块。包括日期时间中断组织块（OB10～OB17）和循环中断组织块（OB30～OB38）。可以根据设定的日期时间或时间间隔执行中断。

在 SIMATIC S7 中，允许用户通过 STEP 7 编程，实现在特定日期、时间（如每分钟、每小时、每天、每周、每年）执行一次中断操作；也可以从设定的日期时间开始，周期性地重复执行中断操作。8 个日期事件中断（OB10～OB17）具有相同的优先级，CPU 按启动事件发生顺序进行处理。

循环中断是 CPU 进入 RUN 后，按一定的间隔时间循环触发的中断。因此，用户定义的间隔时间要大于中断服务程序的执行时间。启动循环中断，需要在 STEP 7 参数设置时选中循环中断组织块，并按 1 ms 的整数倍设置间隔时间。如果未做间隔设置，CPU 按默认值触发循环中断。9 个循环中断间隔时间的默认值如表 6-4 所示。

表 6-4 循环中断间隔时间的默认值 单位：ms

OB30	OB31	OB32	OB33	OB34	OB35	OB36	OB37	OB38
5 000	2 000	1 000	500	200	100	50	20	10

可以用 SFC39 和 SFC40 来激活或禁止循环中断组织块。当 SFC40 "EN _ IRT" 参数 MODE 为 "0" 时，可激活所有的中断和异步故障；MODE 为 "1" 时，可激活部分中断和异步故障；MODE 为 "2" 时，可激活指定的 OB 编号对应的中断和异步故障。SFC39 "DIS _ IRT" 禁止新的中断和异步故障，如果参数 MODE 为 "2"，可禁止指定的 OB 编号对应的中断和异步故障。MODE 必须应用十六进制数来设置。

④事件驱动的组织块。包括延时中断（OB20～OB23）、硬件中断（OB40～OB47）、异步错误中断（OB80～OB87）和同步故障中断（OB121 和 OB122）。

PLC 中的普通定时精度受到不断变化的扫描周期的影响。使用延时中断，可以达到以毫秒（ms）为单位的高精度延时。SIMATIC S7 通过调用系统功能 SFC32 "SRT _ DINT"，调用 1～4 个延时中断组织块（OB20～OB23）。可调用的 OB 个数与 CPU 型号有关。

如果延时中断已经启动，而延时时间尚未到达，可通过调用系统功能 SFC33 "CAN-DINT"，取消延时中断的执行；还可以通过调用系统功能 SFC34 "DRY-DINT"，查询延时中断的状态。

⑤背景组织块。避免循环等待时间。使用 STEP 7，可以设置最大扫描周期，并能确保最小扫描周期。如果包含所有嵌套中断和系统活动在内的 OB1 的执行时间少于制定的最小扫描周期，操作系统将做出如下反应：

a. 调用后台 OB（如果它存在于 CPU 中）。

b. 延迟下一次 OB1 启动（如果背景组织块 OB90 在 CPU 中不存在）。

在所有 OB 中，背景组织块 OB90 的优先级最低。任何系统活动和中断都会将其中断（甚至在最小周期到期后由 OB1 中断），并且只有在尚未达到所选最小扫描周期的情况时恢复。对此有一个例外，SFC 和 SFB 的执行在 OB90 中启动。这两项以 OB1 中的优先级执行，因此不会被 OB1 中断。在此，没有 OB90 的时间监视，在 OB90 中编写的程序常受限制。

6.2.2　功能（FC）和功能块（FB）

功能块（FB）有一个数据结构与该功能块的参数完全相同的数据块作为背景数据，称为背景数据块。背景数据块依附于功能块，它随着功能块的调用而打开，随着功能块的结束而关闭。存放在背景数据块中的数据在功能块结束时继续保持；而功能（FC）则不需要背景数据块，功能调用结束后数据不能保持。

逻辑块（OB、FB、FC）由变量声明表、代码段及其属性等几部分组成。每个逻辑块前部都有一个变量声明表，称为局部变量声明表，表中的主要变量和功能如表 6-5 所示。局部数据分为参数和局部变量两大类，局部变量又包括静态变量和临时变量（暂态变量）两种。

表 6-5　逻辑块变量声明表的变量和功能

变量名	类　型	说　　　明
输入参数	In	由调用逻辑块的块提供数据，输入给逻辑块指令
输出参数	Out	向调用逻辑块的块返回参数，即从逻辑块输出结果数据
I/O 参数	In_Out	参数的值由调用该块的其他块提供，由逻辑块处理修改，然后返回
静态变量	Stat	静态变量存储在背景数据块中，块调用结束后，其内容被保留
状态变量	Temp	临时变量存储在 L 堆栈中，块执行结束变量的值因被其他内容覆盖而丢失

对于 FB，操作系统为参数及静态变量分配的存储空间是背景数据块。这样参数变量在背景数据块中留有运行结果备份。在调用 FB 时，若没有提供实参，则功能块使用背景数据块中的数值。操作系统在 L 堆栈中给 FB 的临时变量分配存储空间。

对于 FC，操作系统在 L 堆栈中给 FC 的临时变量分配存储空间。由于没有背景数据块，因而 FC 不能使用静态变量。输入、输出、I/O 参数以指向实参的指针形式存储在操作系统为参数传递而保留的额外空间中。

对于 OB，其调用是由操作系统管理的，用户不能参与。因此，OB 只有定义在 L 堆栈中的临时变量。

这些逻辑块的局部变量可以是基本数据类型或复式数据类型，也可以是专门用于参数传递的所谓的"参数类型"。参数类型包括定时器、计数器、块的地址或指针等，如表 6-6 所示。

表 6-6　逻辑块的局部变量的主要参数类型

参数类型	大　小	说　　　明
定时器	2 B	在功能块中定义一个定时器形参，调用时赋予定时器实参
计数器	2 B	在功能块中定义一个计数器形参，调用时赋予定时器实参
FB、FC、DB、SDB	2 B	在功能块中定义一个功能块或数据块形参变量，调用时给功能块类或数据块类形参赋予实际的功能块或数据块编号

续表

参数类型	大 小	说 明
指针	6 B	在功能块中定义一个形参,该形参说明的是内存的地址指针。例如,调用时可以给形参赋予实参 P# M50.0,以访问内存 MS0O.0
ANY	10 B	当实参的数据未知时,可以使用该类型

6.2.3 对逻辑块的编程

对逻辑块编程时必须编辑下列 3 个部分:

①变量声明:分别定义形参、静态变量和临时变量(FC 块中不包括静态变量);确定各变量的声明类型(Decl.)、变量名(Name)和数据类型(Data Type),还要为变量设置初始值(Initial Value)。如果需要,还可为变量注释(Comment)。在增量编程模式下,STEP 7 将自动产生局部变量地址(Address)。

②代码段:对将要由 PLC 进行处理的块代码进行编程。

③块属性:块属性包含了其他附加的信息。例如,由系统输入的时间标志或路径。此外,也可输入相关详细资料。

临时变量形式参数的定义方法如图 6-5 所示。

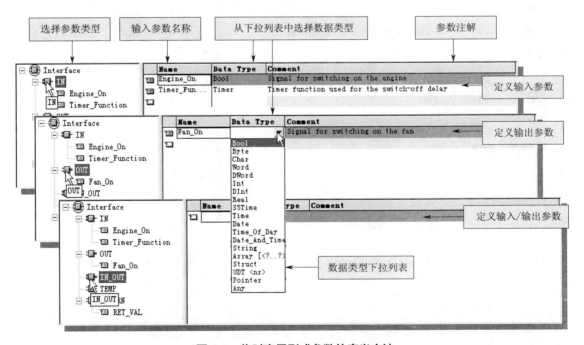

图 6-5　临时变量形式参数的定义方法

编写逻辑块(FC 和 FB)程序时,可以用以下两种方式使用局部变量:

①使用变量名,此时变量名前加前缀"#",以区别于在符号表中定义的符号地址。增量方式下,前缀会自动产生,如图 6-6 所示。

②直接使用局部变量的地址,这种方式只对背景数据块和 L 堆栈有效。

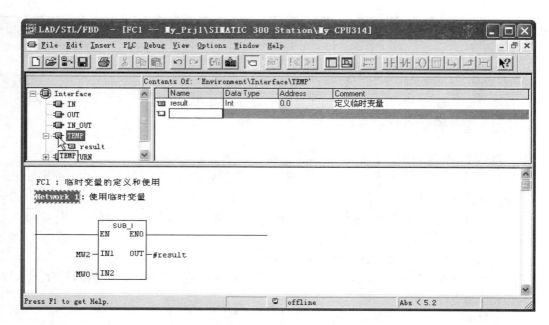

图 6-6　临时变量的调用方法

在调用 FB 时，要说明其背景数据块。背景数据块应在调用前生成，其顺序、格式与变量声明表必须保持一致。

6.3　数据块

6.3.1　数据类型

数据以用户程序变量的形式存储，且具有唯一性。数据可以存储在输入过程映像存储器（PII）、输出过程映像存储器（PIQ）、位存储器（M）、局部数据堆栈（L 堆栈）及数据块（DB）中。可以采用基本数据类型、复杂数据类型或用户定义数据类型。

1. 基本数据类型

根据 IEC 1131-3 定义，长度不超过 32 位，可利用 STEP 7 基本指令处理，能完全装入 S7 处理器的累加器中。基本数据类型包括：

①位数据类型：BOOL、BYTE、WORD、DWORD、CHAR。

②数字数据类型：INT、DINT、REAL。

③定时器类型：S5TIME、TIME、DATE、TIME _ OF _ DAY。

2. 复杂数据类型

复杂数据类型只能结合共享数据块的变量声明使用。复杂数据类型可大于 32 位，用装入指令不能把复杂数据类型完全装入累加器，一般利用库中的标准块（"IEC"S7 程序）处理复杂数据类型。复杂数据类型包括：

①时间（DATE _ AND _ TIME）类型。

②矩阵（ARRAY）类型。

③结构（STRUCT）类型。

④字符串（STRING）类型。

3. 用户定义数据类型（UDT）

STEP 7 允许利用数据块编辑器，将基本数据类型和复杂数据类型组合成长度大于 32 位的用户定义数据类型（user-defined dataType，UDT）。用户定义数据类型不能存储在 PLC 中，只能存放在硬盘上的 UDT 块中。可以用用户定义数据类型作为"模板"建立数据块，以节省录入时间。可用于建立结构化数据块、建立包含几个相同单元的矩阵、在带有给定结构的 FC 和 FB 中建立局部变量。

创建一个名称为 UDT1 的用户定义数据类型，数据结构如下：

```
STRUCT
    Speed:INT
    Current:REAL
END_STRUCT
```

可按以下几个步骤完成 UDT1 的创建：

①创建用户定义数据类型。创建 UDT1 的步骤如图 6-7 所示。

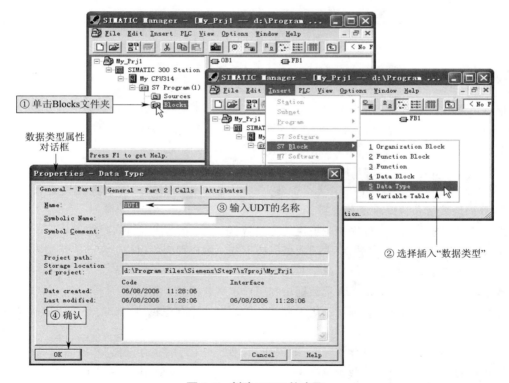

图 6-7 创建 UDT1 的步骤

②编辑数据。编辑 UDT1 的步骤如图 6-8 所示。

在 STEP 7 中，为了避免出现系统错误，在使用数据块之前，必须先建立数据块，并在块中定义变量（包括变量符号名、数据类型以及初始值等）。数据块中变量的顺序及类型决定了数据块的数据结构，变量的数量决定了数据块的大小。数据块建立后，还必须同程序块一起下载到 CPU 中，才能被程序块访问。

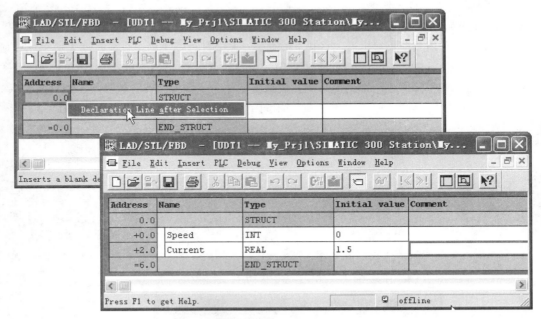

图 6-8　编辑 UDT1 的步骤

6.3.2　数据块的创建方法

根据访问方式的不同，数据可以在全局符号表或共享数据块中声明，称为全局变量；也可以在 OB、FC 和 FB 的变量声明表中声明，称为局部变量。当块被执行时，变量将固定地存储在过程映像区（PII 或 PIQ）、位存储区（M）、数据块（DB）或局部堆栈（L）中。

数据块定义在 S7 CPU 的存储器中，CPU 有两个数据块寄存器：共享数据块（DB）和背景数据块（DI）寄存器。用户可在存储器中建立一个或多个数据块。每个数据块可大可小，但 CPU 对数据块数量及数据总量有限制。

数据块可用来存储用户程序中逻辑块的变量数据（如：数值）。与临时数据不同，当逻辑块执行结束或数据块关闭时，数据块中的数据保持不变。用户程序可以位、字节、字或双字操作访问数据块中的数据，可以使用符号或绝对地址。

数据块可分为共享数据块、背景数据块和用户定义数据块 3 类：

①共享数据块又称全局数据块。用于存储全局数据，所有逻辑块（OB、FC、FB）都可以访问共享数据块存储的信息。

②背景数据块用作"私有存储区"，即用作功能块（FB）的"存储器"。FB 的参数和静态变量安排在它的背景数据块中。背景数据块不是由用户编辑的，而是由编辑器生成的。

③用户定义数据块（DB of Type）是以 UDT 为模板所生成的数据块。创建用户定义数据块之前，必须先创建一个用户定义数据类型，如 UDT1，并在 LAD/STL/FBD S7 程序编辑器内定义。

用 SIMATIC Manager 创建数据块的步骤如下：

1. 创建数据块（见图 6-9）

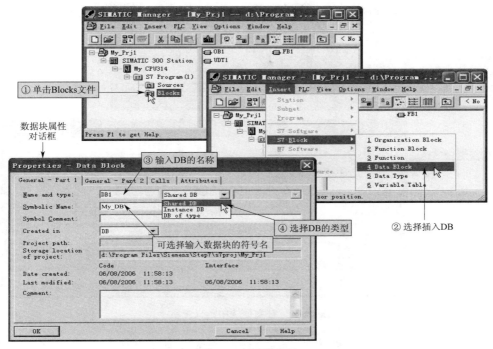

图 6-9 创建数据块

2. 选择数据块类型（见图 6-10）

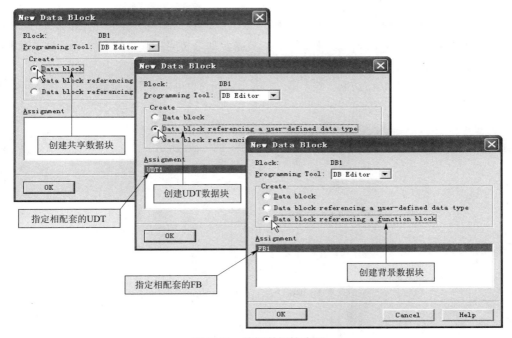

图 6-10 选择数据块类型

3. 在数据块中定义变量（见图 6-11）

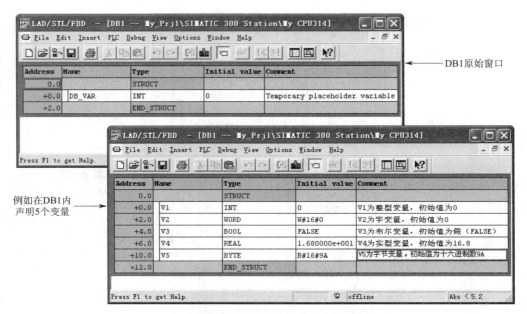

图 6-11　在数据块中定义变量

变量定义完成后，应单击保存按钮保存并编译（测试）。如果没有错误，则需要单击下载按钮，像逻辑块一样，将数据块下载到 CPU 中。

6.3.3　访问数据块

在用户程序中可能存在多个数据块，而每个数据块的数据结构并不完全相同，因此在访问数据块时，必须指明数据块的编号、数据类型与位置。如果访问不存在的数据单元或数据块，而且没有编写错误处理 OB 块，CPU 将进入 STOP 模式。

在 STEP 7 中可以采用传统访问方式，即先打开后访问；也可以采用完全表示的直接访问方式。

1. 先打开后访问

（1）打开并访问共享数据块代码

①用指令"—(OPN)"打开共享数据块，如图 6-12（a）所示。

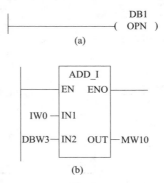

图 6-12　访问共享数据块

128

② 如果 DB 已经打开，可以用如图 6-12（b）所示方式调用。

（2）打开并访问背景数据块代码

① 用指令"—（OPN）"打开背景数据块，如图 6-13（a）所示。

② 如果数据块已经打开，可以用图 6-13（b）所示方式调用。

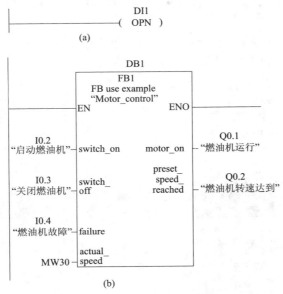

图 6-13　访问背景数据块

2. 直接访问

所谓直接访问，就是在指令中同时给出数据块的编号和数据在数据块中的地址。可以用符号地址直接访问数据块，也可以用绝对地址，如图 6-14 所示。

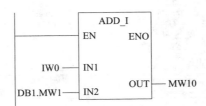

图 6-14　直接访问数据块

6.4　编程方法与举例

一般而言，程序设计可以采用线性程序（线性化编程）、分部式程序（分部式编程、分块编程）、结构化程序（结构化编程或模块化编程）3 种形式。本节将详细介绍这 3 种形式和编程实例。

6.4.1　线性化编程

采用线性化编程时，是将整个用户程序连续放置在一个循环程序块（OB1）中，块中的程序按顺序执行，CPU 通过反复执行 OB1 来实现自动化控制任务，无须编制程序块、功能块、数据块等。这种结构和 PLC 所代替的硬接线继电器控制类似，CPU 逐条地处理指令。事实上，所有的程序都可以用线性结构实现，不过，线性结构一般适用于相对简单的程序编写。

例 6-1 循环灯控制程序。

控制要求：有 3 盏小灯，当启动按钮按下后按顺序各接通 10 s，如此循环，直到停止按钮按下后，全部熄灭。

此控制比较简单，程序采用线性化编程即可方便实现，全部梯形图控制程序在 OB1 中，无须其他功能块。具体程序如图 6-15 所示。

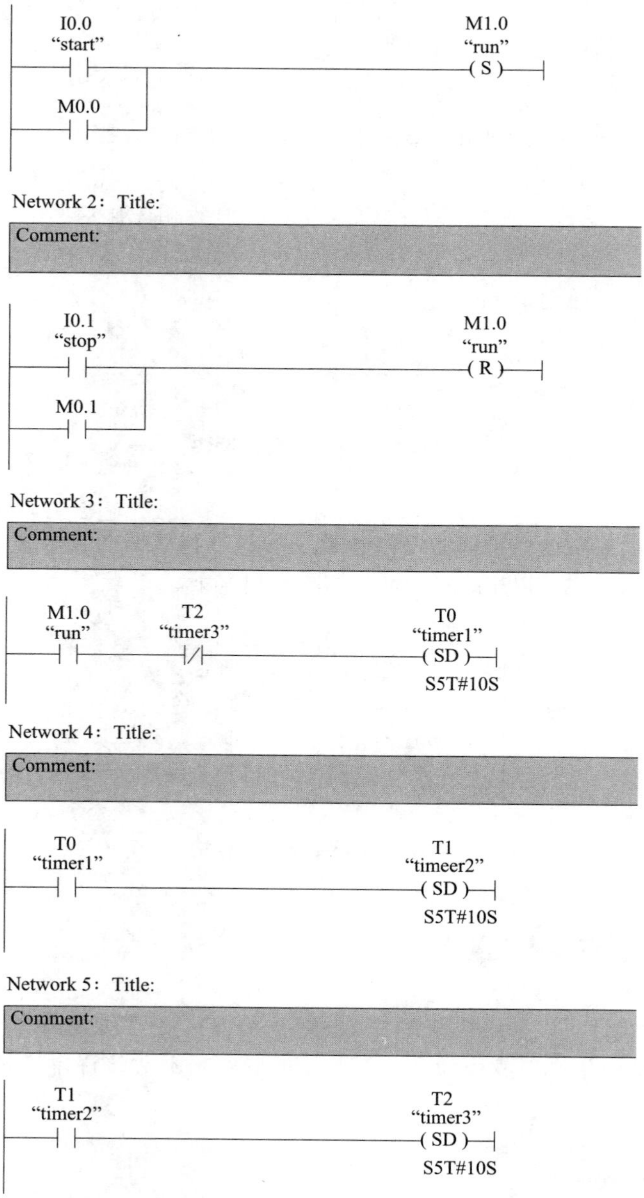

图 6-15　循环灯控制程序

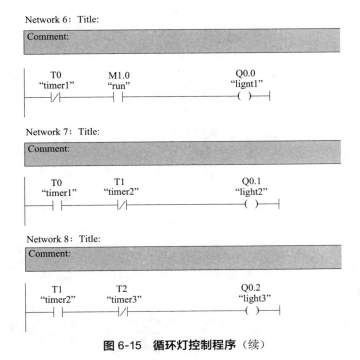

图 6-15 循环灯控制程序（续）

6.4.2 分部式编程

所谓分部式程序，就是将整个程序按任务分成若干个部分，并分别放置在不同的功能（FC）、功能块（FB）及组织块中，在一个块中可以进一步分解成段。在组织块 OB1 中包含按顺序调用其他块的指令，并控制程序执行。

在分部式程序中，既无数据交换，也不存在重复利用的程序代码。FC 和 FB 不传递也不接收参数，分部式程序结构的编程效率比线性程序有所提高，程序测试也较方便，对程序员的要求也不太高。对不太复杂的控制程序可考虑采用这种程序结构。

这里给出通过编辑并调用无参 FC 完成分部式程序设计的实例。所谓无参 FC，是指在编辑 FC 时，在局部变量声明表不进行形式参数的定义，在 FC 中直接使用绝对地址完成控制程序的编程。这种方式一般应用于分部式结构的程序编写，每个 FC 实现整个控制任务的一部分，不重复调用。

例 6-2 搅拌器控制。图 6-16 所示为一搅拌器控制系统，由 3 个开关量液位传感器，分别检测液位的高、中和低。现要求对 A、B 两种液体原料按等比例混合，请编写控制程序。

控制要求：按启动按钮后系统自动运行，首先打开进料泵 1，开始加入料 A→中液位传感器动作后，则关闭进料泵 1，打开进料泵 2，开始加入料 B→高液位传感器动作后，关闭进料泵 2，启动搅拌器→搅拌 10 s 后，关闭搅拌器，开启放料泵→当低液位传感器动作后，延时 5 s 后关闭放料泵。按停止按钮，系统应立即停止运行。

1. 创建 S7 项目

按照前文所介绍的方法，创建 S7 项目，并命名为"无参 FC"。项目包含组织块 OB1 和 OB100。

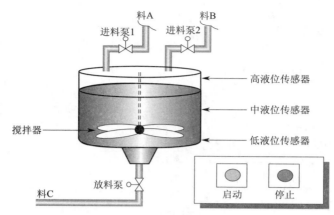

图 6-16　搅拌器控制系统

2. 硬件配置

在“无参 FC”项目内打开 SIMATIC 300 Station 文件夹，打开硬件配置窗口，并完成硬件配置。

3. 编辑符号表（见图 6-17）

S7 Program(1) (Symbols) -- 无参FC\SIMATIC 300 Station\CPU315(1)

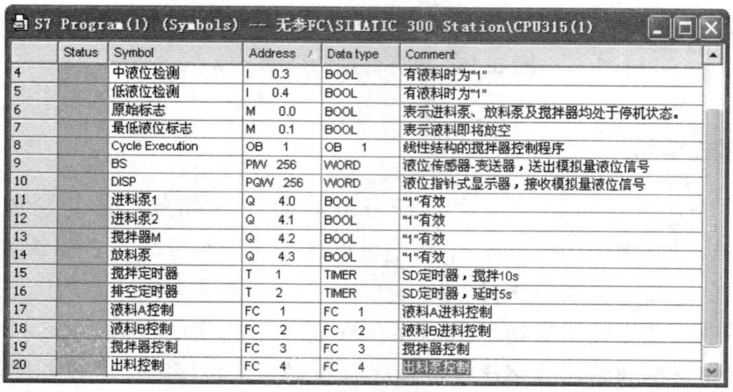

	Status	Symbol	Address	Data type	Comment
4		中液位检测	I 0.3	BOOL	有液料时为"1"
5		低液位检测	I 0.4	BOOL	有液料时为"1"
6		原始标志	M 0.0	BOOL	表示进料泵、放料泵及搅拌器均处于停机状态。
7		最低液位标志	M 0.1	BOOL	表示液料即将放空
8		Cycle Execution	OB 1	OB 1	线性结构的搅拌器控制程序
9		BS	PIW 256	WORD	液位传感器-变送器，送出模拟量液位信号
10		DISP	PQW 256	WORD	液位指针式显示器，接收模拟量液位信号
11		进料泵1	Q 4.0	BOOL	"1"有效
12		进料泵2	Q 4.1	BOOL	"1"有效
13		搅拌器M	Q 4.2	BOOL	"1"有效
14		放料泵	Q 4.3	BOOL	"1"有效
15		搅拌定时器	T 1	TIMER	SD定时器，搅拌10s
16		排空定时器	T 2	TIMER	SD定时器，延时5s
17		液料A控制	FC 1	FC 1	液料A进料控制
18		液料B控制	FC 2	FC 2	液料B进料控制
19		搅拌器控制	FC 3	FC 3	搅拌器控制
20		出料控制	FC 4	FC 4	出料泵控制

图 6-17　符号表编辑窗口

4. 规划程序结构（见图 6-18）

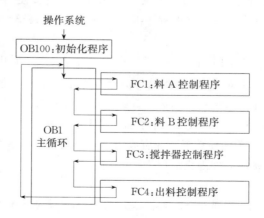

图 6-18　搅拌器程序结构

5. 创建功能

在“无参 FC”项目内选择 Blocks 文件夹，然后反复选择菜单命令 Insert→S7 Block→Function，分别创建 4 个功能：FC1、FC2、FC3 和 FC4。由于在符号表内已经为 FC1～FC4 定义了符号名，因此在创建 FC 的属性对话框内系统会自动添加符号名。

①FC1 的控制程序，如图 6-19 所示。

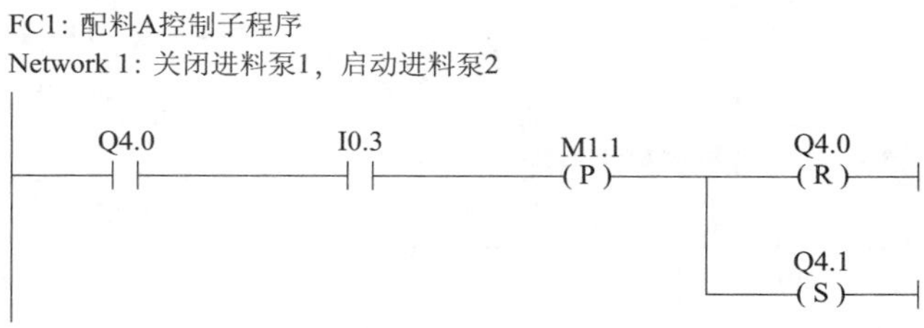

FC1：配料A控制子程序
Network 1：关闭进料泵1，启动进料泵2
Q4.0
I0.3
M1.1
P
Q4.0
R
Q4.1
S

图 6-19　FC1 的控制程序

②FC2 的控制程序，如图 6-20 所示。

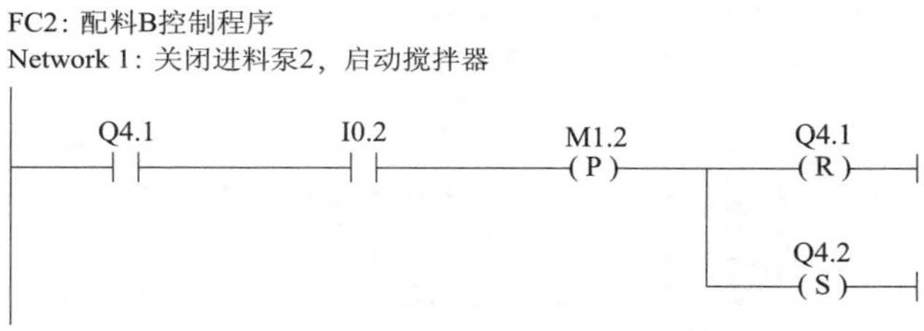

FC2：配料B控制程序
Network 1：关闭进料泵2，启动搅拌器
Q4.1
I0.2
M1.2
P
Q4.1
R
Q4.2
S

图 6-20　FC2 的控制程序

③FC3 的控制程序，如图 6-21 所示。

FC3：搅拌器控制程序
Network 1：设置10 s搅拌定时
Q4.2
T1
SD
S5T#10S
Network 2：关闭搅拌器，启动放料泵
T1
M1.3
P
Q4.2
R
Q4.3
S

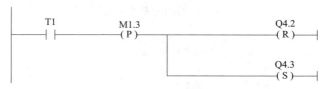

图 6-21　FC3 的控制程序

④FC4 的控制程序，如图 6-22 所示。

⑤OB100 的控制程序，如图 6-23 所示。

⑥OB1 的控制程序，如图 6-24 所示。

在 OB1 中调用无参 FC 方法如图 6-25 所示。

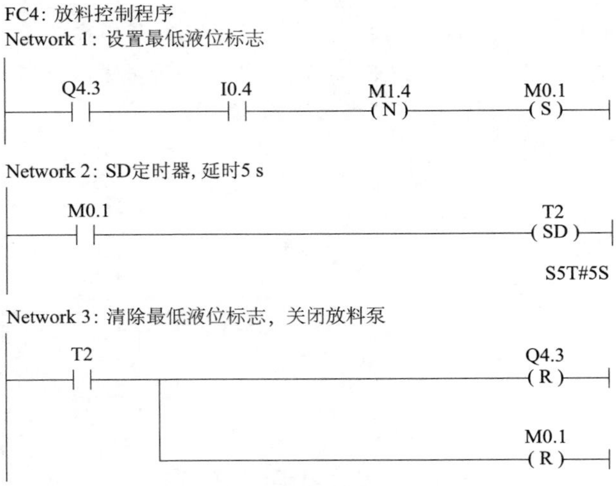

FC4：放料控制程序
Network 1：设置最低液位标志
Q4.3
I0.4
M1.4
N
M0.1
S
Network 2：SD定时器，延时5 s
M0.1
T2
SD
S5T#5S
Network 3：清除最低液位标志，关闭放料泵
T2
Q4.3
R
M0.1
R

图 6-22　FC4 的控制程序

OB100：“搅拌控制程序-完全启动复位组织块”
Network 1：初始化所有输出变量
“启动”
“启动”
“进料泵1”
R
“进料泵2”
R
“搅拌器M”
R
“放料泵”
R
M4.0
R
“最低液位标志”
R

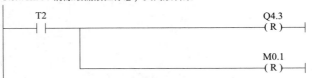

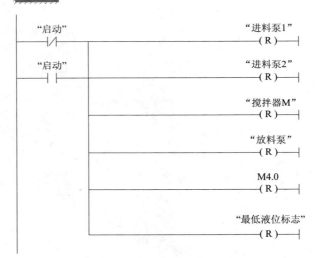

图 6-23　OB100 的控制程序

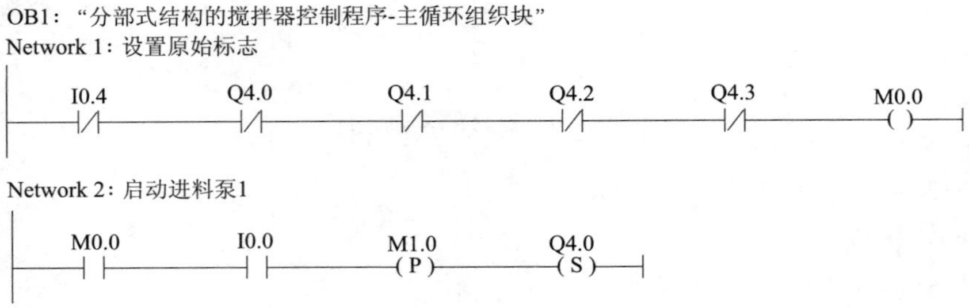

OB1：“分部式结构的搅拌器控制程序-主循环组织块”
Network 1：设置原始标志
I0.4
Q4.0
Q4.1
Q4.2
Q4.3
M0.0
Network 2：启动进料泵1
M0.0
I0.0
M1.0
P
Q4.0
S

图 6-24　OB1 的控制程序

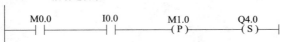

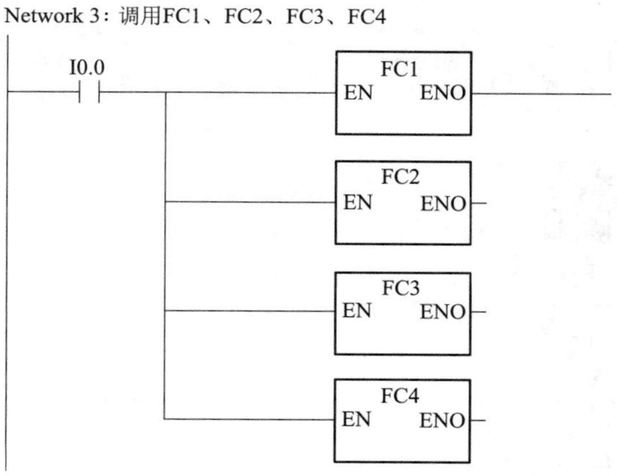

Network 3：调用FC1、FC2、FC3、FC4

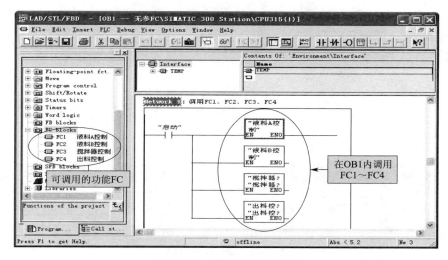

图 6-24　OB1 的控制程序（续）

图 6-25　无参功能调用方法

6.4.3　结构化编程

所谓结构化程序，就是处理复杂自动化控制任务的过程中，为了使任务更易于控制，常把过程要求类似或相关的功能进行分类，分割为可用于几个任务的通用解决方案的小任务，这些小任务以相应的程序段表示，称为块（FC 或 FB）。OB1 通过调用这些程序块来完成整个自动化控制任务。

结构化程序的特点是每个块（FC 或 FB）在 OB1 中可能会被多次调用，以完成具有相同过程工艺要求的不同控制对象。这种结构可简化程序设计过程、减小代码长度、提高编程效率，比较适合于较复杂自动化控制任务的设计。

1. 编辑并调用有参 FC

所谓有参 FC，是指编辑 FC 时，在局部变量声明表内定义了形式参数，在 FC 中使用了虚拟的符号地址完成控制程序的编程，以便在其他块中能重复调用有参 FC。这种方式一般应用于结构化程序编写。

例 6-3　多级分频器控制程序设计。

本例拟在功能 FC1 中编写二分频器控制程序，然后在 OB1 中通过调用 FC1 实现多级分频器的功能。多级分频器的时序关系图如图 6-26 所示。其中 I0.0 为多级分频器的脉冲输入端；Q4.0～Q4.3 分别为 2、4、8、16 分频的脉冲输出端；Q4.4～Q4.7 分别为 2、4、8、16 分频指示灯驱动输出端。

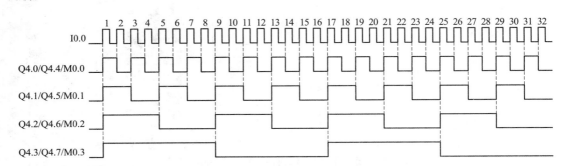

图 6-26　多级分频器的时序关系图

（1）创建多级分频器的 S7 项目

选择菜单命令 File→ "New Project" Wizard 创建多级分频器的 S7 项目，并命名为"有参FC"。

（2）硬件配置

打开 SIMATIC 300 Station 文件夹，双击硬件配置图标打开硬件配置窗口，并按图 6-27 所示完成硬件配置。

Slot		Module ...	Order number ...	Fi...	MPI address	I address	Q address	Comment
1		PS 307 5A	6ES7 307-1EA00-0AA0					
2		CPU315(1)	6ES7 315-1AF03-0AB0		2			
3								
4		DI32xDC24V	6ES7 321-1BL80-0AA0			0...3		
5		DO32xDC24V/0.5A	6ES7 322-1BL00-0AA0				4...7	
6								

图 6-27　硬件配置窗口

（3）编写符号表（见图 6-28）

	Status	Symbol	Address		Data type	Comment
1		二分频器	FC	1	FC 1	对输入信号二分频
2		In_Port	I	0.0	BOOL	脉冲信号输入端
3		F_P2	M	0.0	BOOL	2分频器上升沿检测标志
4		F_P4	M	0.1	BOOL	4分频器上升沿检测标志
5		F_P8	M	0.2	BOOL	8分频器上升沿检测标志
6		F_P16	M	0.3	BOOL	16分频器上升沿检测标志
7		Cycle Execution	OB	1	OB 1	主循环组织块
8		Out_Port2	Q	4.0	BOOL	2分频器脉冲信号输出端
9		Out_Port4	Q	4.1	BOOL	4分频器脉冲信号输出端
10		Out_Port8	Q	4.2	BOOL	8分频器脉冲信号输出端
11		Out_Port16	Q	4.3	BOOL	16分频器脉冲信号输出端
12		LED2	Q	4.4	BOOL	2分频信号指示灯
13		LED4	Q	4.5	BOOL	4分频信号指示灯
14		LED8	Q	4.6	BOOL	8分频信号指示灯
15		LED16	Q	4.7	BOOL	16分频信号指示灯

图 6-28　符号表编辑窗口

（4）规划程序结构（见图6-29）

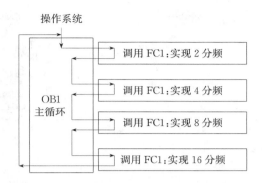

图6-29 多级分频器的控制程序结构

（5）创建有参FC1

选择"有参FC"项目的Blocks文件夹，然后选择菜单命令Insert→S7 Block→Function，在块文件夹内创建一个功能，并命名为"FC1"。

①编辑FC1的变量声明表如表6-7所示。

表6-7 FC1的变量声明表

接口类型	变量名	数据类型	注释
In	S_IN	BOOL	脉冲输入信号
Out	S_OUT	BOOL	脉冲输出信号
Out	LED	BOOL	输出状态指示
In_Out	F_P	BOOL	上跳沿检测标志

②编辑FC1的控制程序。二分频器的时序图如图6-30所示。分析二分频器的时序图可以看到，输入信号每出现一个上升沿，输出便改变一次状态，据此可采用上跳沿检测指令实现。

图6-30 二分频器的时序图

如果输入信号S_IN出现上升沿，则对S_OUT取反，然后将S_OUT的信号状态送LED显示；否则，程序直接跳转到LP1，将S_OUT的信号状态送LED显示。

二分频器的梯形图控制程序如图6-31所示。

③编辑OB1主控制程序，如图6-32所示。

2. 编辑无静参的功能块（FB）

功能块（FB）在程序的体系结构中位于组织块之下。它包含程序的一部分，这部分程序在OB1中可以多次调用。功能块的所有形参和静态数据都存储在一个单独的、被指定给该功能块的数据块（DB）中，该数据块称为背景数据块。当调用FB时，该背景数据块会自动打开，实际

FC1：二分频程序
Network 1：二分频程序

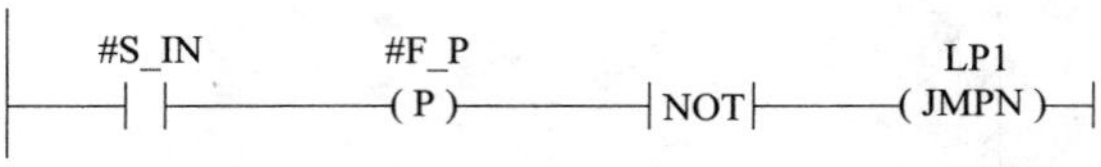

```
      #S_IN        #F_P                      LP1
   ----| |--------( P )--------|NOT|--------( JMPN )----
```

Network 2：上升沿检测标志

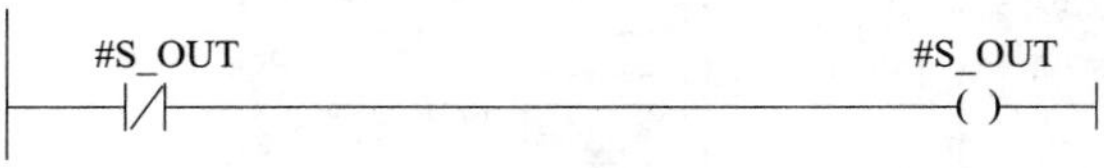

```
      #S_OUT                                #S_OUT
   ----|/|------------------------------------( )----
```

Network 3：Title：

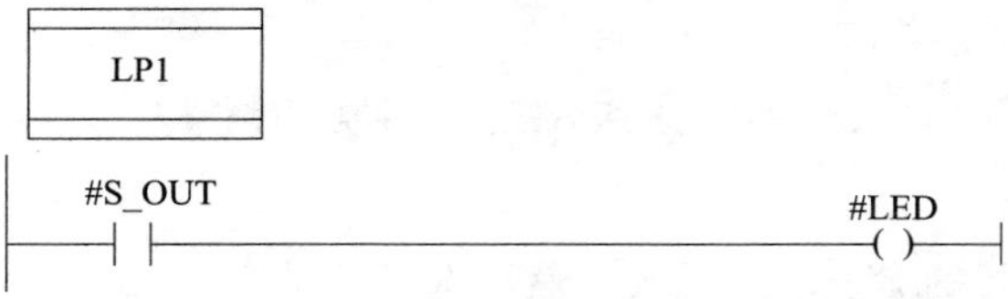

```
   +--------+
   |  LP1   |
   +--------+

      #S_OUT                                #LED
   ----| |-------------------------------------( )----
```

图 6-31　二分频器的梯形图控制程序

OB1："多级分频器主循环组织块，使用绝对地址"
Network 1：调用FC1实现2分频

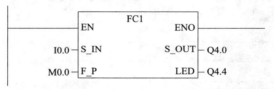

Network 2：调用FC1实现4分频

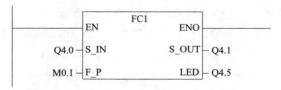

Network 3：调用FC1实现8分频

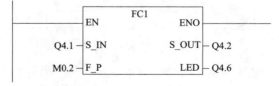

Network 4：调用FC1实现16分频

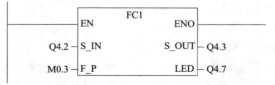

图 6-32　OB1 主控制程序

参数的值被存储在背景数据块中；当块退出时，背景数据块中的数据仍然保持。

例 6-4 搅拌控制系统程序设计——使用模拟量。

图 6-33 所示为一搅拌控制系统，由一个模拟量液位传感器-变送器来检测液位的高低，并进行液位显示。现要求对 A、B 两种液体原料按等比例混合，请编写控制程序。

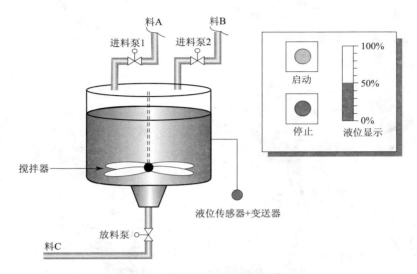

图 6-33 搅拌控制系统结构图

控制要求：按启动按钮后系统自动运行，首先打开进料泵 1，开始加入料 A→当液位达到 50％后，则关闭进料泵 1，打开进料泵 2，开始加入料 B→当液位达到 100％后，则关闭进料泵 2，启动搅拌器→搅拌 10 s 后，关闭搅拌器，开启放料泵→当料放空后，延时 5 s 后关闭放料泵。按停止按钮，系统应立即停止运行。

（1）创建 S7 项目

选择菜单命令 File→"New Project" Wizard 创建搅拌控制系统的 S7 项目，并命名为"FC 与 FB"。

（2）硬件配置

在"FC 与 FB"项目内打开 SIMATIC 300 Station 文件夹，打开硬件配置窗口，并按图 6-34 完成硬件配置。

S...		Module ...	Order number ...	Firmware	MPI address	I add...	Q add...	C...
1		PS 307 5A	6ES7 307-1EA00-0AA0					
2		CPU 315	6ES7 315-1AF03-0AB0	V1.2	2			
3								
4		DI32xDC24V	6ES7 321-1BL80-0AA0			0...3		
5		DO32xDC24V/0.5A	6ES7 322-1BL00-0AA0				4...7	
6		AI4/AO4x14/12Bit	6ES7 335-7HG01-0AB0			256...271	256...263	
7								
8								

图 6-34 硬件配置

修改模块的模拟量输入通道和输出通道的起始地址均为 256，如图 6-35 所示。

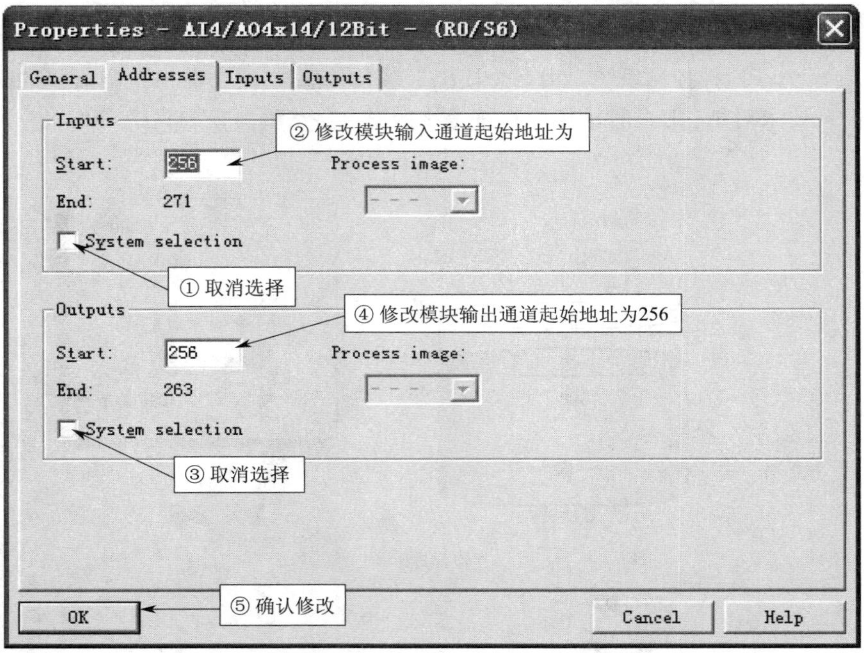

图 6-35 编辑模拟量 I/O 模块起始地址

（3）编辑符号表（见图 6-36）

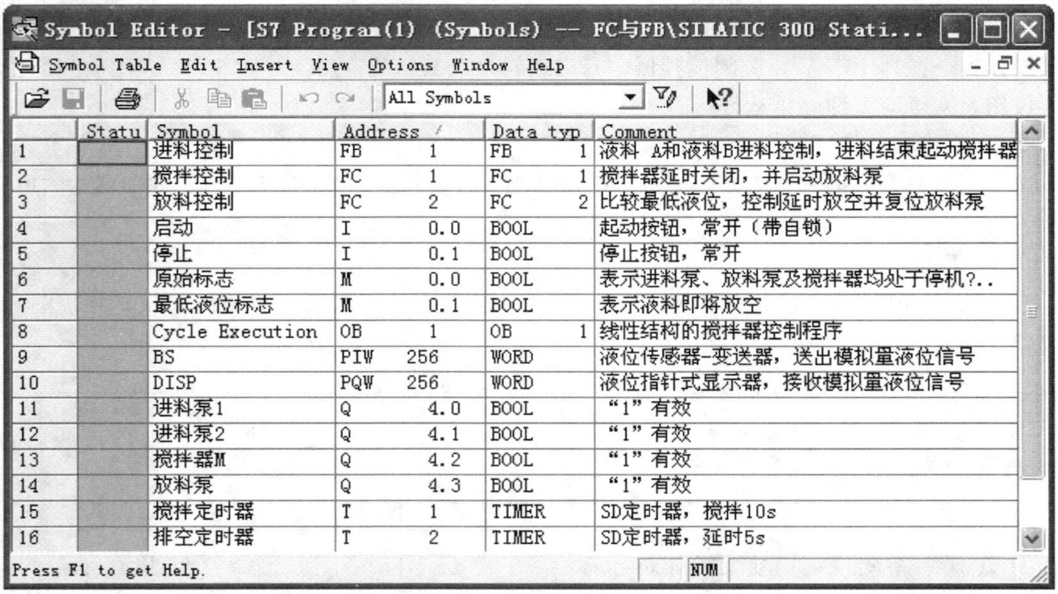

	Statu	Symbol	Address		Data typ	Comment
1		进料控制	FB	1	FB 1	液料 A和液料B进料控制，进料结束起动搅拌器
2		搅拌控制	FC	1	FC 1	搅拌器延时关闭，并启动放料泵
3		放料控制	FC	2	FC 2	比较最低液位，控制延时放空并复位放料泵
4		启动	I	0.0	BOOL	起动按钮，常开（带自锁）
5		停止	I	0.1	BOOL	停止按钮，常开
6		原始标志	M	0.0	BOOL	表示进料泵、放料泵及搅拌器均处于停机?..
7		最低液位标志	M	0.1	BOOL	表示液料即将放空
8		Cycle Execution	OB	1	OB 1	线性结构的搅拌器控制程序
9		BS	PIW	256	WORD	液位传感器-变送器，送出模拟量液位信号
10		DISP	PQW	256	WORD	液位指针式显示器，接收模拟量液位信号
11		进料泵1	Q	4.0	BOOL	“1”有效
12		进料泵2	Q	4.1	BOOL	“1”有效
13		搅拌器M	Q	4.2	BOOL	“1”有效
14		放料泵	Q	4.3	BOOL	“1”有效
15		搅拌定时器	T	1	TIMER	SD定时器，搅拌10s
16		排空定时器	T	2	TIMER	SD定时器，延时5s

图 6-36 符号表编辑窗口

（4）规划程序结构

如图 6-37 所示，OB1 为主循环组织块；OB100 为启动组织块；FC1 实现搅拌控制；FC2 实现放料控制；FB1 通过调用 DB1 和 DB2 实现料 A 和料 B 的进料控制；DB1 和 DB2 为料 A 和料 B

进料控制的背景数据块，在调用 FB1 时为 FB1 提供实际参数，并保存过程结果。

启动
OB100
正常循环
OB1
FB1
背景 DB1
FB1
背景 DB2
FC1
FC2

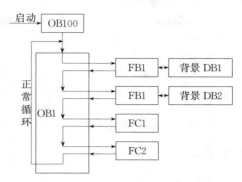

图 6-37　程序结构

（5）创建无参功能（FC1、FC2）

①FC1 用于控制搅拌，梯形图程序如图 6-38 所示。

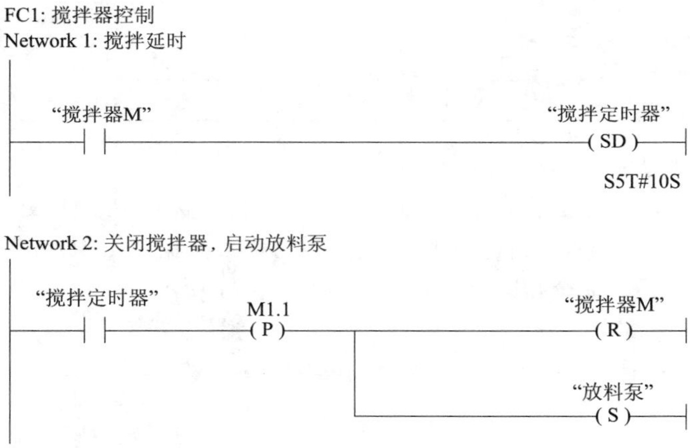

FC1: 搅拌器控制
Network 1: 搅拌延时
"搅拌器M"
"搅拌定时器"
SD
S5T#10S
Network 2: 关闭搅拌器，启动放料泵
"搅拌定时器"
M1.1
P
"搅拌器M"
R
"放料泵"
S

图 6-38　搅拌程序

②FC2 用于控制放料，梯形图程序如图 6-39 所示。

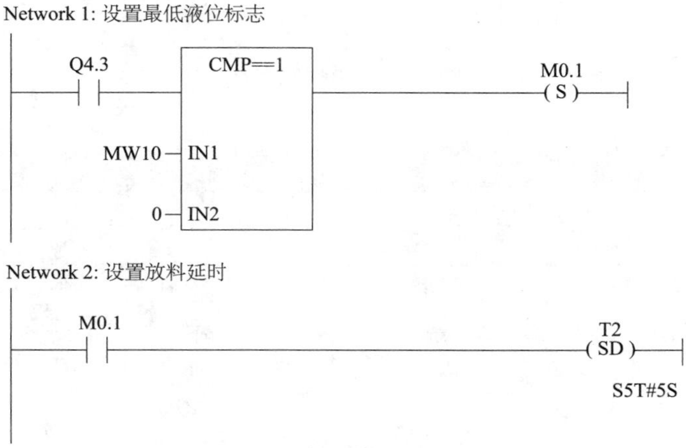

Network 1: 设置最低液位标志
Q4.3
CMP==1
MW10
IN1
0
IN2
M0.1
S
Network 2: 设置放料延时
M0.1
T2
SD
S5T#5S

图 6-39　放料程序

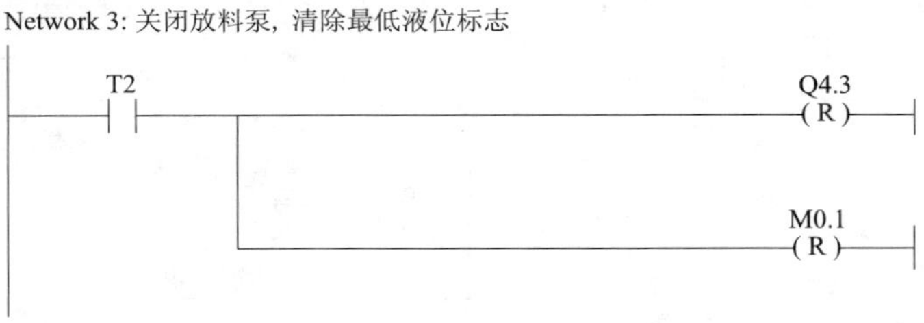

Network 3: 关闭放料泵, 清除最低液位标志

图 6-39　放料程序（续）

（6）创建无静态参数的功能块（FB1）

①定义 FB1 的局部变量声明表见表 6-8。

表 6-8　FB1 的局部变量声明表

接口类型	变量名	数据类型	地址	初始值	扩展地址	结束地址	注释
In	A_IN	INT	0.0	0	—	—	模拟量输入数据
	A_C	INT	2.0	0	—	—	液位比较值
IN_Out	Device1	BOOL	4.0	FALSE	—	—	设备1
	Device2	BOOL	4.1	FALSE	—	—	设备2

②编写 FB1 控制程序，如图 6-40 所示。

建立背景数据块（DB1、DB2），在"FC 与 FB"项目内选择 Blocks 文件夹，选择菜单命令 Insert→S7 Block→Data Block，创建与 FB1 相关联的背景数据块 DB1 和 DB2。STEP 7 自动为 DB1 和 DB2 构建了与 FB1 完全相同的数据结构，如图 6-41 所示。

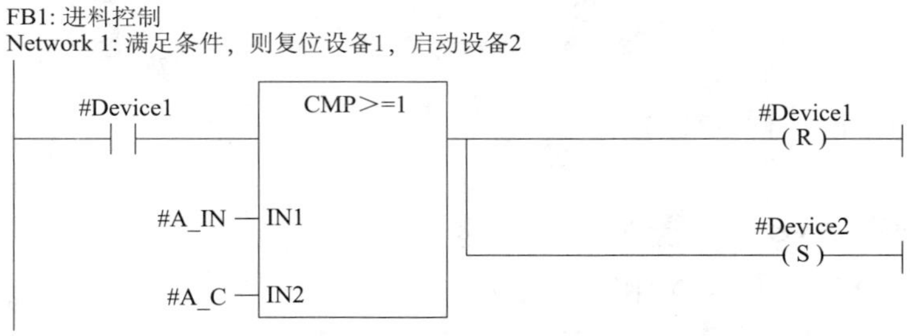

FB1: 进料控制
Network 1: 满足条件, 则复位设备1, 启动设备2

图 6-40　FB1 控制程序

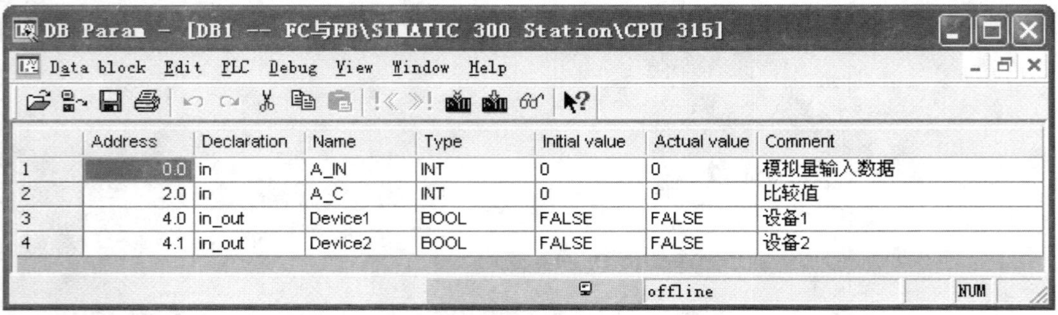

图 6-41　背景数据块的数据结构

（7）在 OB1 中的控制程序

OB1 中的控制程序如图 6-42 所示。

OB1："搅拌器结构化控制程序-主循环组织块"

Network 1：设置当前液位信号暂存器

Network 2：将当前液位送显示器显示

Network 3：设置原始标志

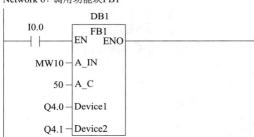

Network 4：启动进料泵1

Network 5：打开功能块FB1的背景数据块DB1

Network 6：调用功能块FB1

Network 7：打开功能块FB1的背景数据块DB2

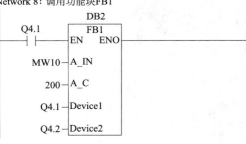

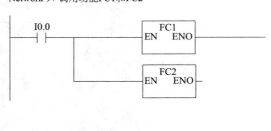

Network 8：调用功能块FB1

Network 9：调用功能FC1和FC2

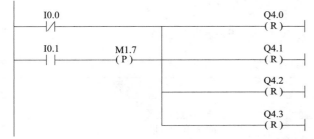

Network 10：复位

图 6-42　OB1 中的控制程序

（8）编写启动组织块 OB100 的控制程序

OB100 的控制程序如图 6-43 所示。

OB100："Complete Restart"
Network 1：复位

```
    "启动"                                              "进料泵1"
    ──┤├──────────────────────────────────────────────( R )──

    "启动"                                              "进料泵2"
    ──┤/├─────────────────────────────────────────────( R )──

                                                        "搅拌器M"
    ──────────────────────────────────────────────────( R )──

                                                        "放料泵"
    ──────────────────────────────────────────────────( R )──
```

图 6-43　OB100 的控制程序

3. 编辑并调用有静态参数的功能块

在编辑功能块（FB）时，如果程序中需要特定数据的参数，可以考虑将该特定数据定义为静态参数，并在 FB 的声明表内 STAT 处声明。

例 6-5　交通信号灯控制系统的设计。

图 6-44 所示为双干道交通信号灯设置示意图。信号灯的动作受开关总体控制，按一下启动按钮，信号灯系统开始工作，并周而复始地循环动作；按一下停止按钮，所有信号灯都熄灭。信号灯控制的具体要求见表 6-9，试编写信号灯控制程序。

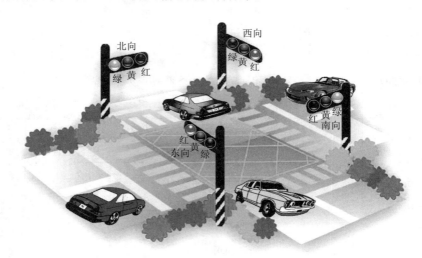

图 6-44　双干道交通信号灯设置示意图

表 6-9　信号灯控制的具体要求

南北 方向	信号	SN_G亮	SN_G闪	SN_Y亮	SN_R亮		
	时间	45 s	3 s	2 s	30 s		
东西 方向	信号	BW_R亮			BW_G亮	BW_G闪	BW_Y亮
	时间	50 s			25 s	3 s	2 s

根据十字路口交通信号灯的控制要求，可画出信号灯的控制时序图，如图 6-45 所示。

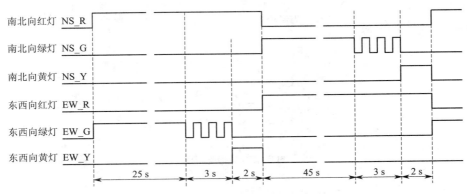

图 6-45 信号灯的控制时序图

（1）创建 S7 项目

选择菜单命令 File→ "New Project" Wizard 创建交通信号灯控制系统的 S7 项目，并命名为 "有静参 FB"。项目包含组织块 OB1 和 OB100。

（2）硬件配置

在 "有静参 FB" 项目内打开 SIMATIC 300 Station 文件夹，打开硬件配置窗口，并按图 6-46 所示完成硬件配置。

Slot		Module ...	Order number ...	Fi...	MPI address	I address	Q address	Comment
1		PS 307 5A	6ES7 307-1EA00-0AA0					
2		CPU315 (1)	6ES7 315-1AF03-0AB0		2			
3								
4		DI32xDC24V	6ES7 321-1BL80-0AA0			0...3		
5		DO32xDC24V/0.5A	6ES7 322-1BL00-0AA0				4...7	
6								

图 6-46 硬件配置

（3）编写符号表（见图 6-47）

	Statu	Symbol	Address		Data typ	Comment
1		Complete Restart	OB	100	OB	100	全启动组织块
2		Cycle Execution	OB	1	OB	1	主循环组织块
3		EW_G	Q	4.1	BOOL	东西向绿色信号灯
4		EW_R	Q	4.0	BOOL	东西向红色信号灯
5		EW_Y	Q	4.2	BOOL	东西向黄色信号灯
6		F_1Hz	M	10.5	BOOL	1Hz时钟信号
7		MB10	MB	10	BYTE	CPU时钟存储器
8		SF	M	0.0	BOOL	系统启动标志
9		SN_G	Q	4.4	BOOL	南北向绿色信号灯
10		SN_R	Q	4.3	BOOL	南北向红色信号灯
11		SN_Y	Q	4.5	BOOL	南北向黄色信号灯
12		Start	I	0.0	BOOL	起动按钮
13		Stop	I	0.1	BOOL	停止按钮
14		T_EW_G	T	1	TIMER	东西向绿灯常亮延时定时器
15		T_EW_GF	T	6	TIMER	东西向绿灯闪亮延时定时器
16		T_EW_R	T	0	TIMER	东西向红灯常亮延时定时器
17		T_EW_Y	T	2	TIMER	东西向黄灯常亮延时定时器
18		T_SN-GF	T	7	TIMER	南北向绿灯闪亮延时定时器
19		T_SN_G	T	4	TIMER	南北向绿灯常亮延时定时器
20		T_SN_R	T	3	TIMER	南北向红灯常亮延时定时器
21		T_SN_Y	T	5	TIMER	南北向黄灯常亮延时定时器
22		东西数据	DB	1	FB	1	为东西向红灯及南北向绿黄灯控制提供实参
23		红绿灯	FB	1	FB	1	红绿灯控制无静态参数的FB
24		南北数据	DB	2	FB	1	为南北向红灯及东西向绿黄灯控制提供实参

图 6-47 符号表编辑窗口

（4）规划程序结构

OB1 为主循环组织块、OB100 为初始化程序、FB1 为单向红绿灯控制程序、DB1 为东西数据块、DB2 为南北数据块，如图 6-48 所示。

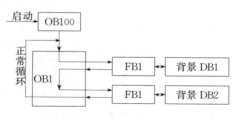

图 6-48　程序结构图

（5）编辑功能块

①定义局部变量声明表，见表 6-10。

表 6-10　局部变量声明表

接口类型	变量名	数据类型	地址	初始值	扩展地址	结束地址	注释
In	R_ON	BOOL	0.0	FALSE	—	—	当前方向红灯开始亮标志
	T_R	Timer	2.0	—	—	—	当前方向红色信号灯长亮定时器
	T_G	Timer	4.0	—	—	—	另一方向绿色信号灯长亮定时器
	T_Y	Timer	6.0	—	—	—	另一方向黄色信号灯长亮定时器
In	T_GF	Timer	8.0	—	—	—	另一方向绿色信号灯闪亮定时器
	T_RW	S5Time	10.0	S5T#0MS	—	—	T_R 定时器的初始值
	T_GW	S5Time	12.0	S5T#0MS	—	—	T_G 定时器的初始值
	STOP	BOOL	14.0	S5T#0MS	—	—	停止信号
Out	LED_R	BOOL	10.0	FALSE	—	—	当前方向红色信号灯
	LED_G	BOOL	10.1	FALSE	—	—	另一方向绿色信号灯
	LED_Y	BOOL	10.2	FALSE	—	—	另一方向黄色信号灯
STAT	T_GF_W	S5Time	18.0	S5T#3S	—	—	绿灯闪亮定时器初值
	T_Y_W	S5Time	20.0	S5T#2S	—	—	黄灯长亮定时器初值

②功能块的梯形图程序，如图 6-49 所示。

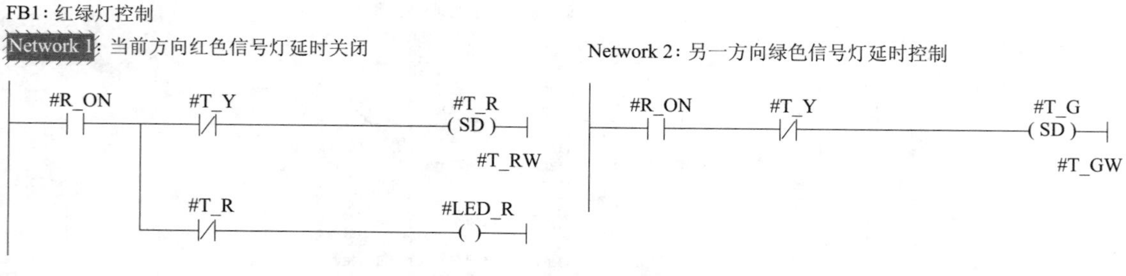

FB1：红绿灯控制

Network 1：当前方向红色信号灯延时关闭

Network 2：另一方向绿色信号灯延时控制

图 6-49　功能块的梯形图程序

Network 3：启动另一方向绿色信号灯闪亮延时定时器

Network 4：另一方向的黄色信号灯延时控制

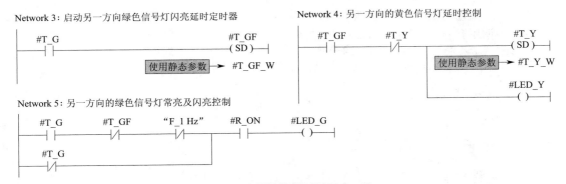

图 6-49 功能块的梯形图程序（续）

（6）建立背景数据块（DI）

由于在创建 DB1 和 DB2 之前，已经完成了 FB1 的变量声明，建立了相应的数据结构，所以在创建与 FB1 相关联的 DB1 和 DB2 时，STEP 7 自动完成了数据块的数据结构，如图 6-50 所示。

DB2 -- 有静参FB\SIMATIC 300 Station\CPU315(1)

	Address	Declaration	Name	Type	Initial value	Actual value	Comment
1	0.0	in	R_ON	BOOL	FALSE	FALSE	当前方向红灯开始亮标志
2	2.0	in	T_R	TIMER	T 0	T 0	当前方向红色信号灯常亮定时器
3	4.0	in	T_G	TIMER	T 0	T 0	另一方向绿色信号灯常亮定时器
4	6.0	in	T_Y	TIMER	T 0	T 0	另一方向黄色信号灯常亮定时器
5	8.0	in	T_GF	TIMER	T 0	T 0	另一方向绿色信号灯闪亮定时器
6	10.0	in	T_RW	S5TIME	S5T#0MS	S5T#0MS	T_R定时器的初始值
7	12.0	in	T_GW	S5TIME	S5T#0MS	S5T#0MS	T_G定时器的初始值
8	14.0	in	STOP	BOOL	FALSE	FALSE	停止按钮
9	16.0	out	LED_R	BOOL	FALSE	FALSE	当前方向红色信号灯
10	16.1	out	LED_G	BOOL	FALSE	FALSE	另一方向绿色信号灯
11	16.2	out	LED_Y	BOOL	FALSE	FALSE	另一方向黄色信号灯
12	18.0	stat	T_GF_W	S5TIME	S5T#3S	S5T#3S	绿灯闪亮定时器初值
13	20.0	stat	T_Y_W	S5TIME	S5T#2S	S5T#2S	黄灯常量定时器初值

图 6-50 背景数据块编辑窗口

（7）编辑启动组织块 OB100（见图 6-51）

OB100："Complete Rsetart"

Network 1：CPU启动时关闭所有信号灯及启动标志

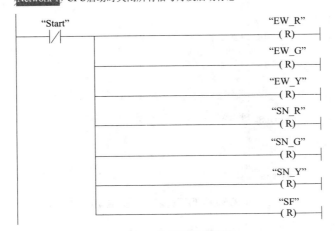

图 6-51 启动组织块程序

（8）在 OB1 中调用有静态参数的功能块（FB）

OB1 中调用有静态参数的功能块程序如图 6-52 所示。

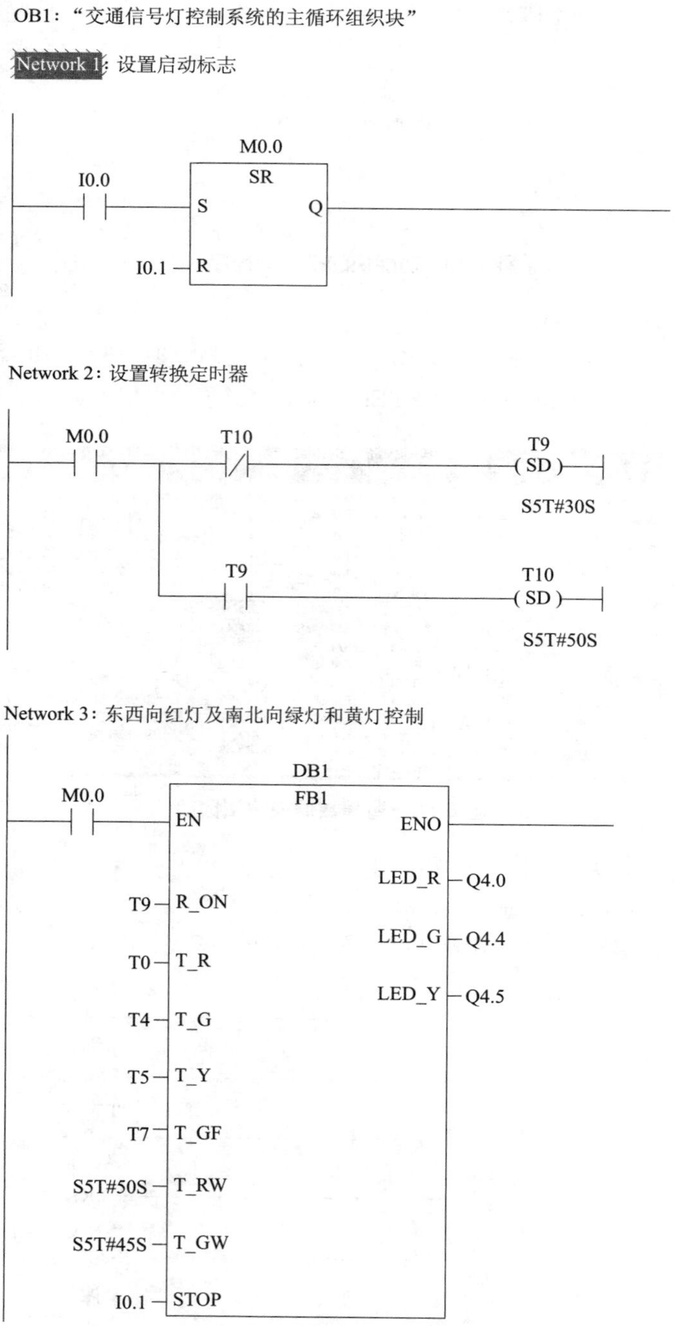

OB1："交通信号灯控制系统的主循环组织块"

Network 1：设置启动标志

Network 2：设置转换定时器

Network 3：东西向红灯及南北向绿灯和黄灯控制

图 6-52　OB1 中调用有静态参数的功能块程序

Network 4：南北向红灯及东西向绿灯和黄灯控制

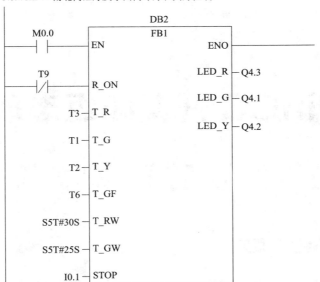

图 6-52　OB1 中调用有静态参数的功能块程序（续）

第 7 章
使用 WinCC 开发和组态项目

在分布式控制系统中，作为人机接口和管理作用的界面组态和控制组态十分重要。鉴于本课程设计通过 WinCC 软件实现操作员站的组态，本章将介绍 WinCC 和利用此软件进行分布式控制系统开发和组态的方法。

7.1 WinCC 概述

人机接口（HMI）是专门用于 SIMATIC 中操作员控制和监视的软件，其中西门子视图控制中心［SIMATIC WinCC（Windows Control Center）］是开放的过程监视系统。

SIMATIC WinCC 提供了适用于工业的图形显示、消息、归档以及报表的功能模板。高性能的过程耦合，快速的画面更新，以及可靠的数据，使其具有高度的实用性。作为 SIMATIC WinCC 全集成自动化系统的重要组成部分，WinCC 确保与 SIMATIC S5、S7 和 505 系列 PLC 连接的方便和通信的高效。WinCC 与 STEP 7 编程软件紧密结合，缩短了项目开发的周期。此外，WinCC 还有对 SIMATIC PLC 进行系统诊断的选项，给硬件维护提供了方便。

本书编写使用的 WinCC V6.0 采用标准 Microsoft SQL Server 2000（WinCC V6.0 以前版本采用 Sybase）数据库进行生产数据的归档，同时具有 Web 浏览器功能，可以使经理、厂长在办公室内看到生产流程的动态画面，从而更好地调度、指挥生产。它是工业企业中从 MES 和 ERP 系统中首选的生产实时数据平台软件。

本节主要介绍 WinCC 的性能特点和组成。

7.1.1 WinCC 的性能特点

WinCC 作为一个功能强大的操作监控组态软件，其主要的性能特点如下：

①创新软件技术的使用。WinCC 软件设计是基于软件技术的最新发展。西门子公司与 Microsoft 公司密切合作，保证用户获得不断创新的技术。

②包括所有 SCADA 功能在内的客户机/服务器系统。即使最基本的 WinCC 系统，仍能提供生成复杂可视化任务的组件和函数，并且生成画面、脚本、报警、趋势和报表的编辑器，也是最基本的 WinCC 系统组件。

③灵活裁剪，由简单任务扩展到复杂任务。WinCC 是一个模块化的自动化组件，既可以灵活地扩展，从简单的工程到复杂的多用户应用，又可以应用到工业和机械制造工艺的多服务器分布式系统中。

④众多的选件和附加件扩展了基本功能。已开发的、应用范围广泛的、不同的 WinCC 选件和附加件，均基于开放式编程接口，覆盖了不同行业分支的需求。

⑤使用 Microsoft SQL Server 2000 作为其组态数据和归档数据的存储数据库，可以使用 OD-BC、DAO、OLE-DB、WinCC OLE-DB 和 ADO 方便地访问归档数据。

⑥强大的标准接口（如 OLE、ActiveX·和 OPC）。WinCC 提供了 OLE、ActiveX、OPC 服务器和客户机等接口或控件，可以很方便地与其他应用程序交换数据。

⑦使用方便的脚本语言。WinCC 可编写 ANSI-C 和 Visual Basic 脚本程序。

⑧开放 API 的编程接口可以访问 WinCC 的模块。所有的 WinCC 模块都有一个开放的 C 编程接口（C-API）这意味着可以在用户程序中集成 WinCC 的部分功能。

⑨具有向导的简易（在线）组态。WinCC 提供了大量的向导来简化组态工作。在调试阶段，还可以在线修改。

⑩可选择语言的组态软件和在线语言切换。WinCC 软件是基于多语言设计的。这意味着可以在英语、德语、法语以及其他亚洲语言之间选择，也可以在系统运行时选择所需要的语言。

⑪提供所有主要 PLC 系统的通信通道。作为标准，WinCC 支持所有连接 SIMATIC S5/S7/505 控制器的通信通道，包括 PROFIBUS DP、DDE 和 OPC 等非特定控制器的通信通道。此外，更广泛的通信通道可以由选件和附加件提供。

7.1.2　WinCC 系统构成

WinCC 基本系统是很多应用程序的核心。它包含以下九大部件：

①变量管理器：管理 WinCC 中使用的外部变量、内部变量和通信驱动程序。

②图形编辑器：用于设计各种图形画面。

③报警记录：负责采集和归档报警消息。

④变量归档：负责处理测量值，并长期存储所记录的过程值。

⑤报表编辑器：可按时间或事件记录信息，进行动作、归档，允许在运行期间将过程数据输出到日志中。

⑥全局脚本：是系统设计人员用 ANSI-C 及 Visual Basic 编写的代码，以满足项目的需要。

⑦文本库：编辑不同语言版本下的文本消息。

⑧用户管理器：用来分配、管理和监控用户对组态和运行系统的访问权限。

⑨交叉引用表：负责搜索在画面、函数、归档和消息中使用的变量、函数等。

7.2 项目的创建与组态

使用 WinCC 开发和组态一个项目的基本步骤是："启动 WinCC"→"建立一个项目"→"选择及安装通信驱动程序"→"定义变量"→"建立和编辑过程画面"→"指定运行系统的属性"→"激活画面"→"使用变量模拟器测试过程画面"等。

下面从建立项目、变量的创建与组态、过程画面的创建与组态 3 方面来详细说明。

7.2.1　建立项目

1. 启动 WinCC

启动 WinCC，然后选择"开始"→SIMATIC→WinCC→Windows Control Center 6.0 命令；或在桌面上单击 WinCC 快捷图标，启动 WinCC 项目管理器。

2. 建立一个新项目

如果是第一次打开刚刚安装的 WinCC，将弹出 WinCC 项目管理器窗口。单选"单用户项目"项，然后单击"确定"按钮。如果不是第一次打开 WinCC，要新建一个单用户项目，有以下3种方法可以实现：

①在工具栏中单击"新建"图标；

②选择菜单命令"文件"→"新建"，如图 7-1 所示；

③使用组合键【Ctrl+N】。

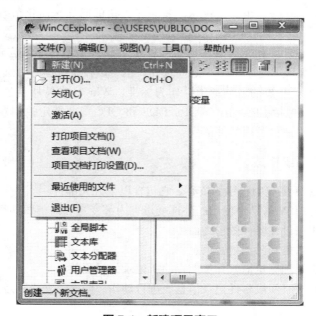

图 7-1 新建项目窗口

这3种方法使用后，都弹出"WinCC 项目管理器"窗口，如图 7-2 所示。

图 7-2 WinCC 项目管理器窗口

选择"单用户项目"后，单击"确定"按钮，打开一个标题为"创建新项目"的窗口，如图 7-3 所示。输入项目名称（如图中 Craft _ Montion），选择存储路径后即可生成项目，然后根据需要对项目进行编辑和组态，项目编辑窗口如图 7-4 所示。

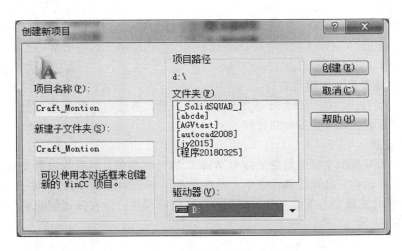

图 7-3 "创建新项目"窗口

图 7-4 项目编辑窗口

建议"项目"和"文件夹"最好使用一样的名称，且最好使用英文名称。详细资料都填好后，单击"创建"按钮，一个新的项目就建好了。

7.2.2 变量的创建与组态

变量系统是组态软件的重要组成部分。在组态软件的运行环境下，工业现场的生产状况将实时地反映在变量的数值中，便于操作人员监控过程数据；同时，操作人员在 WinCC 上发布的命令通过变量传送给生产现场，达到上位机的控制功能。WinCC 使用变量管理器来组态变量。

变量管理器管理 WinCC 工程中使用的变量和通信驱动程序。它位于 WinCC 项目管理器的浏览窗口中，如图 7-4 左边栏所示。

1. 变量的功能类型与创建方法

WinCC 的变量按照功能，分为外部变量、内部变量、系统变量和脚本变量 4 种类型。这里详细介绍外部变量和内部变量的创建过程。

（1）外部变量

由外部过程为其提供变量值的变量称为 WinCC 的外部变量，也称为过程变量。每一个外部变量都属于特定的过程驱动程序和通道单元，并属于一个通道连接。因此，对于外部变量，先确定 WinCC 与自动化系统进行连接与数据交换的通信驱动程序，并在该通信驱动程序的目录结构中创建相关变量。

创建方法：过程变量用于 WinCC 和自动化系统之间的通信，过程变量的属性取决于所使用的通信驱动程序。因此，在变量管理器中创建的过程变量将具有特定的通信驱动程序、通道单元和连接。下面以 WinCC 与西门子 SIMATIC S7-300 之间的通信为例，介绍如何创建过程变量。

在创建过程变量之前，必须安装通信驱动程序，并至少创建一个过程连接。

①右击"变量管理"（tag management），在弹出的快捷菜单中选择"添加新的驱动程序"命令，打开 SIMATIC S7 Protocol Suite. chn，如图 7-5 所示。

②选择过程变量通道单元，选择 MPI 并右击，在弹出的快捷菜单中选择"新驱动程序的连接"命令如图 7-6 所示，打开"连接属性"对话框，如图 7-7 所示。在"名称"栏中填入一个连接的名称（默认为 NewConnection），然后单击"属性"按钮，确认连接参数（此处一般直接单击"确定"按钮即可）。

注意：此处需要有"两次确定"，图 7-8 所示对话框中"参数"一栏有数据表示创建成功，如果无数据则重新创建即可。

③连接建好后，双击打开该连接，即可在右边的数据窗口中创建过程变量，如图 7-9 所示。

④右击右边窗口空白处，在弹出的快捷菜单中选择"新建变量"命令，弹出变量属性对话框，如图 7-10 所示。根据 SIMATIC Manager 建立好的用户程序中的实际的地址分配来设定所创建变量的地址。例如，现场一个报警灯信号的地址是 Q0.0，在"名称"栏中填入 LIGHT _ 1，在"地址"处单击"选择"按钮，弹出"地址选择"对话框，"数据"选择"输出"，然后在下面的地址栏中填入 0.0。单击"确定"按钮后，过程变量就建好了。

（2）内部变量

内部变量不是由过程提供数值的变量，即过程没有为其提供变量值的变量，称为内部变量。内部变量没有对应的过程驱动程序和通道单元，不需要建立相应的通道连接。内部变量在"内部变量"目录中创建。

创建方法：

①在右边的数据窗口中右击，在弹出的快捷菜单中选择"新建变量"命令，如图 7-11 所示，打开"变量属性"对话框。

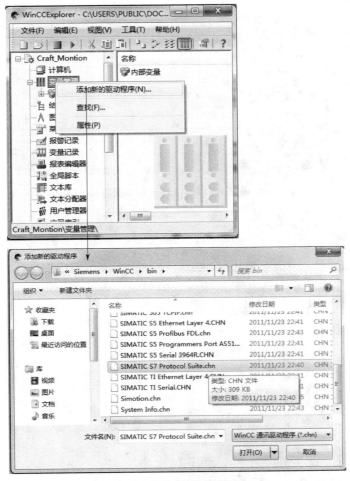

图 7-5　添加外部变量驱动

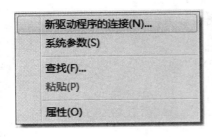

图 7-6　新驱动程序的连接

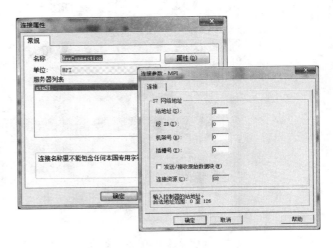

图 7-7　组态连接属性

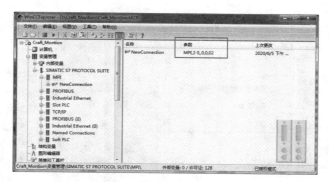

图 7-8　NewConnection 窗口

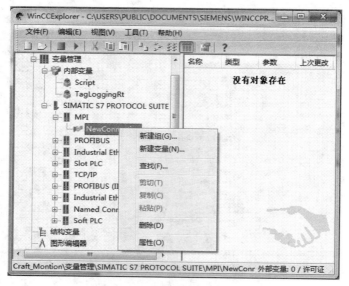

图 7-9　新建外部变量窗口

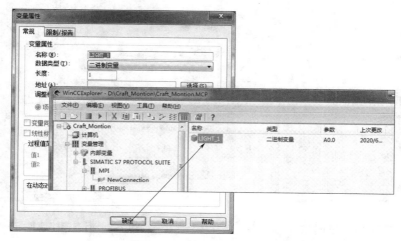

图 7-10　组态外部变量属性

图 7-11 选择"新建变量"命令

②在"常规"标签中，输入变量名称（如 CARX），并设置数据类型（如"无符号 16 位数"）。在"限制/报告"标签中，根据需要设置上下限、起始值等限制值，如图 7-12 所示。

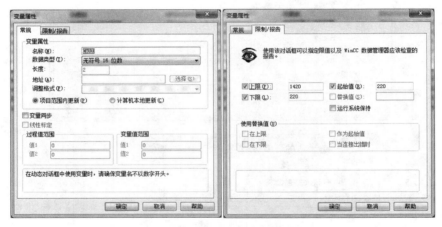

图 7-12 组态内部变量属性

③单击"确定"按钮，退出对话框，完成一个内部变量的创建。

（3）系统变量

WinCC 提供了一些预定义的中间变量，称为系统变量。每个系统变量均有明确的意义，可以提供现成的功能，一般用于表示运行系统的状态。系统变量由 WinCC 自动创建，以"@"开头，以区别于其他变量。

（4）脚本变量

脚本变量是在 WinCC 的全局脚本及画面脚本中定义并使用的变量。

2. 变量的数据类型

数据类型取决于用户将怎样使用该变量。WinCC 中的变量分为以下数据类型：二进制变量、有符号 8 位数、无符号 8 位数、有符号 16 位数、无符号 16 位数、有符号 32 位数、无符号 32 位数、32 位浮点数、64 位浮点数、8 位字符集文本变量、16 位字符集文本变量、结构类型变量、原始数据类型和文本参考。

　　值得特别指出的是，结构类型变量为一个复合型的变量，它包括多个结构元素。要创建结构类型变量，必须先创建相应的结构类型。

（1）创建结构类型

　　右击 WinCC 项目管理器中的"结构变量"，在弹出的快捷菜单中选择"新建结构类型"命令，打开"结构属性"对话框，建立结构类型。通过新建元素方式，在结构体内建立元素，如图 7-13 所示。

图 7-13　创建结构类型

（2）创建结构类型变量

　　创建结构类型以后，就可以创建相应的结构类型变量。创建结构类型变量的方法与创建普通变量的方法一样。但在选择变量类型时，不是选择简单的数据类型，而是选择相应的结构类型，如图 7-14 所示。

图 7-14 组态结构类型变量属性

创建结构类型变量后，每个结构类型变量将包含多个简单变量，如图 7-15 所示。

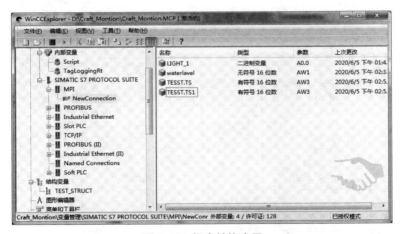

图 7-15 组态结构变量

3. 创建变量组

当一个 WinCC 项目较大时，将有比较多的内部和外部变量。这时，可将变量分组，以方便 WinCC 项目的管理。

右击相应的连接或"内部变量"，然后在弹出的快捷菜单中选择"新建组"命令（见图 7-9 和图 7-11），在弹出的对话框中输入组名，即可创建变量组。

7.2.3 过程画面的创建与组态

1. 过程画面的创建与组态方法

WinCC 使用图形系统创建在运行系统中显示的过程画面，用"图形编辑器"来组态过程画面。本节通过一个例子来说明。

（1）WinCC 项目管理器中的图形编辑（浏览窗口的快捷菜单）

①右击图形编辑器，在弹出的快捷菜单中选择"新建画面"命令，将创建一个名为 NewP-dl0.pdl 的画面，如图 7-16 所示，并显示在 WinCC 资源管理器右边窗口中。右击后可将其重命名。

图 7-16 新建画面

②重复上述步骤可创建第二个画面。

③转换画面：旧版本的 WinCC 画面必须转换成当前版本的格式。

（2）画面名称的快捷菜单

选择 WinCC 项目管理器的图形编辑器，在其右边数据窗口中显示该项目下的所有画面名称。右击任一画面，弹出的快捷菜单包含的命令有："打开画面"、"重命名画面"、"删除画面"、"定义画面为启动画面"和"属性"。

（3）图形编辑器的布局

图形编辑器具有创建和动态修改过程画面的功能。图形编辑器布局如图 7-17 所示，包括以下元素：

①绘图区：位于图形编辑器的中央。在绘图区中，水平方向为 x 轴，垂直方向为 y 轴，画面的左上角为坐标原点。

②标题栏：显示当前编辑画面的名称。

③菜单栏：大多为常用的 Windows 命令。

④工具栏：可通过"视图"→"工具栏"打开。

⑤"对象调色板"：包含在过程画面中频繁使用的不同类型的对象。它包括"标准"和"控件"两个选项卡。"标准"选项卡包括"标准对象"、"智能对象"和"窗口对象"。

⑥"样式调色板"：允许快速更改线型、线宽、线端样式及填充图案。

⑦"动态向导"：默认情况下，"动态向导"工具栏没有动作，显示在图形编辑器中。"动态向导"提供了大量预定义的 C 动作，以支持频繁重复出现的过程组态。

⑧"对齐选项板"：包括"对齐"、"居中"、"间距等同"、"匹配宽度"和"高度"等按钮。

⑨"图层选项板"：最多可以分配为 32 个图层。当前图层是图层 0。

⑩"变量选项板"：默认为隐藏。

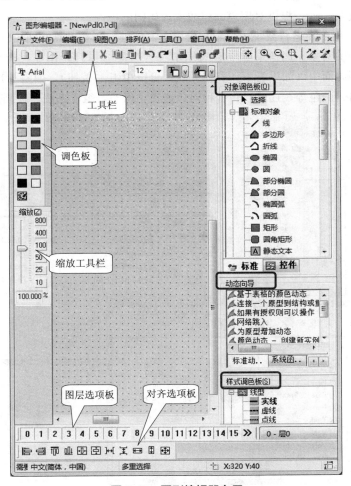

图 7-17　图形编辑器布局

（4）画面布局

画面上的任一位置都可以放置各种对象和控件。可以根据个人对美观的理解和操作画面方便性等进行画面布局。画面划分成 3 个部分：总览区、按钮区和现场画面区。

①总览区：包括组态标志符、画面标题、带有日期和数据的时钟以及当前报警行。

②按钮区：组态在每个画面中显示的固定按钮和用于现场画面显示的显示按钮。

③现场画面区：组态各个设备的过程画面。

（5）使用控件和图库

①使用控件。在 WinCC 画面中可以加入 ActiveX 控件。常用的 WinCC ActiveX 控件如下所述：

a. 时钟控件，用于将时间显示集成到过程画面。

b. 量表控件，以模拟表盘的形式显示监控的测量值。

c. 在线表格控件，以表格形式显示来自归档变量表单中的数值。

d. 在线趋势控件，以趋势曲线的形式显示归档变量表单的数值。

e. 按钮控件，在按钮上定义图形。

f. 用户归档表格控件，提供对用户归档或视图访问的控件。

g. 报警控件，用于在运行系统中显示报警消息。此外，还有磁盘空间控件和滚动条控件等。

②使用图库中的对象。选择菜单命令"视图"→"库"，可打开图库，找到希望添加的对象后，选中并拖动到画面中（如果看不到具体外观，可以单击 🔍 按钮），如图 7-18 所示。可以调整图形的大小、方向、颜色等，还可以将各种对象连接、组态，组成系统监控画面。

图 7-18　打开图库

（6）使用画面

画面以 Pdl 格式保存在项目目录的 Gracs 子目录下。下面首先介绍 WinCC 图形编辑器中比较特殊的几个用法。

①导出功能。导出功能位于"文件"菜单下，可将画面或选择的对象导出到其他文件中。导出的文件格式可为图元文件（.wmf）和增强型图元文件（.emf）。动态设置和一些对象指定属性将丢失，还可以以程序自身的 .Pdl 格式导出图形。当把通过 WinCC 导出的对象添加到画面上时，放大和缩小不会使对象变形。

②导入功能。导入功能位于"插入"菜单下。使用其他程序创建的图形可以作为图形对象、OLE 对象或可编辑图形插入图形编辑器中。可编辑图形必须是以 EMF 或 WMF 格式保存的向量图形。

③激活运行系统。运行系统位于"文件"菜单下。在图形编辑器中激活运行系统（单击工具栏上的 ▶ 按钮）。

2. 过程画面的创建与组态实例

例 7-1　以组态某水箱水位控制画面为例，创建过程如下。

在画面"NewPdl0.Pdl"中创建以下对象：按钮、一个水箱、管道、阀门和静态文本，如图 7-19 所示。其步骤如下所述：

①选择菜单命令"查看"→"库"，"显示对象库"→"全局库"→PlantElements→Tanks→Tank3，并将其拖至画面区域中。

②选择 Plant Elements→Pipes SmartObjects，选择 pipe 放置在画面中。

③选择 Plant Elements→Valves SmartObjects，选择 valve 放置在画面中。

④选择"标准对象"的"静态文本"，然后输入"水箱水位控制试验"，并设置字体大小、颜色。

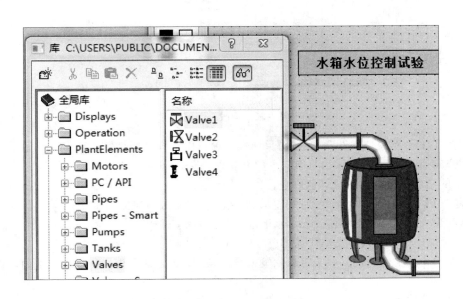

图 7-19　组态水箱水位画面

（1）更改 Tank3 对象的属性

画面上的图形要动态地变化，必须将对象的某个属性与变量相关联，设置如图 7-20 所示。

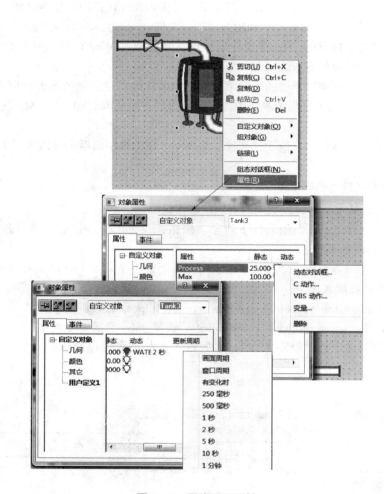

图 7-20　更改画面属性

①选择 Tank3 对象"属性"，在"对象属性"窗口中选择"属性"选项卡，然后单击窗口左边的"用户定义 1→Process→"动作"→"变量"→waterlevel（用户自行创建的 16 位内部变量），原来的白色灯泡此时变成绿色灯泡。

② 右击 Process 行，"当前"列处显示"2 秒"。从弹出的快捷菜单中选择"有变化时"命令。默认的最大值 100 和最小值 0 表示水池填满和空的状态值。

（2）添加一个"输入/输出域"对象

在画面水箱的上部增加另一个对象"输入/输出域"。此对象不但可以显示变量值，还可以改变变量值。

①在对象选项板上，选择"智能对象"→"输入/输出域"，并拖入绘图区；然后组态，与变量 waterlevel 相连；再设置更新、字体等，如图 7-21 所示。

②更改"输入/输出域"对象的属性，将限制值设置为 0～100。

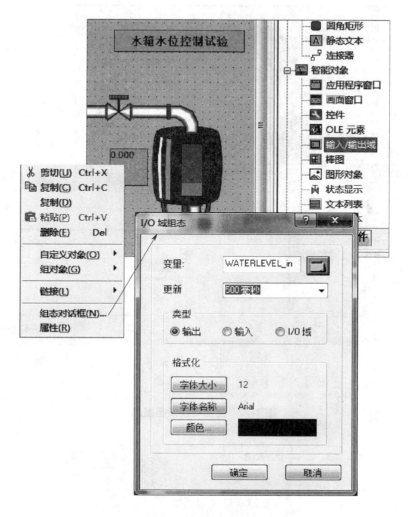

图 7-21　添加"输入/输出域"

（3）组态按钮属性

①选择"窗口对象"的"按钮"，并输入"画面切换"；然后调整大小及位置，完成基本组态。

②在画面中按钮"画面切换"上，右击，打开"按钮组态"对话框→"单击鼠标改变画面"，再选择画面 jiandan. Pdl。单击"确定"按钮，完成设置，如图 7-22 所示。

③在画面 jiandan. Pdl 中，设置按钮 start，并在设置"单击鼠标改变画面"中选择画面 NewPdl0. Pdl，完成按动按钮，实现两个画面间相互切换的组态设置。

④保存画面。

至此，画面组态完毕。

选择菜单命令"文件"→"激活"，也可直接单击工具栏上的激活图标运行工程。运行效果如图 7-23 所示。在"输入/输出域"中输入 0～100 范围内的数值，水箱的水位可随着发生变化；按动按钮，可实现两个画面 NewPdl0. Pdl 和 jiandan. Pdl 之间相互切换。

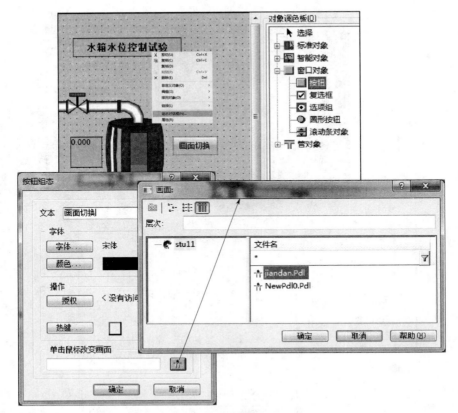

图 7-22　画面切换按钮组态

图 7-23　运行工程

7.3　对象的基本操作

7.3.1　对象的基本静态操作

WinCC 的对象包括标准对象、智能对象和 Windows 对象，它们位于对象选项板上。不同对象类型有不同的默认属性。可以更改对象的属性（包括文本输入、大小、字体等）。

7.3.2　对象属性的动态化

"对象属性"窗口包括两个选项卡，即"属性"和"事件"。"属性"选项卡中右边数据窗口中显示的列有："属性"、"静态"、"动态"等。

例 7-2　新建一个画面"NewPdl0.Pdl"，然后添加一个圆。用各种动态链接控制圆在平面的位置。

分析：圆在平面的位置由其坐标（X，Y）决定，且有"静态"和"动态"值区分，如图 7-24 所示。

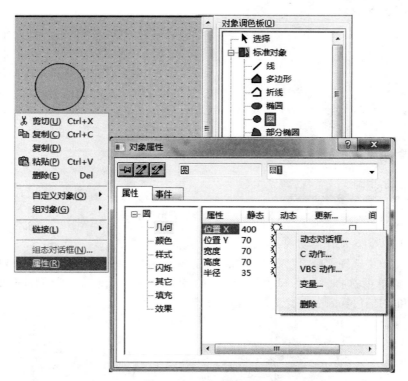

图 7-24　对象动态设置

"静态"列：表示静态的对象属性值，如果在"动态"列中没有组态，则静态值有效。

"动态"列：定义对象的动态属性值。组态后，对象可以动态变化。对象的动态链接可用动态对话框（红色闪电）、C 动作（绿色闪电 C 下标）、VBS 动作（蓝色闪电 VB 下标）和变量（绿色灯泡）来实现。白色灯泡表示没有动态链接。

方案一：用"动态对话框"实现。

选择图 7-24 中的"动态对话框"命令，弹出其设置界面"动态值范围"。与组态完成的无符号 16 位变量 CARX（见图 7-12）直接连接。当变量 CARX 的值发生变化时，圆的横坐标位置随之变化。

方案二：用"C 动作"实现。

①从快捷菜单中选择"删除"命令，删除前面所做的动态对话框链接。

②从快捷菜单中选择"C 动作"命令，在打开的"编辑动作"对话框（见图 7-25）右边编辑窗口的字符"}"前面一行输入如下语句：

```
return GetTagWord("CARX");        //区分大小写
```

③单击"确定"按钮，完成"C 链接"。

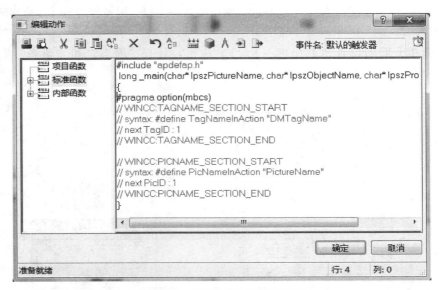

图 7-25   "C 动作"编辑对话框

方案三：用"VBS 动作"实现。

①从快捷菜单中选择"删除"命令，删除前面所做的动态链接。

②从快捷菜单中选择"VBS 动作"命令。在对话框右边窗口的"Function Top_Trigger (ByVal Item 和"End Function"之间输入以下语句：

```
Dim pos
Set pos= HMIRuntime.Tags("CARX")
pos. Read( )
Left Trigger= pos.Value
```

③单击"确定"按钮，完成"VBS 链接"。

方案四：用"变量"链接实现。

直接选择"变量"，与已生成的变量 CARX 链接，完成动态设置。

例 7-3   在 NewPdl0.Pdl 画面中增加一个按钮，将其"文本"属性改为"位置重置"，如图 7-26 所示。若它的作用是在单击此按钮时，将图 7-24 中圆的位置变量 cycle_pos 赋值为 0。

分别采用 3 种动作实现此鼠标单击功能。

图 7-26 鼠标的动态设置

方案一：用 "C 动作" 实现。在 C 动作编辑窗口中输入如下语句：

```
SetTagWord("cycle_pos", 0);
```

即单击按钮时，将变量 cycle_ pos 设置为 "0"。

方案二：组态为 "VBS 动作"。

在 VB 对话框右边窗口的 Sub 和 End Sub 之间输入以下语句：

```
Dim pos
Set pos= HMIRuntime. Tags( "cycle_pos")
pos. Write(0)
```

方案三：采用 "直接连接"。

采用 "直接连接"，弹出如图 7-26 所示的 "直接连接" 对话框，设置为：按鼠标左键时，将常数 0 赋值给变量 cycle_ pos 即可。

在设置新的动态链接时，必须先删除原有的动态设置，然后设置新的动态链接。分别保存画面，并测试。

7.3.3　ANSI-C 脚本

WinCC 可以通过使用 ANSI-C 或 VBScript 函数和动作动态化 WinCC 项目中的过程，而 AN-SI-C 或 VBScript 语言都可以进行函数及动作的编写。本节主要对 ANSI-C 脚本进行介绍，VBS 与 ANSI-C 很相似，读者可自行参考相关资料进行学习。

1. 动作与函数

动作由触发器启动，也就是由初始事件启动。函数没有触发器，作为动作的组件使用，并用在动态对话框、变量记录和报警记录中。触发器主要由定时器（时间）触发和变量触发，其类型如图 7-27 所示。

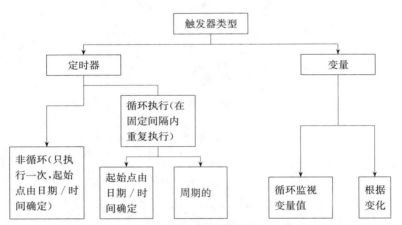

图 7-27 触发器类型

函数是一段可复用的代码，只能定义一次，不能由自己来执行。WinCC 包括许多函数。此外，用户还可以编写自己的函数和动作。动作又称触发函数，可以调用函数，没有参数返回。函数和动作的分类如图 7-28 所示。动作多由人机界面触发，它独立于画面的后台任务，如打印日常报表、监控变量或执行计算等。

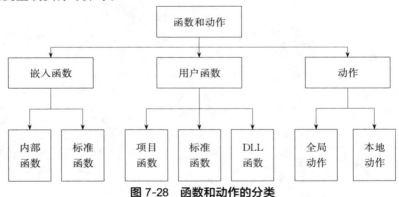

图 7-28 函数和动作的分类

项目函数仅在项目内可识别，标准函数和内部函数可以应用于项目函数，内部函数不可更改。所有函数都可以应用于动作，全局动作可应用于所有项目计算机。

如果在多个动作中必须执行同样的计算，而只是具有不同的起始值，则最好编写函数来执行该计算。然后，在动作中可以用当前参数方便调用该函数。

2. ANSI-C 脚本应用举例

这里创建一个关于工程值转换的函数，将以 0.1 的精度显示当前实际温度值。PLC 只处理数字量，实际温度首先被传感器或变送器转换为标准量程的电压或电流信号，如温度传感器测量温度范围为 −20～+80 ℃（满程测量），对应的输出信号为 4～20 mA 的电流；模拟量模块再将 4～20 mA 的电流转换为 0～27 648 的数字量。

根据要求可知，4～20 mA 模拟量对应的数字量为 0～27 648，即温度 −20～+80 ℃ 对应的

数字量为 0～27 648，根据比例关系可知

$$\frac{实际温度值-温度下限}{A/D\ 转换值}=\frac{温度上限值-温度下限值}{27\ 648}$$

所以

$$实际温度值=\frac{(温度上限值-温度下限值)\times A/D\ 转换值}{27\ 648}+温度下限值$$

对于本例的计算公式可变为

$$实际温度值=\frac{[80-(-20)]\times A/D\ 转换值}{27\ 648}+(-20)=\frac{100\times A/D\ 转换值}{27\ 648}-20$$

设实际温度转换后的数值为 AD _ Value，其上限为 UpValue，下限为 DownValue，实际温度为 T，现在创建一个函数，用于数值转换。

在 WinCC 项目管理器中，右击"全局脚本"，在弹出的快捷菜单中选择"打开 C 编辑器"命令（见图 7-29）从而打开"全局脚本 C"窗口。在窗口左边浏览树中右击，在弹出的快捷菜单中选择"新建"命令，在右边打开的代码编辑窗口中输入如下代码：

```
float ValueConversion(float UpValue float DownValue,floatAD_Value)
{float Temp;
Temp= ( UpValue-DownValue)* AD_Value/27648+ DownValue;
return Temp;}
```

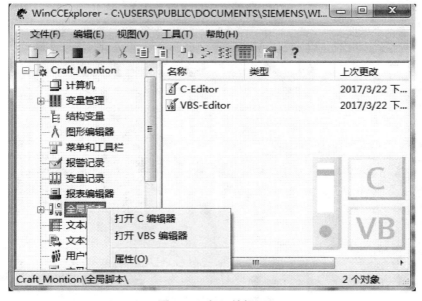

图 7-29　打开编辑器

单击工具栏中的编辑按钮（右五位置）进行编辑，如编辑无误，存盘为 ValueConversion 函数，所创建函数将显示在"项目函数"的下方，如图 7-30 所示。

创建 C 动作。C 动作可分为针对对象的 C 动作和全局性的 C 动作。

①创建针对对象的 C 动作前必须选定触发对象。在实际应用中，温度转换这个过程必须时刻进行，而不是用局部动作（比如单击）来触发。本例将创建一个全局动作，通过调用刚才创建的项目函数以实现数值的转换。在创建全局动作前，先创建两个内部变量 Temp _ AD 与 Temp _

Dis，用于模拟输入模块的输入值和实际温度的显示，两变量的数据类型都设为 32 位浮点数。为了直观，可以在图形编辑器创建一个画面，在画面中添加两个"输入/输出域"并和这两个变量相连，每个"输入/输出域"名称用静态文本标签标出。

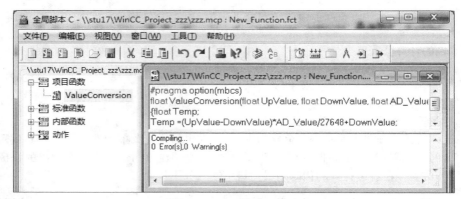

图 7-30　C 函数的设计

②创建全局脚本和创建项目函数一样，也使用"全局脚本 C"窗口。在此窗口的导航栏中右击"全局动作"，在弹出的快捷菜单中选择"新建"命令，如图 7-31 所示。

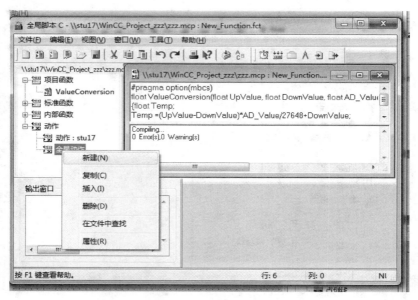

图 7-31　新建全局脚本

动作编辑器打开后，显示了动作的基本框架。新创建的动作已经包含 ♯ include "apdefap.h"。所有函数（项目函数、标准函数和内部函数）都在该动作中注册。动作的代码从两部分开始。在第一部分中，必须声明所使用的全部变量；第二部分是所使用的全部画面名称。当动作创建时，两部分都已经以注释的形式出现。前三行既不能被删除也不能被修改。也就是说，不需要用特殊的方法，就可以从每个动作中调用任一函数，每个动作都具有类型为整型的返回值。动作的返回值可用于与 GSC 运行系统的连接，以便达到诊断目的。

在编辑窗口内输入以下代码：

```
#include "apdefap.h"
int gscAction(void)
{
  float t,t1;
  t1= GetTagFloat("Temp_AD");
  t= ValueConversion(80,20,t1);
  SetTagFloat("Temp_Dis",t);
  return 0;
}
```

代码输入后，编译并保存，其名称为 Dis_Convert.pas，将显示在浏览窗口中的"全局动作"下，如图 7-32 所示。

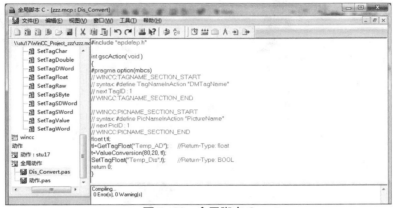

图 7-32　全局脚本 C

动作必须组态一个触发器才能执行，单击"全局脚本 C"窗口工具栏上的触发器按钮 （右六位置），打开"属性"对话框，如图 7-33 所示。

图 7-33　触发器的添加和设定

单击图 7-33 中的"触发器"选项卡，可以看出触发器有定时器和变量两种形式，这里选择定时器触发方式里的周期触发，单击"添加"按钮，打开"添加触发器"对话框，这里事件选择"标准周期"，触发器名称设为 Temp ＿ Trigger，周期为 2 s。

全局脚本运行时，需先激活运行系统。在 WinCC 项目管理器中打开"计算机属性"对话框，激活全局脚本运行系统，如图 7-34 所示。

图 7-34 激活全局脚本运行系统

为了验证全局动作的正确性，用变量模拟器（见 7.4.2 节）对变量 Temp ＿ Dis 的变化进行模拟，Temp ＿ Dis 选择 Sine 模拟，Amplitude 和 Zero Point 都设为 13 824（27 648/2），这是因为模拟量输入模块的输入为 27 648，循环周期设为 100 s 激活后运行图形编辑器，如周期设置得较短则可能出现 WinCC 运行系统的显示滞后于模拟器输出的情况，其输出如图 7-35 所示。通过全局脚本的测试，发现当模拟量输入模块输入变化时，对应的实际温度也发生了改变，只是在有些情况下有所延迟，但总体能反映输入量的变化。

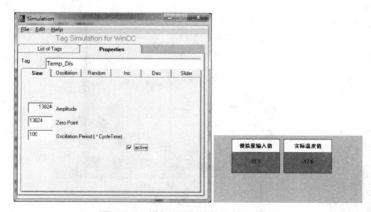

图 7-35 模拟器设置以及输出显示

7.3.4　使用图形编辑器的练习

本节将通过一些典型案例的练习，让读者熟悉 WinCC 的对象操作方法。读者可以按照步骤自行练习。

例 7-4　on/off 开关的切换显示。

现有两个按钮"启动"和"停止"。"启动"为绿色，"停止"为红色。单击"启动"按钮后，"停止"按钮显示，"启动"按钮隐藏，同时将关联变量 sbl 置"1"；单击"停止"按钮后，"启动"按钮显示，"停止"按钮隐藏，变量 sbl 置"0"。

组态步骤如下：

①新建一个内部变量 sb1，变量类型为"二进制变量"。

②在画面上增加两个按钮："启动"（绿色）、"停止"（红色）；一个"输入/输出域"，与 sb1 连接。

③组态"启动"按钮，选择菜单命令"对象属性"→"事件"→"鼠标左键"→"常数 1"→"变量 sb1"。

④组态"停止"按钮，选择菜单命令"对象属性"→"事件"→"鼠标左键"→"常数 0"→"变量 sb1"

⑤组态"启动"按钮，选择菜单命令"对象属性"→"属性"→"其他"→"显示"→"动态对话框"。当 sb1＝1 时，隐藏；当 sb1＝0 时，显示。

⑥ 将"启动"按钮叠放在"停止"按钮之上，保存并运行。

例 7-5　使用状态显示对象。

通过"状态显示对象"，可以定义在某一变量为不同值时显示不同的图形对象。

组态步骤如下：

①创建一个名为 left_r 的二进制变量。

②在画面上用"多边形"对象，画一个向右的三角形。

③选择该三角形后，选择菜单命令"文件"→"导出"，弹出"保存为图元文件"对话框。输入文件名 right，然后单击"保存"按钮。

④画面中的三角形旋转向左，重复上述操作，然后存于 let. Emp。

⑤画面上添加一个智能对象"状态显示"，然后打开"状态显示组态"对话框。

⑥ 在画面上增加一个"I/O"域，与二进制变量 left_r 连接。在运行状态下，在画面"I/O"域中输入"0"或"1"，测试运行结果。

例 7-6　画中画。

本例使用两个画面。较大画面的名称为 start. Pdl，小画面的名称为 disp_speed. Pdl。

大画面包含小画面。默认情况下，小画面不显示。当单击大画面上的"显示"按钮时，显示小画面；当单击小画面上的"隐藏"按钮时，小画面隐藏。

组态步骤如下：

①新建一个画面，命名为 disp_speed. Pdl，然后添加 3 个对象：

a. "输入/输出域"，与 motor_actual（无符号 16 位）相连。

b. 按钮：文本为"隐藏"，对按钮的"按左键"组态"直接连接"（源：常数 0；目标：当前窗口）。

c. WinCC Gauge Control 控件，控件的 value 与 motor_actual 相连。

d. 将 disp＿speed. Pdl 画面的宽度和高度分别设置为 200 和 250，即完成了该画面的组态。

② 打开 start. Pdl 画面，组态如下：

a. 选择"智能对象"→"画面窗口"，宽度设为 210，高度设为 260；显示选择"否"；标题选择"是"；边框选择"是"；画面名称选择 disp＿speed. Pdl；标题选择"电机速度"。

b. 选择"按钮"对象→"鼠标左键"→"直连"→"源（1）"→"目标"〔"画面中的对象"→"对象"栏（"画面窗口 1"）〕；在"属性"栏中选择"显示"。

c. 保存画面，单击工具栏的"运行"按钮，测试组态画面。在初始画面上，只有两个按钮。当用鼠标左键单击"显示速度"按钮时，显示"电机速度"画面。在"I/O"域中输入数据，表盘随之变化；单击"隐藏"按钮时，"电机速度"画面消失。

例 7-7 多台电机监控画面组态。

现有 3 台电机，每台电机的属性有：速度设定值、速度实际值、电机启动/停止、电机手动/自动。组态一个可以显示 3 台电机的画面。

组态步骤如下：

①创建结构变量，改变变量数 motor，在此结构下建立 4 个结构元素：set（速度设定值）、actual（速度实际值）；改变变量数据类型、选择变量是内部变量或外部变量。为测试方便，均选择为内部变量。

②建立 3 个内部结构变量：motor1、motor2 和 motor3。变量的数据类型为 motor 结构。

新建一个 motorvalue. Pdl 画面，然后在画面中添加两个"静态文本"、"输入/输出域"、"棒图"，步骤如下：

①调整画面中对象的大小和画面的大小（200，280），并保存画面。

②新建另一个画面 status. Pdl，并在画面中添加 3 个"画面窗口"对象。选择画面 1 设置对象属性："边框"和"标题"设为"是"；"画面名称"设为"motorvalue. Pdl"；"变量前缀"设为"motorl1."（注意：最后有个点）；"标题"设为"1 号电机"；并依次设置另外两幅画面的属性。将 3 个画面的宽度、高度分别设置为 210、330。

7.4 WinCC 项目的运行

7.4.1 设定 WinCC 运行系统的属性

改变 WinCC 的一些属性值，这些值将影响项目在运行时的外观。

①单击 WinCC 项目管理器浏览窗口上的计算机图标，然后选择"属性"→"计算机属性"→"图形运行系统"→"浏览"→start. Pdl，设置系统运行时的启动画面。

②选择"标题"、"最大化"、"最小化"等属性，然后单击"确定"按钮，关闭对话框。

7.4.2 使用变量模拟器

如果 WinCC 没有连接到 PLC，而又想测试项目的运行情况，可使用 WinCC 提供的工具软件——变量模拟器（WinCC TAG Simulator）来模拟变量的变化。

①单击 Windows 任务栏的"开始"按钮，并选择菜单命令 SIMATIC→WinCC→Tools→

WinCC TAG Simulator，启动变量模拟器，如图 7-36 所示。

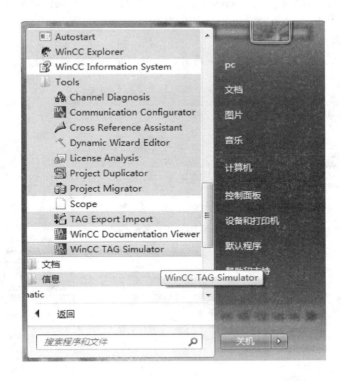

图 7-36 启动变量模拟器

②在 Simulation 对话框中，选择菜单命令 Edit→New Tag，然后从变量选择对话框中选择要仿真的变量，这里对 7.2.3 节中的例 7-1 进行仿真，选择 WATERLEVEL_in 变量，如图 7-37 所示。

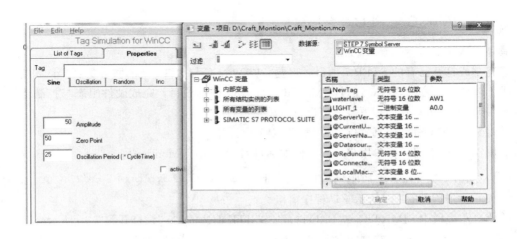

图 7-37 选择要仿真的变量

③在"属性"选项卡中，单击 Inc 选项卡，选择变量仿真方式为"增1"。

④输入起始值"0"，终止值"100"，并选中右下角的 active 复选框，如图 7-38 所示。在 List of Tags 选项卡中，单击 Start Simulation 按钮，开始变量模拟。WATERLEVEL-in 值不停地在 0 至 100 之间循环变化。

注意：只有当 WinCC 项目处于运行状态时，变量模拟器才会正常运行。

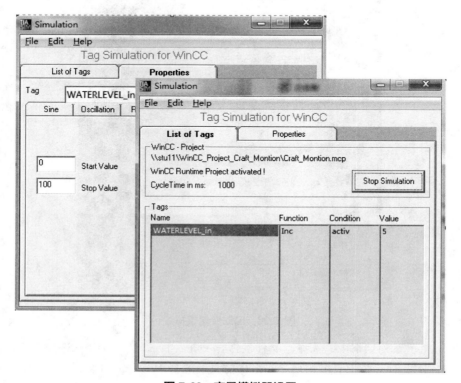

图 7-38　变量模拟器设置

7.4.3　WinCC 与 PLC 联合仿真

具体步骤如下：

①建立或打开已有的 STEP 7 项目。想要完成 WinCC 与 STEP 7 的联合仿真，首先要根据控制要求，按照第 5 章的内容，通过 SIMATIC Manager 创建项目，完成硬件组态与控制组态，并打开 S7-PLCSIM 仿真软件，下载程序进行调试与运行。

②打开 S7-PLCSIM 仿真软件，下载 STEP 7 项目并运行。

③用 WinCC 创建一个单用户项目（例如项目名为 Craft _ Montion）。

④为 Craft _ Montion 添加驱动程序。找到 **SIMATIC S7 Protocol Suite.chn** 单击"打开"（见图 7-5），可打开图 7-39 所示驱动程序窗口。

⑤单击左边栏中 SIMATIC S7 PROTOCL SUITE 前边的"⊞"，打开图 7-40 所示窗口。

⑥双击 MPI，在窗口右侧的空白区域内，右击，添加"新驱动程序的链接"，弹出连接属性窗口进行组态，单击"确定"按钮后回到前一个窗口，再单击"确定"按钮（见图 7-7）。出现图 7-41 所示窗口表示连接成功。

图 7-39 驱动程序窗口

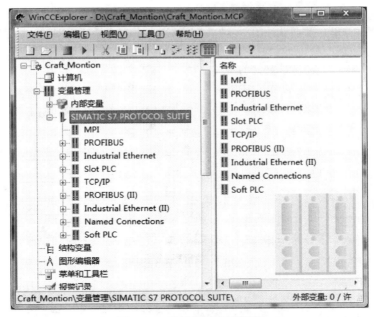

图 7-40 选择外部变量通道

⑦双击 NewConnection 后，在右侧控制窗口建立变量，如图 7-42 所示。

⑧根据设计需要对变量进行组态与设置，包括对变量进行命名、选择与 S7 程序连接的数据地址，以便显示和控制，如图 7-43 所示。

以变量 TimerValue 为例，其组态结果如图 7-44 所示。

⑨若有需要，可建立控制 WinCC 的内部变量。通过右击左侧"内部变量"来建立，如图 7-45 所示。

⑩单击窗口左边栏中"图形编辑器"，然后在窗口右侧的空白处右击，选择"新建画面"命令。

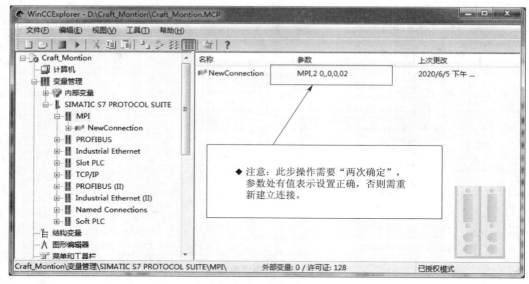

图 7-41　连接成功

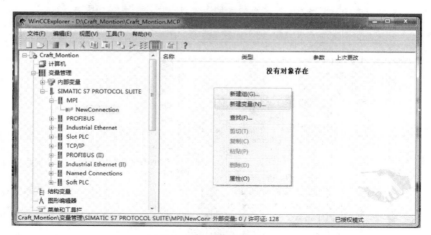

图 7-42　新建变量窗口

图 7-43　变量的建立

⑪双击新建的画面，打开画面编辑器，进行画面组态与设置，组态好的画面如图 7-46 所示。

图 7-44　变量 TimerValue 属性组态

图 7-45　组态项目的内部变量

这里以图中小车运动的组态方法为例，按照 7.2.3 节介绍的内容进行组态。

a. 首选选择菜单命令"视图"→"库"，然后在"库"里找到小车的图形。

b. 右击小车，选择"对象属性"命令，打开属性对话框，找到"位置 X"，在"动态"一栏内右击，出现图 7-47 所示菜单。

c. 选择"C 动作"命令后，出现编辑动作对话框，进行程序编辑，如图 7-48 所示。

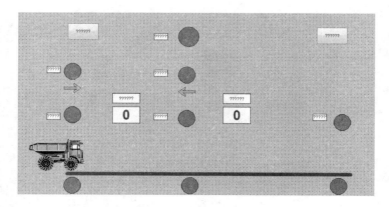

图 7-46　小车运动控制组态画面

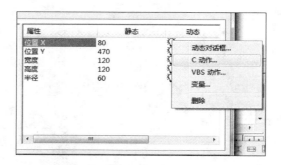

图 7-47　小车的位置组态

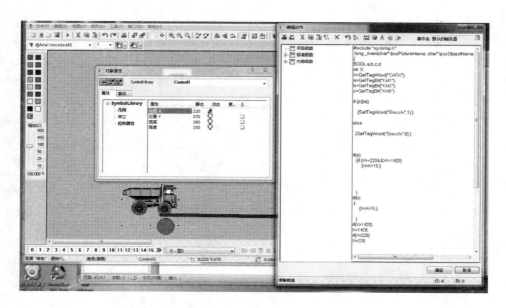

图 7-48　小车动作编辑

基本程序如下：

```
long_main(char* lpszPictureName, char* lpszObjectName, char* lpszPropertyName)
{BOOLa,b,c,d;
int   X;
X= GetTagWord("CARX");
a= GetTagBit("KM1");
b= GetTagBit("KM2");
c= GetTagBit("KM0");

if ((c||a)
   {SetTagWord("Biaozhi",1);}
else
   {SetTagWord("Biaozhi",0);}
if(a)
   {if (X> = 220&&X< = 1420   }
if(b)
   {X= X-15;}
if(X> 1420)
X= 1420;
if(X< 220)
X= 220;
   if(X== 220)
     {SetTagBit("CK0",1);}
   else
     {SetTagBit("CK0",0);}
   if(X== 880)
     {SetTagBit("CK1",1);}
   else
     {SetTagBit("CK1",0);}
      if(X== 1410)
     {SetTagBit("CK2",1);}
   else
     {SetTagBit("CK2",0);}
SetTagWord("CARX",X);
return X;}
```

d. 编辑完成以后，单击"确定"按钮。

e. 除此以外，还可以对小车的外观进行组态。选择"属性"中"对象属性"，可得到如图 7-49 所示对话框。

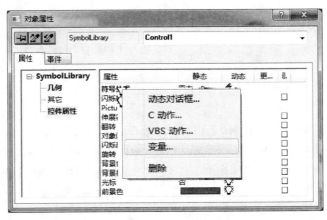

图 7-49　对象属性组态

f. 找到第一行"符号外观",在动态下方右击,在弹出的快捷菜单中选择"变量"命令。

g. 然后进行组态设置,如图7-50所示。

图 7-50　组态设置

⑫ 按照本章第 2 节和第 3 节介绍的方法,依次对其他画面中的控件按照设计要求和需要组态完毕后,单击工具栏中 █ 按钮保存画面。

⑬ 单击工具栏中 ▶ 按钮,激活画面,验证控制过程,并根据设计任务要求进行改进。

需要指出的是,如果 STEP 7 可以与 S7-PLCSIM 建立通信,WinCC 激活了没有反应,可按如下步骤操作:

①打开 WinCC 工程管理器,右击"变量管理",选择"添加新的驱动程序"→SIMATIC S7 PROTOCOL SUITE。

②右击其下的 MPI,选择"新驱动程序的链接"→"属性",根据 STEP 7 中硬件组态将机架号和插槽号设置好;再从 MPI 右键快捷菜单中选择"系统参数"→"单元 5261",逻辑设备名称选择 MPI。

③将变量建立或粘贴到 MPI 驱动方式的下面。

④将 WinCC 启动项里面的变量记录、图形编辑器等有用项选上,运行 WinCC,查看"工程管理器"→"工具"→"驱动程序连接状态"里面是否为"确定"。如确定,则证明 WinCC 与仿真 PLC 已建立通信,前提是仿真 PLC 必须运行且打在 RUN 或 RUN-P 状态。

可以通过以下方法检查 WinCC 与 S7-PLCSIM 是否已经建立通信:

单击"开始"按钮,选择 WinCC→Tools→Channel Diagnosis,如图 7-51 所示。如果诊断结果如图 7-52 所示,即通道连接和新连接前为红色的叉或者⚠️,则表明通道没有连接成功,此时检查仿真器是否运行,即 RUN 复选框是否勾选,如果勾选后结果如图 7-53 所示,即通道连接和新连接前为绿色的对号,则表明连接成功。

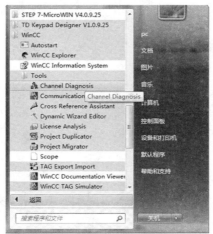

图 7-51 通道诊断

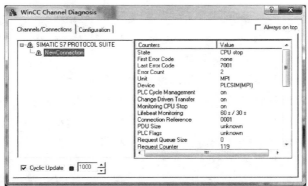

图 7-52 通信连接不成功

图 7-53 通信连接成功

第 2 篇
课程设计的要求与备选题目

分布式控制系统课程设计是紧接分布式控制课程的实践环节。本课程设计要求利用西门子系列 PLC 的软件平台 STEP7 和 WinCC 来组态分布式控制系统，达到能够运用所学过的理论知识和平台解决实际分布式控制问题的目标。

基于第一篇中的软件知识、项目的组态设计方法和编程实例，在掌握分布式控制系统设计的核心思想和基本理论知识以后，根据具体的任务和要求即可进行课程设计环节。

本篇由两章组成。第 8 章首先针对分布式控制系统课程设计的实践教学环节安排给出建议和要求，给出了具体的评价标准供读者参考；接着列出了工程实践中控制系统的设计原则和步骤，方便读者基于工程思路来解决具体的控制问题。第 9 章则罗列了课程设计可选的参考题目，给出了基本的控制要求和设计目标，要求利用 STEP 7 和 WinCC 完成课程设计。本篇内容在本课程设计中的作用如下图所示。

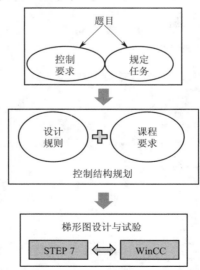

读者可以结合课程要求和具体设计目标实现，也可以通过查阅相关资料来深化设计内容，从而得到更加全面的锻炼。

第 8 章
分布式控制系统课程设计要求

在掌握了软硬件的使用方法，学会利用 STEP 7 和 WinCC 进行项目设计以及联合实现分布式控制系统之后，读者就可以准备进行分布式控制系统课程设计了。但在动手之前，要先明确课程要求和工程中控制系统的设计原则，这样便于提前做出规划，设计出更加专业的解决方案。

8.1 课程设计要求与成绩评定

分布式控制系统课程设计需要 30 学时，1～3 学时主要是讲解与演示，介绍如何利用 STEP 7 以及 WinCC 软件进行分布式控制系统的搭建，以及利用 STEP 7 和 WinCC 进行硬件组态、梯形图程序设计、控制组态、界面组态的基本方法；第 4 学时让学生自行熟悉软件的使用，进行答疑与题目分配；第 5～29 学时为学生自主设计时间；第 30 学时为作品展示、讲解与答辩，上交实验报告。

在利用 STEP 7 进行项目组态时尽量按照解决工程问题的 PLC 设计原则和步骤进行（详细内容见本章第 2 节），以培养学生良好的工程思维。

本课程设计要求学生在设计时完成以下指定动作：

①认真阅读选题的介绍和控制要求，调研相关资料，详细了解和分析控制过程。

②设计 STEP 7 控制程序结构，并画出控制流程图。

③根据 PLC 控制系统设计步骤和原则，按照题目要求进行硬件组态。

④根据设计结构和控制流程完成梯形图控制程序，设计输入/输出分配表。

⑤设计好控制程序后用仿真器 S7-PLCSIM 进行调试和程序验证。

⑥ 通过 WinCC 软件完成控制组态及监控画面组态。

⑦作品展示与答辩。

⑧形成课程设计报告，报告要求至少包括以下内容：

a. 课程背景介绍与工作过程分析。

b. 具体实施方案（包括程序结构设计和流程图）。

c. 硬件选择与组态。

d. 输入/输出口的分配（标签表）。

e. 梯形图控制程序与 S7-PLCSIM 仿真结果。

f. WinCC 控制组态与画面组态。

g. 联合仿真结果与总结。

h. 参考文献。

本课程设计要求学生以 2～3 人为一组，自由组队，第 5 课时前完成组队、选择队长等工作，最后通过组长抽签的方式在题目库（见本章第 2 节）中抽取题目，按照题目中的控制要求和设计任务的要求完成课程设计内容，答辩并上交课程设计报告后方可取得本课程设计环节的最终成绩。

最终成绩评定包括设计过程表现与实验报告（含答辩）相结合（实验报告 50％＋设计过程 50％）。考核成绩分 A、A-、B＋、B、B-、C＋、C、C-、D、F 五等十级，具体内容如表 8-1 所示。

表 8-1　考核等级评定及其标准

评定为 A	设计合理;说明书条理清晰,书写规范、完整;答辩中概念清楚;或很有创新(结构化编程或 C 动作)
评定为 A-	设计合理;说明书条理清晰,书写规范、完整;答辩中概念清楚;或有创新
评定为 B+	设计合理;设计说明书合理,书写规范,内容基本完整;答辩中概念基本正确
评定为 B	设计基本合理;设计说明书合理,书写规范,内容基本完整;答辩中概念基本正确
评定为 B-	设计基本合理;设计说明书基本合理,书写规范,内容基本完整;答辩中概念基本正确
评定为 C+	设计中有少量错误;设计说明书无大错误,内容基本完整;答辩无原则性错误
评定为 C	设计中有少量错误;设计说明书无大错误,内容基本完整;答辩基本无原则性错误
评定为 C-	设计中有少量错误;设计说明书无大错误,内容基本完整;答辩基本无原则性错误
评定为 D	设计中有错误;设计说明书条理不清或有非原则错误;答辩中概念不清
评定为 F	设计中有原则性错误;设计说明书有原则性错误;答辩中有原则错误

8.2　控制系统的设计原则与一般步骤

1. 控制系统设计的基本原则

控制系统的设计原则就是为了实现被控对象（生产设备或生产过程）的工艺要求，保证生产过程安全、可靠、稳定地运行，提高生产效率和产品质量。由于本课程设计利用 PLC 控制系统软件完成，因此，这里主要介绍设计 PLC 控制系统时应遵循的基本原则：

①最大限度地满足被控对象和用户的控制要求。PLC 控制系统设计的首要任务就是要充分满足被控对象对控制系统提出的要求，这也是 PLC 控制系统设计中最重要的原则。

为了实现系统的控制目标，设计人员应对被控对象和生产现场进行深入细致的调查研究，详细收集有关的设计资料，包括生产现场的作业环境、生产设备的相关参数、控制设备的操作方式和操作顺序，以及相关的管理经验等。在制订控制方案时，要与现场的管理人员、技术人员及操作人员共同研究，紧密配合，共同拟订控制方案，解决设计中的疑难问题和重点问题。

在制订控制系统的控制方案时，要从工程实际出发，充分考虑系统功能的组成及实现，主要从以下几方面考虑：

a. 机械部件的动作顺序、动作条件、必要的保护和联锁。

b. 系统的工作方式（如手动、自动、半自动）。

c. 生产设备内部机械、电气、仪表、气动、液压等各个系统之间的关系。

d. PLC 与上位计算机、交/直流调速器、工业机器人等智能设备的关系。

e. 系统的供电方式、接地方式及隔离屏蔽问题。

f. 网络通信方式。

g. 数据显示的方式及内容。

h. 安全保护措施及紧急情况处理。

②保证控制系统的安全可靠，简单有效。确保 PLC 控制系统安全可靠、长期稳定地连续运行，这是任何一个控制系统的生命线。为此，控制方案的制订、控制设备的选择及应用程序的编制方面都要建立在确保控制系统安全可靠的基础上。

在操作上，要保证系统操作的简单有效，尤其是在设计控制程序时，不仅要保证在正常的工作条件下的正确运行，还必须充分考虑到在非正常的工作条件下（如电源突然掉电再上电、操作人员的误操作、非法操作等），系统仍能正常工作。要求控制程序只能接受合法操作，拒绝非法操作。

③在满足控制要求的前提下，尽量减少工程成本和维护费用，使用及维修方便。任何一个控制系统都能改进作业环境，提高劳动生产率，改进产品质量。但是，如何在满足生产工艺要求的前提下，设计一个低成本、低维护费用的 PLC 控制系统，这也应当是进行 PLC 控制系统设计时要考虑的一个基本设计原则，使得设计出来的 PLC 控制系统既高效，又经济、实用。

④考虑到生产的发展和工艺的改进，在选择 PLC 容量时，应适当留有扩展裕量。PLC 具有易于系统扩展的能力，以 PLC 作为主控制器的控制系统，要考虑和利用 PLC 这种易于系统扩展的能力。在进行 PLC 控制系统设计时，要考虑到今后生产工艺的改进和控制功能补充问题。在进行 PLC 控制系统组合时，PLC 的 I/O 点及功能要留有适当的裕量。

2. 控制系统软件设计

软件设计就是编写具体的用户程序，几种典型的 PLC 控制程序的编写方法如下：

①转换编写法。这是一种模仿继电器控制线路图的编程方法，其编程元件的名称和图形与继电器控制线路图都非常相近。原继电器控制线路可以很容易地转换成梯形图语言，尤其对于熟悉继电器控制的技术人员，这是最方便的编程方法。

编写步骤：

a. 了解和熟悉被控设备的工艺过程和机械的动作情况，根据继电器电路图分析和掌握控制系统的工作原理，这样才能在设计和调试系统时心中有数。

b. 确定 PLC 的输入信号和输出信号，画出 PLC 的外部接线图。继电器控制电路图中的交流接触器和电磁阀等执行机构的硬件线圈接在 PLC 的输出端，用 PLC 的输出继电器来驱动。按钮开关、限位开关、接近开关、控制开关等的触点接在 PLC 的输入端，用来给 PLC 提供控制命令和反馈信号。在确定了 PLC 的各输入信号和输出信号对应的输入继电器和输出继电器的元件号后，可画出 PLC 的外部接线图。

c. 确定 PLC 梯形图中的辅助继电器（M）和定时器（T）的元件号。继电器控制电路图中的中间继电器和时间继电器的功能用 PLC 内部的辅助继电器和定时器来替代，并确定其对应关系。

d. 根据上述对应关系画出 PLC 的梯形图。第 b 步和第 c 步建立了继电器电路图中的硬件元件和梯形图中的软元件之间的对应关系，将继电器电路图转换成对应的梯形图。

e. 根据被控设备的工艺过程和机械的动作情况以及梯形图编程的基本规则，优化梯形图，使梯形图既符合控制要求，又具有合理性、条理性和可靠性。

②逻辑流程图法。逻辑流程图法是用逻辑框图表示系统的工艺流程。生产工艺的进行过程就是 PLC 程序的执行过程。它非常明确地表示了每道工序输出与输入的因果关系及联锁条件，使得编程思路清晰，便于阅读和分析程序，也便于调试程序和查找故障点。

逻辑流程图法就是应用逻辑代数以逻辑组合的方法和形式设计程序。逻辑流程图法的理论基础是逻辑函数。逻辑函数就是逻辑运算与、或、非的逻辑组合。因此，从本质上来说，PLC梯形图程序就是与、或、非的逻辑组合，也可以用逻辑函数表达式来表示。

a. 基本方法。用逻辑流程图法设计梯形图，必须在逻辑函数表达式与梯形图之间建立一一种一对应关系，即梯形图中常开触点用原变量（元件）表示，常闭触点用反变量（元件上加一小横线）表示。触点（变量）和线圈（函数）只有两个取值"1"与"0"，1表示触点接通或线圈有电，0表示触点断开或线圈无电。

触点串联用逻辑"与"表示，触点并联用逻辑"或"表示，其他复杂的触点组合可用组合逻辑表示，它们的对应关系如表8-2所示。

表 8-2　逻辑函数表达式与梯形图的对应关系

逻辑函数表达式	梯形图	逻辑函数表达式	梯形图
逻辑"与" $Q0.0 = I0.0 \cdot I0.1$	I0.0 I0.1 Q0.0	"与"运算式 $M0.1 = I0.0 \cdot I0.1 \cdots Ix.x$	I0.0 I0.1 Ix.x Q0.0
逻辑"或" $Q0.0 = I0.0 + I0.1$	I0.0 Q0.0 / I0.1	"或与"运算式 $Q0.1 = (I0.0 + \overline{M0.1}) \cdot I0.1 \cdot I0.2$	I0.0 I0.1 I0.2 Q0.0 / Q0.0
逻辑"非" $Q0.0 = \overline{I0.0}$	I0.0 Q0.0	"与或"运算式 $Q0.1 = (I0.0 \cdot I0.1) + (I0.2 \cdot I0.3)$	I0.0 I0.1 Q0.0 / I0.2 I0.3

b. 设计的步骤：

● 通过分析控制要求，明确控制任务和控制内容。

● 确定 PLC 的软元件（输入信号、输出信号、辅助继电器 M 和定时器 T），画出 PLC 的外部接线图。

● 将控制任务、要求转换为逻辑函数（线圈）和逻辑变量（触点），分析触点与线圈的逻辑关系，列出真值表。

● 写出逻辑函数表达式。

● 根据逻辑函数表达式画出梯形图。

● 优化梯形图。

③经验法编程。经验法编程就是运用自己或别人的经验编写 PLC 控制程序。所谓运用自己的经验是指采用自己熟悉的编程方法，或对以前编写的工艺相近的控制程序进行修改。所谓运用别人的经验是指借鉴别人的设计经验，参考有关资料介绍的典型控制程序来编写 PLC 控制程序。

经验法是用设计继电器电路图的方法来设计比较简单的开关量控制系统的梯形图。这种方法没有普遍的规律可以遵循，具有很大的试探性和随意性，最后的结果不是唯一的，设计所用的时间、设计的质量与设计者的经验有很大的关系，一般用于较简单的梯形图的设计。

a. 基本方法。经验法是在一些典型电路的基础上，根据控制系统的具体要求，经过多次反复调试、修改和完善，最后才能得到一个较为满意的结果。用经验法设计时，可以参考基本电路的梯形图或以往的一些编程经验。

b. 设计步骤：

● 在准确了解控制要求后，合理地为控制系统中的信号分配 I/O 接口，并画出 I/O 分配图。

● 对于一些控制要求比较简单的输出信号，可直接写出它们的控制条件，依启保停电路的编程方法完成相应输出信号的编程；对于控制条件较复杂的输出信号，可借助辅助继电器来编程。

● 对于较复杂的控制，要正确分析控制要求，确定各输出信号的关键控制点。在以空间位置为主的控制中，关键点为引起输出信号状态改变的位置点；在以时间为主的控制中，关键点为引起输出信号状态改变的时间点。

● 确定了关键点后，用启保停电路的编程方法或基本电路的梯形图，画出各输出信号的梯形图。

● 在完成关键点梯形图的基础上，针对系统的控制要求，画出其他输出信号的梯形图。

● 在此基础上，审查以上梯形图，更正错误，补充遗漏的功能，进行最后的优化。

3. 设计的一般步骤

一般情况下，PLC 应用系统的设计包括硬件设计和应用控制软件设计两大部分。硬件设计主要是选型设计和外围电路的常规设计，应用软件设计则是依据控制要求和 PLC 指令系统来进行的。设计 PLC 控制系统的一般步骤如下：

①明确任务要求和技术条件。根据生产工艺过程分析控制要求，如需要完成的动作（动作顺序、动作条件、必需的保护和联锁等）、操作方式（手动、自动、连续、单周期、单步等）。

②选择合适的 PLC 类型。根据已确定的用户 I/O 设备，统计所需的输入信号和输出信号的点数，选择合适的 PLC 类型，包括机型的选择、容量的选择、I/O 模块的选择、电源模块的选择等。

③确定所需的用户 I/O 设备。常用的输入设备有按钮、选择开关、行程开关、传感器等，常用的输出设备有继电器、接触器、指示灯、电磁阀等。

④确定系统总体设计方案。根据被控对象对 PLC 控制系统的功能要求，确定系统总体设计软硬件方案，分配 PLC 的 I/O 点，编制出 I/O 分配表或者画出 I/O 端子的接线图。接着进行 PLC 程序设计，同时也可进行控制柜或操作台的设计和现场施工。

⑤设计应用系统程序，根据工作功能块图或状态流程图等进行编程。这步是整个应用系统设计中最核心的工作，也是比较困难的一步。要设计好程序，首先要十分熟悉控制要求，同时还要有一定的电气设计的实践经验。

⑥ 将程序输入 PLC。当使用可编程序控制器的辅助编程软件在计算机上编程时，可通过上下位机的连接电缆将程序下载到 PLC 中。

⑦进行软件测试。程序输入 PLC 后，应先进行测试工作。由于在程序设计过程中，难免会有疏漏，因此在连接到现场设备之前，必须进行软件测试，以排除程序中的错误，同时也为整体调试打好基础，缩短整体调试的周期。

⑧应用系统整体调试。在 PLC 软硬件设计和控制柜及现场施工完成后，就可以进行整个系统的联机调试。如果控制系统是由几个部分组成的，则应先做局部调试，然后再进行整体调试；如果控制程序的步数较多，则可先进行分段调试然后再连接起来总体调试。发现的问题要逐一排除，直至调试成功。

⑨编制技术文件。系统技术文件包括功能说明书、电气原理图、电器布置图、电气元件明细表、PLC 程序等。功能说明书是在自动化过程分解的基础上对过程的各部分进行分析，把各部

分必须具备的功能、实现的方法和所要求的输入条件及输出结果，以书面形式描述出来。

⑩ 交付使用。

本课程设计不强调硬件部分，注重软件部分和仿真的实现，因此，对设计过程做出了如下简化，如图 8-1 所示。将⑥～⑧步程序输入 PLC 并测试的实际工程步骤用下载到 PLCSIM 仿真测试代替，I/O 接线过程仅通过设计符号表、标签表和设备表来实现。

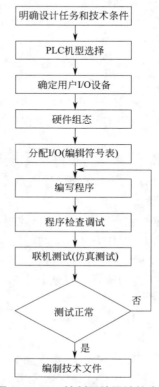

图 8-1　PLC 控制系统设计的步骤

第 9 章
可选题目与设计要求

本章列出了 22 个可选题目供读者进行课程设计实际教学环节使用，学生可以根据题目的控制要求和设计任务，基于第 8 章的课程要求和系统设计规则，利用 STEP 7 和 WinCC 组态控制系统，完成梯形图程序设计与联合仿真。

9.1 运料小车控制系统设计

1. 控制要求

试设计一个料车自动循环送料控制系统，如图 9-1 所示。

① 初始状态：小车在起始位置时，压下 SQ1。

② 启动：按下启动按钮 SB1，小车在起始位置装料，10 s 后向右运动，至 SQ2 处停止，开始下料，5 s 后下料结束，小车返回起始位置，再用 10 s 的时间装料，然后向右运动到 SQ3 处下料，5 s 后，再返回到起始位置……完成自动循环送料，直到有复位信号输入（可用计数器记下小车经过 SQ 2 的次数）。

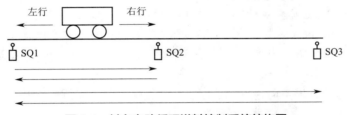

图 9-1 料车自动循环送料控制系统结构图

2. 设计任务

①根据控制要求，设计控制程序结构，画出控制流程图。

②完成硬件组态，给出 PLC 的 I/O 分配表。

③编写梯形图控制程序，用 S7-PLCSIM 调试并运行程序。

④用 WinCC 完成人机界面组态，使用 C 动作实现小车运动过程显示。

⑤用 WinCC 与 STEP 7 联合仿真。

9.2 机械手的 PLC 控制系统设计

1. 控制要求

机械手的任务是将传送带 A 上的物品搬运到传送带 B。为使机械手动作准确，在机械手的极限位置安装了限位开关 SQ1、SQ2、SQ3、SQ4，对机械手分别进行上升、下降、左转、右转动作的限位，并发出动作到位的输入信号。传送带 A 上装有光电开关 SP，用于检测传送带 A 上物品是否到位。机械手的启动、停止由启动按钮 SB1、停止按钮 SB2 控制。

机械手的上升、下降、左转、右转、抓紧、放松动作由液压驱动，并分别由 6 个电磁阀来控制。传送带 A、B 由电动机拖动。机械手工作台示意图如图 9-2 所示。

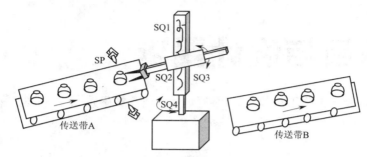

图 9-2　机械手工作台示意图

假设机械手在传送带 B 上，顺序控制动作的要求如下：

①按下启动按钮 SB1 时，机械手系统工作。首先上升电磁阀 YV1 通电，手臂上升，至上升限位开关 SQ1 动作。

②左转电磁阀 YV4 通电，手臂左转，至左转限位开关 SQ4 动作。

③下降电磁阀 YV2 通电，手臂下降，至下降限位开关 SQ2 动作。

④启动传送带 A 运行，由光电开关 SP 检测传送带 A 上有无物品送来，若检测到有物品，则夹紧电磁阀 YV5 通电，机械手抓紧，延时 2 s。

⑤上升电磁阀 YV1 再次通电，手臂上升，至上升限位开关 SQ1 再次动作。

⑥ 右转电磁阀 YV3 通电，手臂右转，至右转限位开关 SQ3 动作。

⑦下降电磁阀 YV2 再次通电，手臂下降，至下降限位开关 SQ2 再次动作。

⑧放松电磁阀 YV6 通电，机械手松开手爪，经延时 2 s 后传送带 B 开始运行，完成一次搬运任务，然后重复循环以上过程。

按下停止按钮 SQ2 或断电时，机械手停止在现行工步上，重新启动时，机械手在停止前的动作上继续工作。

2. 设计任务

①根据控制要求，设计控制程序结构，画出控制流程图。

②完成硬件组态，给出 PLC 的 I/O 分配表。

③编写梯形图控制程序，用 S7-PLCSIM 调试并运行程序。

④用 WinCC 完成人机界面组态，使用 C 动作实现机械臂位置变化显示。

⑤用 WinCC 与 STEP 7 联合仿真。

9.3　水箱水位控制系统程序设计

1. 控制要求

系统有 3 个水箱，每个水箱有 2 个液位传感器，UH1、UH2、UH3 为高液位传感器，"1"有效；UL1、UL2、UL3 为低液位传感器，"0"有效。Y1、Y3、Y5 分别为 3 个水箱进水电磁阀；Y2、Y4、Y6 分别为 3 个水箱放水电磁阀。SB1、SB3、SB5 分别为 3 个水箱放水电磁阀手动开启按钮；SB2、SB4、SB6 分别为 3 个储水箱放水电磁阀手动关闭按钮。水箱水位控制系统示意图如图 9-3 所示。

控制要求：SB1、SB3、SB5 在 PLC 外部操作设定，通过人为的方式，按随机的顺序将水箱放空。只要检测到水箱"空"的信号，系统就自动地向水箱注水，直到检测到水箱"满"信号为止。水箱注水的顺序要与水箱放空的顺序相同，每次只能对一个水箱进行注水操作。

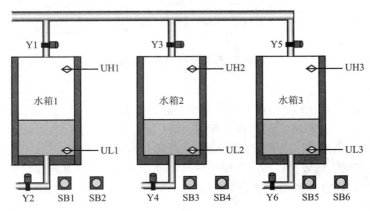

图 9-3　水箱水位控制系统示意图

2. 设计任务

①画出动作的顺序控制流程图。

②完成硬件组态，给出 PLC 的 I/O 分配表。

③编写梯形图控制程序，用 S7-PLCSIM 调试并运行程序。

④用 WinCC 完成人机界面组态，实现水面水位的动态变化。

⑤用 WinCC 与 STEP 7 联合仿真。

9.4 邮件分拣机控制系统设计

1. 控制要求

系统启动后绿灯 L2 亮表示可以进邮件，S1 为 ON 表示模拟检测邮件的光信号检测到了邮件，拨码器模拟邮件的邮码，从拨码器读到的邮码的正常值为 1、2、3、4、5，若是此 5 个数中的任一个，则红灯 L1 亮，电动机 M5 运行，将邮件分拣至邮箱内，之后 L1 灭，L2 亮，表示可以继续分拣邮件。若读到的邮码不是该 5 个数，则红灯 L1 闪烁，表示出错，电动机 M5 停止，重新启动后，能重新运行。

通过邮政编码进行自动分类，不符合要求的剔除，从而达到自动分拣的目的。通过计件，实现实时监测邮件分拣的数量。

邮件分拣机工作过程图如图 9-4 所示，具体为 L1 灯亮，L2 灯灭，传送带运转，电动机 M5 驱动主链转动，邮件的邮码通过扫描器读取，将信息送入 PLC 进行邮件的分析得到数字编码信息。S1（检测发生器）检测到有邮件，假如邮码信息是正确的，L2 灯亮，L1 灯灭，PLC 启动相应的推杆定时器，从定时器中采集脉冲的脉冲数，推进器（M1~M4）将邮件推进相应的邮箱。随后 L2 灯灭，L1 灯亮，继续分拣。若邮码信息出错，则 L2 灯闪烁，电动机 M5 停止动作，待重新启动后，再次运行。

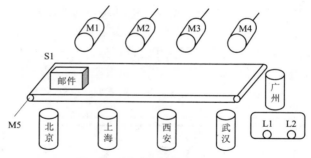

图 9-4 邮件分拣机工作过程图

2. 设计任务

①根据控制要求，设计控制程序结构，画出控制流程图。

②完成硬件组态，给出 PLC 的 I/O 分配表。

③编写梯形图控制程序，用 S7-PLCSIM 调试并运行程序。

④用 WinCC 完成人机界面组态，实现邮件运动过程显示，并对邮件计数显示。

⑤用 WinCC 与 STEP 7 联合仿真。

9.5 四层电梯控制系统设计

1. 控制要求

①电梯的上、下行由一台电动机拖动，电动机正转为电梯上升，反转为电梯下降。

一层有上升呼叫按钮 SB11 和按钮指示灯 H11；

二层有上升呼叫按钮 SB21 和按钮指示灯 H21 以及下降呼叫按钮 SB22 和按钮指示灯 H22；

三层有上升呼叫按钮 SB31 和按钮指示灯 H31 以及下降呼叫按钮 SB32 和按钮指示灯 H32；

四层有下降呼叫按钮 SB41 和按钮指示灯 H41。

一至四层有到位行程开关 ST1～ST4。电梯内有一至四层按钮 SB1～SB4 和按钮指示灯 H1～H4；电梯开门和关门按钮 SB5 和 SB6，电梯开门和关门分别通过电磁铁 YA1 和 YA2 控制，关门到位由行程开关 ST5 检测。此外，还有电梯载重超限检测压力继电器 SP 以及故障报警电铃 HA。四层电梯控制信号说明如表 9-1 所示。

表 9-1 四层电梯控制信号说明

输 入		输 出	
文字符号	说明	文字符号	说明
SB1	电梯内一层按钮	H1	电梯内一层按钮指示灯
SB2	电梯内二层按钮	H2	电梯内二层按钮指示灯
SB3	电梯内三层按钮	H3	电梯内三层按钮指示灯
SB4	电梯内四层按钮	H4	电梯内四层按钮指示灯
SB11	一层上升呼叫按钮	H11	一层上升呼叫按钮指示灯
SB21	二层上升呼叫按钮	H21	二层上升呼叫按钮指示灯
SB22	二层下降呼叫按钮	H22	二层下降呼叫按钮指示灯
SB31	三层上升呼叫按钮	H31	三层上升呼叫按钮指示灯

输　入		输　出	
文字符号	说明	文字符号	说明
SB32	三层下降呼叫按钮	H32	三层下降呼叫按钮指示灯
SB41	四层下降呼叫按钮	H41	四层下降呼叫按钮指示灯
SB5	电梯开门按钮	KM1	电动机正转接触器
SB6	电梯关门按钮	KM2	电动机反转接触器
SB7	检修开关	YA1	电梯开门电磁铁
ST1	电梯一层到位限位开关	YA2	电梯关门电磁铁
ST2	电梯二层到位限位开关	HA	电梯故障报警电铃
ST3	电梯三层到位限位开关		
ST4	电梯四层到位限位开关		
ST5	电梯关门到位限位开关		
SP	电梯载重超限检测		
FR	电动机过载保护热继电器		

②楼层呼叫按钮及电梯内按钮按下，电梯未达到相应楼层或未得到相应的响应时，相应指示灯一直接通指示。

③电梯运行时，电梯开门与关门按钮不起作用；电梯到达停在各楼层时，电梯开门与关门动作可由电梯开门与关门按钮控制，也可延时控制，但检测到电梯超重时，电梯门不能关闭，并由报警电铃发出报警信号。

④电梯最大运行区间为三层距离，若一次运行时间超过 30 s，则电动机停转，并由报警电铃发出报警信号。

2. 设计任务

①根据控制要求，设计控制程序结构，画出控制流程图。

②完成硬件组态，给出 PLC 的 I/O 分配表。

③编写梯形图控制程序，用 S7-PLCSIM 调试并运行程序。

④用 WinCC 完成人机界面组态，实现电梯轿厢运动过程显示与所在楼层显示。

⑤用 WinCC 与 STEP 7 联合仿真。

9.6 自动送料系统的控制设计

1. 控制要求

在建材、化工、食品、机械、钢铁、冶金、煤矿等工业生产中广泛使用带式运输机运送原料或物品。

图 9-5 是某带式运输机的示意图。原料从料斗经过 PD-2、PD-1 两台带式运输机送出。从料斗向 PD-2 供料由电磁阀 YV 控制，PD-1 和 PD-2 分别由电动机 M1 和 M2 驱动。

①启动：启动时为了避免在前段运输带上造成物料堆积，要求逆物料流动方向按定时间隔顺序启动。其启动顺序为

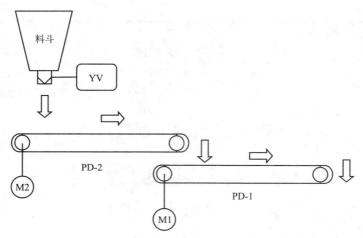

图 9-5　某带式运输机的示意图

$$PD\text{-}1 \xrightarrow{\text{时隔 5 s}} PD\text{-}2 \xrightarrow{\text{时隔 5 s}} YV$$

②停止：停止时为了使运输带上不残留物料，要求顺物料流动方向按一定时间间隔顺序停止。其停止顺序为

$$YV \xrightarrow{\text{时隔 10 s}} PD\text{-}2 \xrightarrow{\text{时隔 10 s}} PD\text{-}1$$

③紧急停止：紧急情况下无条件地把 PD-1、PD-2、YV 全部同时停止。

④故障停止：运转中，当过载时，应使 PD-1、PD-2、YV 同时停止；其他情况时，应使 PD-2、YV 同时停止，PD-1 在 PD-2 停止后延迟 10 s 后停止。

2. 设计任务

①根据控制要求，设计控制程序结构，画出控制流程图。

②完成硬件组态，给出 PLC 的 I/O 分配表。

③编写梯形图控制程序，用 S7-PLCSIM 调试并运行程序。

④用 WinCC 完成人机界面组态，使用 C 动作实现物块运动过程显示。

⑤用 WinCC 与 STEP 7 联合仿真。

9.7 多种液体自动混合系统的控制设计

1. 控制要求

图 9-6 所示为一搅拌控制系统示意图，由数字量液位传感器，分别检测液位的高、中和低 3 个液位。现要求对 A、B 两种液体原料按等比例混合，请编写控制程序。

要求：按启动按钮后系统自动运行，首先打开进料泵 1，开始加入液料 A→液位传感器数值为 50%，则关闭进料泵 1，打开进料泵 2，开始加入液料 B→液位传感器数值为 100%，关闭进料泵 2，启动搅拌器→搅拌 10 s 后，关闭搅拌器，开启放料泵 3→液位传感器数值为 0% 后，延时 5 s 后关闭放料泵 3。按停止按钮，系统应立即停止运行。

2. 设计任务

①设计控制程序结构，画出控制流程图。

②完成硬件组态，给出 PLC 的 I/O 分配表。

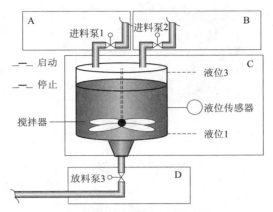

图 9-6 搅拌控制系统示意图

③编写梯形图控制程序，用 S7-PLCSIM 调试并运行程序。

④用 WinCC 完成人机界面组态，要求用数据块实现搅拌时间倒计时显示与液位显示。

⑤用 WinCC 与 STEP 7 联合仿真。

9.8 十字路口交通指挥信号灯的控制设计

1. 控制要求

十字路口带倒计时显示的南北向和东西向交通信号灯的电气控制系统上电后，交通指挥信号控制系统由一个 3 位转换开关 SA1 控制。SA1 手柄指向左 45°时，开关 SA1-1 接通，交通指挥系统开始按常规正常控制功能工作，按照如图 9-7 所示工作时序周而复始，循环往复工作。

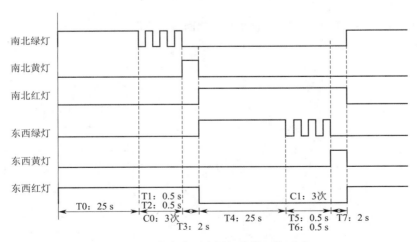

图 9-7 十字路口交通灯正常工作时序

正常运行时，南北向及东西向均有 2 位数码管倒计时显示牌同时显示相应的指示灯剩余时间值。SA1 手柄指向中间 0°时，开关 SA1-2 接通，交通指挥系统南北向绿灯长亮，东西向红灯长亮，数码管显示 99 不变。SA1 手柄指向右 45°时，开关 SA1-3 接通，交通指挥系统东西向绿灯长亮，南北向红灯长亮，数码管显示 99 不变。控制信号说明见表 9-2。

表 9-2　十字路口交通灯控制信号说明

输入		输出	
文字符号	说明	文字符号	说明
SA1-1	交通灯正常工作控制开关	H1	南北向绿灯指示
SA1-2	南北向交通灯长绿控制开关	H2	南北向黄灯指示
SA1-3	东西向交通灯长绿控制开关	H3	南北向红灯指示
		H4	东西向绿灯指示
		H5	东西向黄灯指示
		H6	东西向红灯指示
		H11	南北向 2 位数码管
		H12	东西向 2 位数码管

2. 设计任务

①设计控制程序结构，画出控制流程图。

②完成硬件组态，给出 PLC 的 I/O 分配表。

③编写梯形图控制程序，用 S7-PLCSIM 调试并运行程序。

④用 WinCC 完成人机界面组态，要求用数据块实现交通灯时间倒计时显示，使用 C 动作完成车流显示。

⑤用 WinCC 与 STEP 7 联合仿真。

9.9　喷水池花色喷水系统的控制设计

1. 控制要求

图 9-8 所示是某广场的花式喷泉示意图和控制面板示意图。图 9-8（a）为花式喷泉示意图，1号为外环喷头，2 号为中环喷头，3 号为内环喷头，4 号为中心喷头。

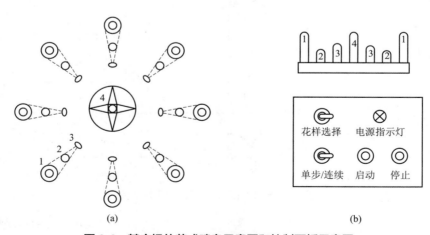

(a)　　　　　　　　　　　　(b)

图 9-8　某广场的花式喷泉示意图和控制面板示意图

①接通电源，按下启动按钮，喷泉控制装置开始工作；按下停止按钮，喷泉控制装置停止工作。

②喷泉的工作方式由花样选择开关和单步/连续开关决定。

③当单步连续开关在单步位置时，喷泉只能按照花样选择开关设定的方式，运行一个循环。

④花样选择开关用于选择喷泉的喷水花样，喷水花样有如下两种：

a. 花样选择开关在位置 1 时，按下启动按钮后，4 号喷头喷水，延时 2 s 后 3 号喷头喷水，再延时 2 s 后 2 号喷头喷水，又延时 2 s 后 1 号喷头喷水。一起喷水 20 s 为一个循环，如果为单步工作方式，则全部停喷；如果为连续工作方式，则继续循环下去。

b. 花样选择开关在位置 2 时，按下启动按钮后，1 号喷头喷水，延时 2 s 后 2 号喷头喷水，再延时 2 s 后 3 号喷头喷水，又延时 2 s 后 4 号喷头喷水。一起喷水 30 s 为一个循环，如果为单步工作方式，则全部停喷；如果为连续工作方式，则继续循环下去。

2. 设计任务

①设计控制程序结构，画出控制流程图。

②完成硬件组态，给出 PLC 的 I/O 分配表。

③编写梯形图控制程序，用 S7-PLCSIM 调试并运行程序。

④用 WinCC 完成人机界面组态，要求实现不同工作方式画面切换，喷水过程的动态显示。

⑤ 用 WinCC 与 STEP 7 联合仿真。

9. 10　广告牌彩灯的控制设计

1. 控制要求

某学校霓虹灯广告屏示意图如图 9-9 所示。广告屏上共有 8 个可变化的霓虹灯字"勤学惟诚厚学致用"，周围配有 24 只循环流水变化的彩色灯，每 4 只为 1 组，控制要求如下：

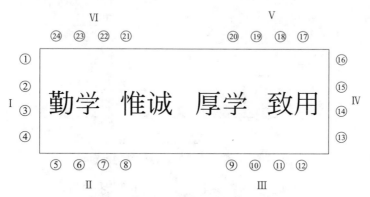

图 9-9　某学校霓虹灯广告屏示意图

①该广告屏中间 8 个霓虹灯字亮灭的时序是从第 1 个字点亮后，每 1 s 亮一个字，8 个霓虹灯字全亮后，显示 10 s，再反过来从第 8 个字开始，每 1 s 顺序熄灭，全灭后，间隔 2 s，再从第 8 个字开始亮起，每 1 s 亮一个字，全亮后，显示 10 s，再从第 1 个字开始，每 1 s 顺序熄灭，全部熄灭后，停亮 2 s，再从头开始运行，周而复始。

②广告屏四周的流水灯共 24 只，每 4 只为 1 组，共分 6 组，每组灯间隔 1 s 向前移动一次，且 Ⅰ～Ⅵ每隔一组的灯点亮，即从 Ⅰ、Ⅲ亮→Ⅱ、Ⅳ亮→Ⅲ、Ⅴ亮→Ⅳ、Ⅵ亮……移动一段时间后（如 30 s），再反过来移动，即从 Ⅵ、Ⅳ亮→Ⅴ、Ⅲ亮→Ⅳ、Ⅱ亮→Ⅲ、Ⅰ亮……如此循环往复。

2. 设计任务

①设计控制程序结构，画出控制流程图。

②完成硬件组态，给出 PLC 的 I/O 分配表。

③编写梯形图控制程序，用 S7-PLCSIM 调试并运行程序。

④用 WinCC 完成人机界面组态与显示。

⑤ 用 WinCC 与 STEP 7 联合仿真。

9.11 水温恒温控制系统设计

1. 控制要求

水温恒温控制系统的结构示意图如图 9-10 所示。该水温恒温控制系统要求将恒温水箱的水温控制在某一设定值上。图 9-10 中，恒温水箱内有 1 个加热器、1 个搅拌器、2 个液位开关和 2 个温度传感器。液位开关为开关量传感器，测量水位的高低，以反映无水或水溢出的状态。恒温水箱 2 个温度传感器分别测量水箱入口处的水温和水箱中水的温度；储水箱中的温度传感器，用于检测储水箱中的温度。恒温水箱中的水可以通过一电磁阀将水放到储水箱中。储水箱中的水通过一个电磁阀可引入冷却器中，由水泵提供动力，使水在系统中循环，水的流速由流量计测量。恒温水箱中的水温、入水口水温、水的流量由 LED 显示。两个电磁阀的通断、搅拌和冷却环节均有指示灯指示。

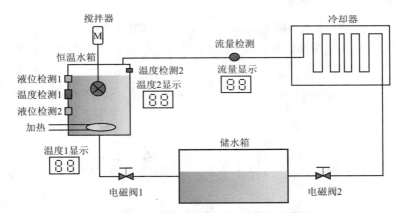

图 9-10 水温恒温控制装置的结构示意图

①设定温度后，启动水泵向恒温水箱供水，水上升到一定液位后，启动自动搅拌电动机。

②测量水箱水温并与设定值比较，若温差小于 5℃，采用 PID 调节加热。

③当水温高于设定值 5℃时，进冷水降温。

④对温度、流量和加热的电功率进行实测并显示。

2. 设计任务

①设计控制程序结构，画出控制流程图。

②完成硬件组态，给出 PLC 的 I/O 分配表。

③编写梯形图控制程序，要求水温和液位为设定输入值，用 S7-PLCSIM 调试并运行程序。

④温度可以从界面输入，用 WinCC 完成人机界面组态与显示。

⑤用 WinCC 与 STEP 7 联合仿真。

9.12　多工步组合机床控制系统设计

1. 控制要求

多工步组合机床可以对工件进行钻孔、扩孔、攻螺纹、切削等工序加工，能实现较为复杂的加工工艺。组合机床的加工过程由 4 把刀具分别按 4 个工步要求，依次进行切削加工。多工步组合机床加工工步如表 9-3 所示。

表 9-3　多工步组合机床加工工步

工步	工步名称	工步动作分解
1	钻孔	QA —快进→ XK1 —工进→ XK2 延时1 s；XK3 ←快退—
2	车外圆	快进→ XK1 —工进→ XK2 延时1 s；XK3 ←快退—
3	粗铰双节孔及倒角	快进→ XK1 —工进→ XK2 延时1 s；XK3 ←快退—
4	精铰双节孔	快进→ XK1 —工进→ XK2 延时1 s；XK3 ←快退—

加工时，工件由主轴上的卡盘夹紧，并由主轴电动机 M1 驱动做旋转运动，大拖板载着六角回转工位台做横向进给运动，其进给速度由快进电动机 M21 和慢进电动机 M22 控制，可实现快进和工进。当电磁阀线圈得电时，工位台纵向进给；失电时，工位台纵向后退。4 个工步均由大拖板进行横向运动切削，每完成一个工步，六角工位台由电动机 M3 驱动转过一个工位，进行下一工步的工作。

加工过程控制顺序如下：

①原位。多工步机床的动作原位定在工步 1 开始工作之前，即回转工位台处在工位 1，大拖板处在原点，压合大拖板原点位置开关 XK3。

②各工步的动作。工件由主轴上的卡盘夹紧后，按下启动按钮 QA，工件由 M1 驱动主轴旋转，机床按工步 1 进行快进、工进、快退动作，完成钻孔加工。工步 1 完成后，大拖板回到原点压合 XK3 时，工件停止旋转。M3 驱动工位台转到工位 2，进入工位 2 后，工件再次由 M1 驱动主轴旋转，机床按工步 2 动作，工步 2 完成后，然后工位台依次进入工位 3、4，执行工步 3、4，回到动作原位停止。换完工件再按下启动按钮 QA，重复上述动作。

2. 设计任务

①设计控制程序结构，画出控制流程图。

②完成硬件组态，给出 PLC 的 I/O 分配表。

③编写梯形图控制程序，用 S7-PLCSIM 调试并运行程序。

④用 WinCC 完成人机界面组态，要求用使用 C 动作实现机床刀头的运动组态。

⑤用 WinCC 与 STEP 7 联合仿真。

9.13 | 燃油锅炉控制系统设计

1. 控制要求

图 9-11 是某燃油锅炉示意图。燃油经燃油预热器预热，由喷油泵经喷油口打入锅炉进行燃烧。燃烧时，鼓风机送风；喷油口喷油；点火变压器接通（子火燃烧）；母火点火阀打开（母火燃烧），将燃油点燃。点火完毕，关闭子火与母火，继续送风、喷油，使燃烧持续。锅炉的进水和排水分别由进水阀和排水阀来执行。上、下水位分别由上限、下限水位开关来检测。蒸汽压力由蒸汽压力开关来检测。

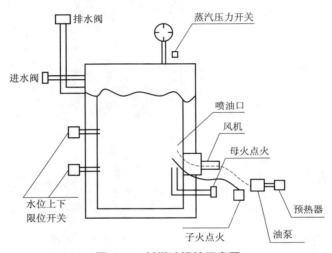

图 9-11 某燃油锅炉示意图

具体控制要求如下：

①启动：该锅炉的燃烧按定时时间间隔顺序起燃。其起燃顺序为

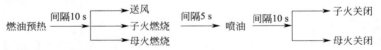

②停止：停止燃烧时，要求：

燃油预热关闭
喷油关闭 ——→ 送风停止（清炉停止）
送风（将废气、杂质吹去）

③异常状况自动关火。锅炉燃烧过程中，当出现异常状况时（即蒸气压力超过允许值，或水位超过上限，或水位低于下限），能自动关火进行清炉；异常状况消失后，又能自动按起燃顺序重新点火燃烧，即

异常情况——→ 燃油预热关闭 间隔 10 s——→ 停止清炉 异常状况——→ 起燃
喷油关闭送风 消失

④锅炉水位控制：锅炉工作启动后，当水位低于下限时，进水阀打开，排水阀关闭。

⑤当水位高于上限时，排水阀打开，进水阀关闭。

2. 设计任务

①设计控制程序结构，画出控制流程图。

②完成硬件组态，给出 PLC 的 I/O 分配表。

③编写梯形图控制程序，用 S7-PLCSIM 调试并运行程序。

④用 WinCC 完成人机界面组态，要求可测压力设计为人机管理界面输入值。

⑤用 WinCC 与 STEP 7 联合仿真。

9. 14　车库管理控制系统设计

1. 控制要求

图 9-12 所示为车库管理控制系统示意图。编制一个控制车辆出入库管理梯形图控制程序，控制要求如下：

①入库车辆前进时，经过 1♯传感器→2♯传感器后计数器加 1，后退时经过 2♯传感器→1♯传感器后计数器减 1，单经过一个传感器则计数器不动作。

②出库车辆前进时经过 2♯传感器→1♯传感器后计数器减 1，后退时经过 1♯传感器→2♯传感器后计数器加 1，单经过一个传感器则计数器不动作。

③设计一个由 2 位数码管及相应的辅助元件组成的显示电路，显示车库内车辆的实际数量。

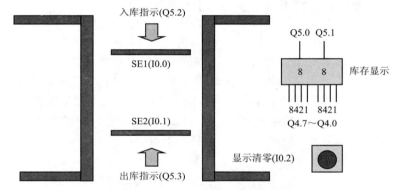

图 9-12　车库管理控制系统示意图

2. 设计任务

①设计控制程序结构，画出控制流程图。

②完成硬件组态，给出 PLC 的 I/O 分配表。

③编写梯形图控制程序，用 S7-PLCSIM 调试并运行程序。

④用 WinCC 完成人机界面组态，使用共享数据块实现车库中车辆计数。

⑤用 WinCC 与 STEP 7 联合仿真。

9. 15　工业洗衣机控制系统设计

1. 控制要求

工业洗衣机常用于宾馆、洗衣店、企事业等单位。要求具有自动进水、洗涤、暂停、排水、循环洗涤、脱水、烘干等一系列功能。工业洗衣机的这些功能可以采用 PLC 来进行控制。

具体控制要求如下：

①按下洗衣机的启动按钮则开始进水，水到达高位，高水位开关动作，停止进水，并开始洗涤。

②开始洗涤时正转 15 s，暂停 2.5 s，再反转 15 s，暂停 2.5 s，为一个小循环。若小循环未满 3 次，则返回洗涤正转，开始下一个小循环；若小循环已满 3 次，则结束小循环，开始排水。

③排水水位降到低水位，低水位开关动作时，洗衣机开始进行脱水并继续排水，脱水 10 s 即完成一个大循环。若大循环未满 3 次，则返回到进水，进入下一次大循环；若完成 3 次大循环，则进行烘干。

④烘干采用洗衣筒旋转，热风泵吹风方式：洗衣筒正转 15 s，暂停 2.5 s，再反转 15 s，暂停 2.5 s，为一个小循环，小循环 5 次后，蜂鸣器进行洗完报警，报警 5 s 后结束全部过程。若不需要烘干，则蜂鸣器进行洗完报警，报警 5 s 后结束全部过程。

2. 设计任务

①设计控制程序结构，画出控制流程图。

②完成硬件组态，给出 PLC 的 I/O 分配表。

③编写梯形图控制程序，用 S7-PLCSIM 调试并运行程序。

④用 WinCC 完成人机界面组态，实现洗衣时间显示，并完成蜂鸣器声音报警的组态。

⑤用 WinCC 与 STEP 7 联合仿真。

9.16 显像管搬运机械手控制系统设计

1. 控制要求

在显像管生产线上需要对显像管进行清洗。首先要将装在来管传送链的吊篮中的显像管，通过机械手搬运到圆盘形状的清洗机上。显像管在来管传送链的吊篮中的安放位置是随意的，而清洗机要求显像管的安放位置是确定的。这就要求机械手不但要完成搬运操作，还要在搬运过程中对显像管进行方位调整。因清洗机的工作节拍较快，上管（将显像管搬运到清洗机上）和下管（将清洗后的显像管取下，搬运到送管传送链的吊篮中）同时进行，采用两个搬运机械手分别进行处理。这里仅考虑上管机械手的控制。

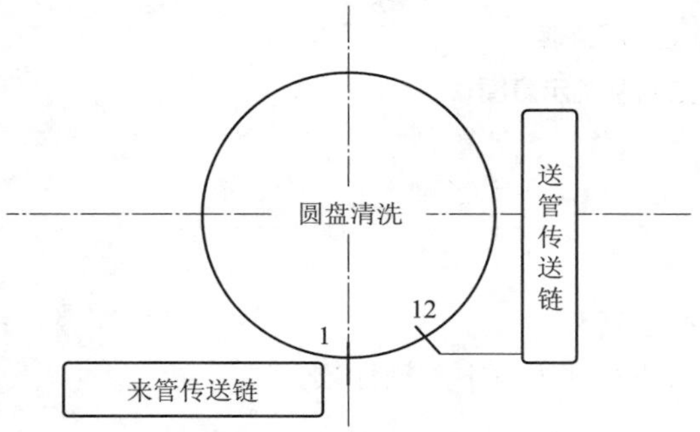

显像管清洗现场示意图如图 9-13 所示。

上管机械手将处于各种方位的显像管从来管传送链的吊篮中取出，在搬运的过程中进行水平方位和垂直方位的校正，然后放到清洗机的上管工位（1 号工位），清洗结束后的显像管在下管工位（12 号工位）由下管机械手取走。

机械手的结构主要有：大摆缸（电磁阀）及组件、燕尾缸（电磁阀）及组件、下臂拾臂缸（电磁阀）及组件、吸盘升降缸（电磁阀）及组件、钳口合拢缸（电磁阀）、校正电动机、回转电动机。

图 9-13　显像管清洗现场示意图

上管机械手的工作过程：当来管传送链的吊篮中有显像管时，位置传感器发出信号，使燕尾伸出，拾臂缸抬起，将显像管从来管传送链的吊篮中取出。在搬运过程中由校正电动机与钳口合拢缸配合，完成水平方位和垂直方位的校正。校正后的显像管被真空吸盘吸住，当清洗机到位后，将显像管放到清洗机的上管工位；然后机械手恢复原位，等待下一个显像管的到来。

具体控制要求如下：

① 如果机械手的大摆缸将显像管摆到清洗机处时，在清洗机的上管工位（1 号工位）有显像管时，机械手不能上管，要等到清洗机的下一个空管工位到位时才能上管。

② 如果清洗机在上管工位已经停了 10 s，机械手还没有将显像管摆到清洗机上管工位时，为防止在上管过程中因清洗机转位打破显像管，机械手不能上管，要等到清洗机的下一个空管工位到位时再上管。

③ 当燕尾伸到传送链取管时，如果由于某种故障，在 3 s 内，燕尾没有缩回，为保护机械手和传送链，系统报警，并自动停止传送链的运行。

2. 设计任务

①设计控制程序结构，画出控制流程图。

②完成硬件组态，给出 PLC 的 I/O 分配表。

③编写梯形图控制程序，并完成数码管的计数，用 S7-PLCSIM 调试并运行程序。

④用 WinCC 完成人机界面组态，要求用使用 C 动作实现数码管的运动组态。

⑤用 WinCC 与 STEP 7 联合仿真。

9.17 直流伺服电动机控制系统设计

1. 控制要求

数控机床工作台直流伺服电动机 PLC 控制系统示意图如图 9-14 所示。PLC 控制系统通过控制直流伺服电动机的转速，工作台就可得到不同的加工速度。工作台的工作分快进（速度为 V1）、工进（速度为 V2）、慢进（速度为 V3）、快退（速度为 V4）4 个过程，这 4 个过程为一个循环。电动机正转，工作台前进；电动机反转，工作台后退。

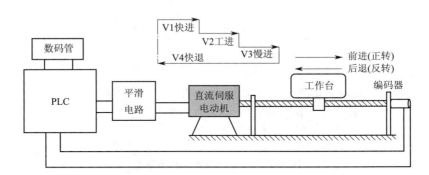

图 9-14 数控机床工作台直流伺服电动机 PLC 控制系统示意图

直流伺服电动机的转速为 3 000 r/min，为了获得电动机的实际转速，采用编码器进行转速检测，显示部分为共阴极七段数码管。

由于电动机为直流伺服电动机，所以应用 PLC 的脉宽调制（PWM）指令，提供不同脉宽的控制脉冲，并通过平滑电路（即对输出的 PWM 脉冲滤波的电路）以获得不同输出的电压值，控制直流伺服电动机转速的大小。电动机的正、反转，通过 PLC 的输出信号控制"极性控制电路"，改变加到直流伺服电动机两端直流电源的正、负极性。

具体控制要求如下：

①按下启动开关 SA，电动机正转，PLC 输出固定脉冲，工作台以速度 V1 前进（快进）；运

行到位，PLC 改变输出脉冲，转入以速度 V2 前进（工进）；运行到位，PLC 输出另一固定脉冲，再转入以 V3 速度前进（慢进）；运行到位后，电动机停转，然后电动机反转，以 V1 速度快速返回，退回原位后，再重复上述过程。

②进行转速检测并显示，显示单位为 r/s。

③断开启动开关 SA，电动机停转，工作台停止。

2. 设计任务

①设计控制程序结构，画出控制流程图。

②完成硬件组态，给出 PLC 的 I/O 分配表。

③编写梯形图控制程序，用 S7-PLCSIM 调试并运行程序。

④用 WinCC 完成人机界面组态，要求实现数码显示，并用使用 C 动作实现工作的运动组态。

⑤用 WinCC 与 STEP 7 联合仿真。

9.18 小球分拣控制系统设计

1. 控制要求

大小球分拣系统示意图如图 9-15 所示。

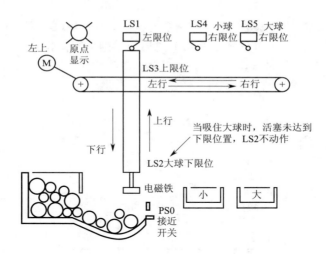

图 9-15　大小球分拣系统示意图

①机械臂起始位置在机械原点，为左限、上限并有显示。

②有启动按钮、停止按钮、急停按钮和自动回原点按钮控制运行，机械臂必须在原点才能启动。按停止按钮，机械臂运行完本循环周期回到原点停止；按急停按钮，机械臂立即停止运行，此时按动自动回原点按钮，机械臂自动回原点。

③启动后，机械臂动作顺序为：下降→吸球（延时 1 s）→上升（至上限）→右行（至右限）→下降→释放（延时 1 s）→上升（至上限）→左行返回（至原点）。机械臂每到达一个位置均有 0.5 s 的停顿延时，然后进行下一个动作。其中，LS1 为左限位；LS3 为上限位；LS4 为小球右限位；LS5 为大球右限位；LS2 为大球下限位；PS0 为小球下限位。

④机械臂右行时有小球右限位（LS4）和大球右限位（LS5）之分。机械臂下降时，吸住大球，则大球下限位 LS2 接通，然后将大球放到大球容器中；若吸住小球，则小球下限位 PS0 接

通，然后将小球放到小球容器中。

2. 设计任务

①设计控制程序结构，画出控制流程图。

②完成硬件组态，给出 PLC 的 I/O 分配表。

③编写梯形图控制程序，并完成小球的计数，用 S7-PLCSIM 调试并运行程序。

④用 WinCC 完成人机界面组态，要求用使用 C 动作实现小球和机械臂的运动组态。

⑤用 WinCC 与 STEP 7 联合仿真。

9.19 精密滚柱直径筛选系统设计

1. 控制要求

图 9-16 所示为精密滚柱直径筛选系统示意图。当被测滚柱落下后，由气缸推杆推到限位挡板位置，然后钨钢测头开始测试滚柱直径，并将测量值送相敏检波放大器处理，再送电压放大器放大，最后将与直径成正比的电压值送 PLC 模拟量输入模块，经 PLC 判断后，根据直径大小来决定具体打开哪一个电磁翻板，然后由电磁机构将限位挡板抽离，滚柱自然落入相应的容器中。

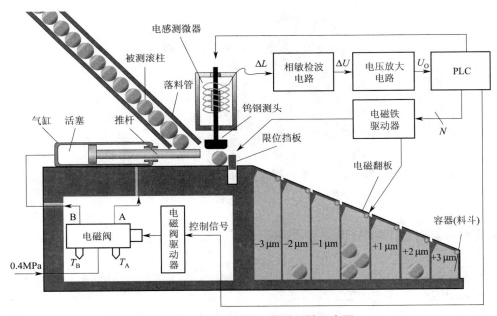

图 9-16 精密滚柱直径筛选系统示意图

2. 设计任务

①设计控制程序结构，画出控制流程图。

②完成硬件组态，给出 PLC 的 I/O 分配表。

③编写梯形图控制程序，用 S7-PLCSIM 调试并运行程序。

④用 WinCC 完成人机界面组态，要求使用数据块完成显示。

⑤用 WinCC 与 STEP 7 联合仿真。

9.20 发动机组控制系统设计

1. 控制要求

设某发动机组由 1 台汽油发动机和 1 台柴油发动机组成，现要求用 PLC 控制发动机组，使各台发动机的转速稳定在设定的速度上，并控制散热风扇的启动和延时关闭。每台发动机均设置一个启动按钮和一个停止按钮，此系统的控制程序结构如图 9-17 所示。

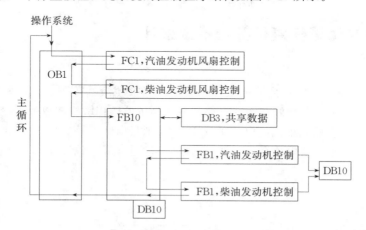

图 9-17 发动机组控制程序结构图

2. 设计任务

①列出控制系统的标签表和设备表。

②根据程序结构分析具体控制过程，设计控制方案，画出控制流程图。

③完成硬件组态，给出 PLC 的 I/O 分配表。

④编写梯形图控制程序，用 S7-PLCSIM 调试并运行程序。

⑤用 WinCC 完成人机界面组态，要求用使用共享数据块完成速度设置与实时显示。

⑥用 WinCC 与 STEP 7 联合仿真。

9.21 自动洗车控制系统设计

1. 控制要求

自动洗车控制系统示意图如图 9-18 所示。

①小车进入自动洗车机后，按下启动开关 SA1，启动灯 D1 亮，洗车机开始从车尾限位开关 SQ1 处向前移动，喷水设备开始喷水，刷子开始洗刷；洗车机向前移到车头限位开关 SQ2 时，再向车尾限位开关移动，并继续喷水和刷子洗刷，来回移动喷水洗刷 3 次，进入清洁剂喷撒工序。

②洗车机来回移动喷水洗刷 3 次后，停在车头限位开关 SQ2 处，开始向车尾移动，并向车身喷洒清洁剂，洗车机移动到车尾限位开关 SQ1 处时，喷洒清洁剂结束。

③洗车机移动到车尾限位开关 SQ1 处时，开始向车前移动，喷水设备喷水，刷子洗刷，碰到车头限位开关 SQ2 时，再继续返回向车尾移动，继续喷水和洗刷，来回 4 次，停在车尾限位

开关 SQ1 处, 喷水和洗刷结束。

④洗车机停在车尾限位开关 SQ1 时, 风扇设备动作将车吹干, 来回 2 次, 洗车机碰到车尾限位开关 SQ1 时停止移动, 整个洗车流程结束, 启动灯 D1 熄灭。

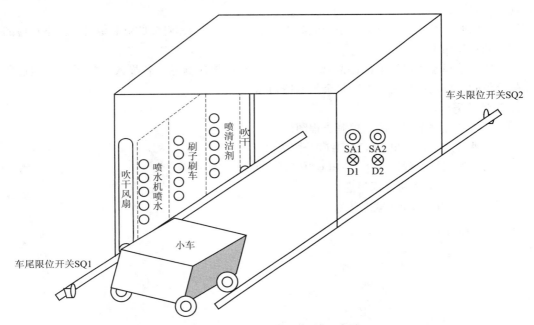

图 9-18　自动洗车控制系统示意图

2. 设计任务

①完成结构化编程设计, 画出控制流程图。

②完成硬件组态, 给出 PLC 的 I/O 分配表。

③编写梯形图控制程序, 用 S7-PLCSIM 调试并运行程序。

④用 WinCC 完成人机界面组态, 要求用使用 C 动作显示小车的移动过程。

⑤用 WinCC 与 STEP 7 联合仿真。

9.22 ▌自动售货机控制系统设计

1. 控制要求

自动售货机共出售两种货物, 其价格分别定为 2 元 (矿泉水)、3 元 (茶饮)。可投入两种钱币, 分别是 1 元、2 元, 投币完成后, 系统将在货币总值与最小货物价格之间进行比较。

①若小于最小货物价格, 则货物指示灯 Y0 亮红灯。按键无反应, 退出货币不进行任何操作。

②若大于或等于最小货物价格, 则与可以购买的货物价格进行区间比较: 若大于或等于商品 1 的价格, 则可以购买商品 1, 对应指示灯 1 亮; 若大于或等于商品 2 的价格, 则指示灯 2 亮, 以此类推。

③当物品不足时, 对应的物品指示灯亮, 顾客按下相应的按键无反应。

④当投入货币的总值小于最小货物价格时, 物品指示灯亮红灯。此时, 表示无法进行任何

购买。

⑤当投币总值大于或等于最小货物价格时，物品指示灯亮绿灯，表示可以进行购买。

⑥价格的比较要贯穿设计过程的始终，只要余额大于某种商品价格时，就需要输出一个信号，提示可以购买。

⑦与此同时，系统进行判断，小于或等于投币总值的货物相对应的灯亮绿灯。按下相应的按键，相应的物品输出。

⑧当用户选择了可以按下的商品选择按钮后，自动输出商品。若投入的货币总值超过所选物品的价值时，自动售货机会自动将余款退还顾客。

2. 设计任务

①设计控制程序结构，画出控制流程图。

②完成硬件组态，给出 PLC 的 I/O 分配表。

③编写梯形图控制程序，用 S7-PLCSIM 调试并运行程序。

④用 WinCC 完成人机界面组态。

⑤用 WinCC 与 STEP 7 联合仿真。

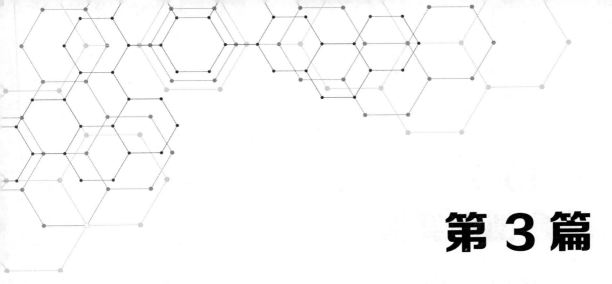

第3篇
综合创新实验

本书前面两篇的内容涉及了基本方法、设计要求和题目，可供本、专科生进行课程设计实践环节使用。本篇内容则更注重综合和创新，为分布式控制系统的创新实验和研究生教学提供教学实践思路。

本篇内容从仅应用西门子相关软件进行课程设计扩展为 STEP 7、WinCC 及 MATLAB 三位一体的实验平台。利用 OPC 协议技术可以实现 MATLAB 与 WinCC 之间的通信连接，通过 MPI 接口可以实现 S7-300 PLC 和 WinCC 之间的通信连接，从而便能够方便地构建以 S7-300 PLC 模拟虚拟非线性对象、MATLAB 进行控制算法的编写和 WinCC 作为监视窗口的三位一体平台。以水箱液位控制为例，其三位一体仿真平台基本结构如下图所示。

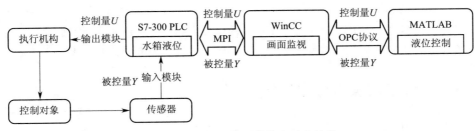

水箱液位控制三位一体仿真平台结构

本篇仅设置了一章，从具体控制对象入手，阐述利用 MATLAB 设计控制算法、进行仿真，进而利用西门子 OPC 技术实现 MATLAB 与 WinCC 通信，逐步搭建三位一体仿真实验平台的课程设计思路、连接方法、实验步骤等，供读者进行扩展学习，并列出了一些思考题，为教学内容的设计提供参考。

第 10 章
综合创新实验

分布式控制课程设计综合创新实验运用共享数据块（DB）、背景数据块（DI）程序设计及 WinCC 运动组态设计方法，完成时滞对象基于史密斯预估器完全补偿及部分补偿实验研究，并进一步基于 OPC 的组态，设计搭建 STEP 7、WinCC 及 MATLAB 三位一体的实验平台及虚拟控制进行实验项目设计。相较于前面章节的课程设计题目的实现，本章涉及的内容更加深入，难度有所加大，具体体现在如下几点：

①设计内容从单纯的 PLC 控制程序设计实验拓展到 PLC 控制、WinCC 监控和 MATLAB 三位一体实验设计。

②组态方法从系统控制及画面基本组态拓展到运动组态（通过 C++ 编程），采用动态处理方法对图形显示，得到动态过程的图像实感。

③从单纯的 PLC 开关量控制实验拓展到复杂的控制器设计综合实验。

④从线性程序（线性编程 OB1）编程模式扩充到结构化程序（结构化编程或模块化编程），引入了共享数据块、背景数据块程序设计。

⑤开展对时滞对象的实验研究，与实际应用更接近。

⑥OPC 实验平台的搭建及虚拟对象实现方法具有广泛的应用价值。

本章可以作为本科生创新实验和研究生培养的课程内容，可加深学生对控制站、操作站、工程师站及复杂控制算法的感性认识和理解，为提高学生的综合创新能力打下良好的基础。

10.1 时滞对象 PID 位置算法控制实验设计

本节实验过程用 MATLAB 软件完成，主要内容如下：

1. 实验目的

①掌握 PID 位置算法如何用程序来实现。

②掌握零阶保持器的作用及离散化方法。

③掌握过程输出如何仿真。

④掌握 MATLAB 程序设计方法及调试。

2. 实验要求

①模拟 PID 的离散化方法。

②程序设计实现。

③过程输出仿真。

3. 实验原理

①实验中，时滞被控对象及参数（传递函数）如下：

$$G_{\mathrm{p}}(s) = \frac{\mathrm{e}^{-\tau s}}{T_{\mathrm{p}}s + 1}$$

式中，τ 为时滞时间；T_{p} 为惯性环节过渡时间。

②控制算法使用位置式 PID 控制算法：

$$\int_0^t e(t)\mathrm{d}t \approx T\sum_{j=0}^k e_j$$

$$\frac{\mathrm{d}e(t)}{\mathrm{d}t} \approx \frac{e_k - e_{k-1}}{T_{\mathrm{S}}}$$

$$u_k = K_{\mathrm{P}}\left[e_k + \frac{T_{\mathrm{S}}}{T_{\mathrm{I}}}\sum_{j=0}^k e_j + \frac{T_{\mathrm{D}}}{T_{\mathrm{S}}}(e_k - e_{k-1})\right] + u_0$$

③位置式控制算法提供执行机构的位置 u_k，需要累计 e_k。

④零阶保持器处理方法：$G(z) = (1 - z^{-1})Z\left(\dfrac{G(s)}{s}\right)$。

4. 实验参考程序

```
clear all;
close all;
Ts= 20;% 采样时间
K= 1;
Tp= 60;
tol= 80;
sys= tf((K),[Tp,1],'inputdelay',tol);
dsys= c2d(sys,Ts,'zoh');
[num,den]= tfdata(dsys,'v');
u_1= 0.0;u_2= 0.0;u_3= 0.0;u_4= 0.0;u_5= 0.0;
e_1= 0;
ei= 0;
y_1= 0.0;
for k= 1:1:300
time(k)= k* Ts;
    yd(k)= 1.0;
    y(k)= -den(2)* y_1+ num(2)* u_5;
    e(k)= yd(k)-y(k);
de(k)= (e(k)-e_1)/Ts;
    ei= ei+ Ts* e(k);
    delta= 0.885;
    TI= 160;
TD= 40;
    u(k)= delta* (e(K)+ 1/TI* ei+ TD* de(k));
    e_1= e(k);
    u_5= u_4;u_4= u_3;u_3= u_2;u_2= u_1;u_1= u(k);
y_1= y(k);
end
figure(1);
plot(time,yd,'r',time,y,'k:','linewidth',2);
xlabel('time(s)');ylabel('yd and y');legend('ideal position signal','position track-
ing');
```

也可用 Simulink 实现，仿真程序图如 10-1 所示。

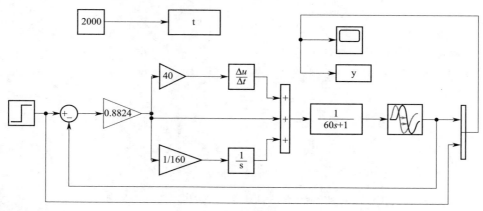

图 10-1　仿真程序图

5. 实验结果

仿真结果图如图 10-2 所示。

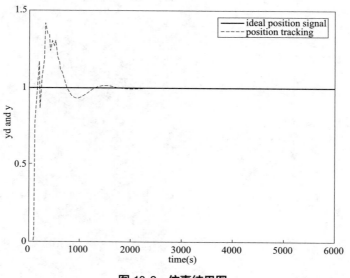

图 10-2　仿真结果图

6. 实验思考题

①PID 位置算法如何实现？

②过程输出如何仿真？

③当 $t_{ol}=120$ 时，程序如何修改？

④PID 位置算法对时滞对象控制品质效果影响如何？有没有更好的方法？如何实现并检验控制效果？

10.2　史密斯预估器实验研究设计

1. 实验目的

①掌握史密斯（Smith）预估器完全补偿及部分补偿如何用程序来实现。

②掌握零阶保持器的作用及离散化方法。

③掌握过程输出如何仿真。

④掌握 MATLAB 程序设计方法及调试。

2. 实验要求

①史密斯（Smith）预估控制算法。

②程序设计实现。

③过程输出仿真。

④与 PID 位置算法对时滞对象控制品质效果比较研究。

3. 实验原理

①史密斯（Smith）预估控制算法原理图如图 10-3 所示。

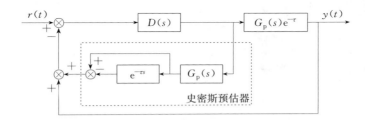

图 10-3 史密斯(Smith)**预估控制算法原理图**

②控制对象及参数如下：

$$G_p(s) = \frac{e^{-\tau s}}{T_p s + 1}$$

式中，$\tau = 80$，$T_p = 60$，采样时间 $T = 20$

③ 史密斯预估器的离散化设计：

a. 零阶保持器 $H_0(s)$ 处理方法：

$$G(z) = Z[H_0(s)G_p(s)] = (1 - z^{-1}) Z \left[\frac{G_p(s)}{s} \right]$$

b. 史密斯预估器的离散化实现：

$$G(z) = (1 - z^{-1}) Z \left[\frac{G_p(s)}{s} \right]$$

$$= (1 - z^{-1}) Z \left[(1 - e^{-\tau s}) \frac{G_p(s)}{s} \right]$$

$$= (1 - z^{-1})(1 - z^{-N}) Z \left[\frac{G_p(s)}{s} \right]$$

$$N = (\text{int})(\tau / T)$$

$$H_0(s) = \frac{1 - e^{-Ts}}{s}$$

$$G(s) = \frac{Y(s)}{U(s)} = H_0(s)G_p(s)$$

将传递函数 $G(s)$ 进行 Z 变换：

$$\frac{Y(z)}{U(z)} = Z[H_0(s)G_p(s)] = Z\left(\frac{1-\mathrm{e}^{-\tau s}}{s}\right)$$

$$= (1-z^{-1})Z\left[\frac{\mathrm{e}^{-4\tau s}}{s(T_p s+1)}\right]$$

$$= (1-z^{-1})z^{-4}Z\left[\frac{1}{s(T_p s+1)}\right]$$

式中，$Z\left[\dfrac{1}{s(T_p s+1)}\right] = Z\left[\dfrac{1}{s} - \dfrac{1}{\left(s+\dfrac{1}{T_p}\right)}\right] = Z\left(\dfrac{1}{s}\right) - Z\left[\dfrac{1}{\left(s+\dfrac{1}{T_p}\right)}\right] = \dfrac{1}{1-z^{-1}} - \dfrac{1}{1-\sqrt[3]{\mathrm{e}}\,z^{-1}}$。

因此有：

$$\frac{Y(z)}{U(z)} = (1-z^{-1})z^{-4}\frac{1}{1-z^{-1}} - \frac{1}{1-\sqrt[3]{\mathrm{e}}\,z^{-1}} = z^{-4}\left(1-\frac{1-z^{-1}}{1-0.716z^{-1}}\right) = \frac{0.284z^{-5}}{1-0.716z^{-1}}$$

从而得到：

$$Y(z)(1-0.716z^{-1}) = 0.284z^{-5}U(z)$$

整理后可得：

$$Y(z) = 0.716z^{-1}Y(z) + 0.284z^{-5}U(z)$$

转换为离散形式则有：

$$Y^*(t) = 0.716Y^*(t-T) + 0.284U^*(t-5T)$$
$$Y^*(nT) = 0.716Y^*[(n-1)T] + 0.284U^*[(n-5)T]$$

很显然，从上式可以看出，当前时刻的 Y 与前一时刻的 Y 和前 5 个时刻的 U 有关。

4. 实验参考程序

Simulink 实现方法如图 10-4 所示，其中 PID 控制环节如图 10-5 所示。

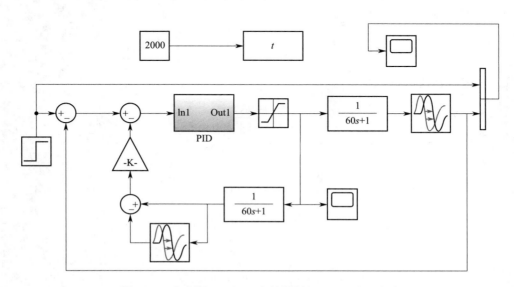

图 10-4　史密斯（Smith）**预估控制 Simulink 实现方法**

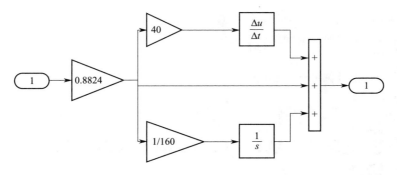

图 10-5　PID 控制环节

5. 实验结果

①史密斯预估器控制结果如图 10-6 所示。

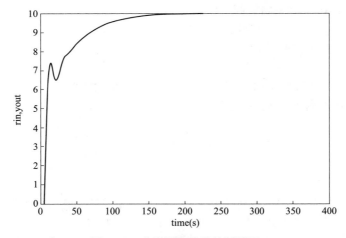

图 10-6　史密斯预估器控制结果

②PID 控制器的控制结果如图 10-7 所示。

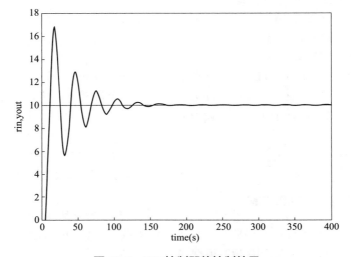

图 10-7　PID 控制器的控制结果

从图 10-6 和图 10-7 控制效果的对比可以看出，如果可以预知时滞时间和不含时滞环节的对象模型，史密斯预估器对时滞对象控制效果优于单纯 PID 控制。

6. 实验思考题

①史密斯完全补偿及部分补偿如何实现？

②过程输出如何仿真？

③当 $\tau = 120$ 时，程序如何修改？

10.3 STEP 7、WinCC 及 MATLAB 三位一体的实验平台设计

1. 实验目的

①掌握 S7-300、WinCC 和 MATLAB 如何通过 OPC 方式通信。

②掌握 PID 控制器如何用 S7 程序来实现。

③掌握在 MATLAB 中如何将控制对象进行离散化。

④掌握 WinCC 变量定义及与控制变量绑定的方法。

⑤熟悉 WinCC 软件图形开发界面。

2. 实验要求

①S7-300、WinCC 和 MATLAB 三者通过 OPC 方式通信的实现。

②模拟 PID 与带时滞的控制对象的离散化方法。

③数据块设计实现。

④界面设计实现。

3. 实验原理

（1）OPC 通信技术

OPC 标准以微软公司的 OLE 技术为基础。它的制定是通过提供一套标准的 OLE/COM 接口完成的。它采用客户/服务器模式，把开发访问接口的任务放在硬件生产厂家或者是第三方厂家，以 OPC 服务器的形式提供给用户，解决了软、硬件厂商的矛盾，完成了系统的集成，提高了系统的开放性和可互操作性。OPC 服务器是数据的供应方，负责为 OPC 客户提供所需要的数据；OPC 客户机是数据的使用方，负责处理 OPC 服务器提供的数据。

将 OPC 技术应用在组态软件 WinCC 与 MATLAB 的通信上，使得 MATLAB 的数值计算优势在实际实时控制过程中得以运用。

（2）触发中断周期的设定

由于 S7-300、WinCC 和 MATLAB 三者每运行一个周期所用的时间不同，所以应该设定三者的触发中断周期为同一值，使它们每次循环运算都在同一个周期下完成，防止数据出现混乱和丢失的情况。如 PLC 中 OB35 的中断时间设为 250 ms；WinCC 中的触发中断周期设为 250 ms；

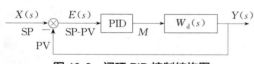

图 10-8 闭环 PID 控制结构图

MATLAB 程序中 for 循环中每次循环的时间的设定（用 pause 函数），同样设为 250 ms。这几个数值的设置必须相同，即三者在同一时钟下进行运算。

（3）PID 控制

闭环 PID 控制结构图如图 10-8 所示。

为了在数字计算机内运行控制函数，必须将连续函数化为偏差值的间断采样。数字计算机使用下列公式作为基础的离散化 PID 运算模型。

$$M_n = K_p * e_n + K_i \sum_{l=1}^{n} e_l + M_{initial} + K_d * (e_n - e_{n-1})$$

式中，M_n 为采样时刻 n 的 PID 运算输出值；K_p 为 PID 回路的比例系数；K_i 为 PID 回路的积分系数；K_d 为 PID 回路的微分系数；e_n 为采样时刻 n 的 PID 回路的偏差；e_{n-1} 为采样时刻 $n-1$ 的 PID 回路的偏差；e_l 为采样时刻 l 的 PID 回路的偏差；$M_{initial}$ 为 PID 回路输出的初始值。

（4）含零阶保持器的时滞对象离散化

首先，设目标函数为

$$G_p(s) = \frac{K_p}{T_p s + 1} e^{-\tau s}$$

式中，$K_p = 2$；$T_p = 4$；$\tau = 4T(T=1)$。

然后，采用 Z 变换将对象离散化，并描述为离散状态方程的形式。

$$E(s) = R(s) - Y(s)$$
$$G(s) = H(s) \cdot G_p(s)$$
$$\frac{Y(z)}{U(z)} = G(s) = H_0(s) \cdot G_p(s)$$

对其进行 Z 变换：

$$\frac{Y(z)}{U(z)} = Z[H_0(s) \cdot G_p(s)]$$

$$H_0(s) = \frac{1 - e^{-Ts}}{s}$$

$$\frac{Y(z)}{U(z)} = Z\left(\frac{1 - e^{-Ts}}{s} \cdot \frac{2e^{-4Ts}}{T_p s + 1}\right)$$

$$= 2(1 - z^{-1})z\left[\frac{e^{-4Ts}}{s(T_p s + 1)}\right]$$

$$= 2(1 - z^{-1})z^{-4}Z\left[\frac{1}{s(T_p s + 1)}\right]$$

式中，$Z\left[\dfrac{1}{s(T_p s + 1)}\right] = Z\left(\dfrac{1}{s} - \dfrac{1}{s + \dfrac{1}{T_p}}\right) = \dfrac{1}{1 - z^{-1}} - \dfrac{1}{1 - e^{-T/T_p} \cdot z^{-1}}$

从而

$$\frac{Y(z)}{U(z)} = \frac{0.442}{1 - 0.778}z^{-5}$$

变换形式可以得到

$$Y(z) \cdot (1 - 0.778z^{-1}) = 0.442z^{-5}U(z)$$

整理得到

$$Y(z) = 0.778z^{-1}Y(z) + 0.442z^{-5}U(z)$$

转化为离散方程形式：

$$Y(t) = 0.778Y(t - T) + 0.442U(t - 5T)$$

即

$$Y(nT) = 0.778Y[(n-1)T] + 0.442U[(n-5)T]$$

很显然，从上式可以看出，当前时刻的 Y 与前一个时刻的 Y 和前 5 个时刻的 U 有关。

具体实验步骤如下：

①在 S7 中进行 PID 程序设计及仿真调试。

②在 MATLAB 中编写 OPC 通信程序和离散化的控制对象。

③在 WinCC 中定义变量、画面设计及组态。

④程序运行与调试。

⑤系统联调并观察实验结果。

4. 实验参考程序

①使用 OB35 做循环中断，如图 10-9 所示。

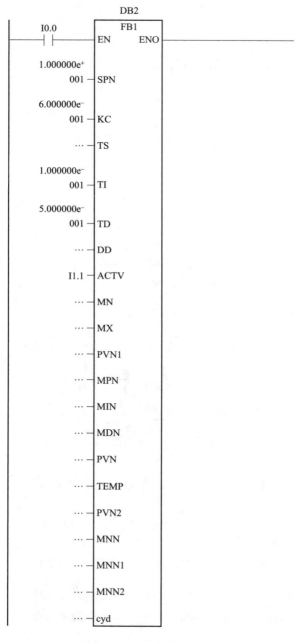

图 10-9　OB35 内的程序

②FB1 中的程序，实现 PID 控制算法，如图 10-10 所示。

FB1：标题：

程序段 1：标题：

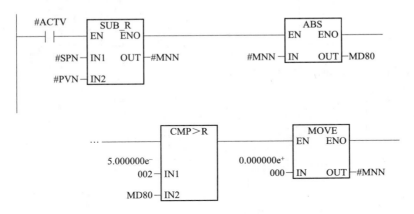

程序段 2：标题：

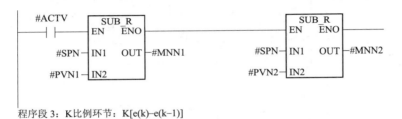

程序段 3：K比例环节：K[e(k)−e(k−1)]

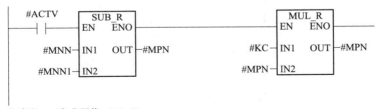

程序段 4：I积分环节：KI*e(k)

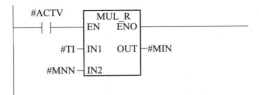

程序段 5：微分环节：KD*[e(k)−2e(k−1)+e(k−2)]

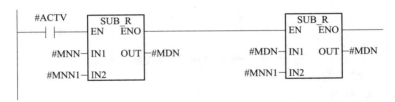

图 10-10　FB1 中的 PID 控制程序

程序段 6：P+I+D累加，同时进行积分分离

程序段 7：对控制量输出cyd进行累加，同时进行限幅

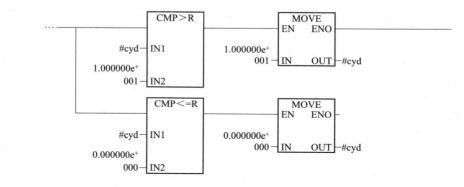

程序段 8：标题：

图 10-10　FB1 中的 PID 控制程序（续）

③MATLAB 中的参考程序：

```
clc;
clear all;
close all;
Ts= 20;
% Delay plant
kp= 2;
Tp= 4;
tol= 80;
sys= tf([kp],[Tp,1],'inputdelay',tol);
dsys= c2d(sys,Ts,'zoh');
[num,den]= tfdata(dsys,'v');

 kp1= kp;
 Tp1= Tp;
 tol1= tol;
sys1= tf([kp1],[Tp1,1],'inputdelay',tol1);
dsys1= c2d(sys1,Ts,'zoh');
[num1,den1]= tfdata(dsys1,'v');

u_1= 0.0;u_2= 0.0;u_3= 0.0;u_4= 0.0;u_5= 0.0;
u_11= 0.0;u_21= 0.0;u_31= 0.0;u_41= 0.0;u_51= 0.0;
e1_1= 0;e2= 0.0;e2_1= 0.0;ei= 0.0;    ei1= 0.0;
ed1= 0;e21= 0;
xm_1= 0.0;ym_1= 0.0;y_1= 0.0;e_1(500)= 0.0;e1_1(520)= 0;
delta= 0.1185;
kc= 1;ki= 1;kd= 0;    % % % 设置 PID 的参数 kc= 0.8;ki= 0.86;kd= 0.1;
% % % % 一、PLC 变量 cyd、PVN、PVN1

da= opcda('localhost','opcserver.wincc.1');% 创建 OPC 数据访问服务器
connect(da);
grp= addgroup(da);
Item1= additem(grp,'cyd');% 创建项,MD100 为 WinCC 中变量
Item2= additem(grp,'PVN');
Item3= additem(grp,'E2');
Item4= additem(grp,'PVN_PID');
% % % %   更新周期与 for 循环定义应该一致,
set(grp,'RecordsAcquiredfcncount',1);% % 当数据改变一次是记录时间发生一次
set(grp,'updaterate',0.25,'Recordstoacquire',100);% % 设置共记录 200 个数据,200 个后程
序自动停止
% set(grp,'datachangeFcn',@ display);% 设置数据变化触发的显示子程序
start(grp);


for k= 1:1:100
rin(k)= 10;
tic;

% ──PI+ simith control   PI 和史密斯结合控制
%  b= read(Item1);
```

```
%  x= b.Value;
t= read(Item3);
g(k)= t.Value;

xm(k)= -den1(2)* xm_1+ num1(2)* u_1;
   yout(k)= -den(2)* y_1+ num(2)* u_5;%%%%%——被控对象的传递函数,为以后在 S7 中输出的结
果加以比较
xm_1= xm(k);
y_1= yout(k);
e2(k)= rin(k)-xm(k);

writeasync(Item3,e2(k));
writeasync(Item2,yout(k));

%  ei= ei+ e2(k);
%  ed= kd* (e2(k)-e_1(k));
%  e_1(k)= e2(k);
%  u(k)= delta* (kc* e2(k)+ ki* ei+ kd* ed);
d= read(Item1);
u(k)= d.Value;
%  u(k)= u(k);

u_5= u_4;u_4= u_3;u_3= u_2;u_2= u_1;u_1= u(k);   %%%记录控制器输出 cyd 的值,通过 OPC 赋
值给 WinCC 变量

%%% ——Only PI control
ym(k)= -den1(2)* ym_1+ num1(2)* u_51;   % With Delay
ym_1= ym(k);
e1(k)= rin(k)-ym(k);
ei1= ei1+ e1(k);
ed1= kd* (e1(k)-e1_1(k));
e1_1(k)= e1(k);
u1(k)= delta* (kc* e1(k)+ ki* ei1+ kd* ed1);

u_51= u_41;u_41= u_31;u_31= u_21;u_21= u_11;u_11= u1(k);
%%%——读取 S7 中输出的 yout 值

writeasync(Item4,ym(k));
%%% ——定时每 1 s 循环运算一次,保证与 WinCC 中运算时间一致
toc;time(k)= toc;pause(0.25-time(k));

end
% ———Return of smith parameters———

plot(rin,'k');
hold on;
% plot(y_w,'k','LineWidth', 2);
% hold on;
plot(yout,'r:','LineWidth', 2);
hold on;
```

```
plot(ym,'b—');


legend('rin','PID+ Simth','PID');
title({'两种算法系统输出值的比较'})
xlabel('time(s)');ylabel('rin,y');
% Disconnect(da);% 断开连接,释放变量及内存
Delete(da);
clear da grp Item1 Item2 Item3;
```

④ WinCC 组态:

a. 添加 OPC 变量,如图 10-11 所示。

图 10-11　添加 OPC 变量

b. 趋势图的组态,如图 10-12 所示。

c. WinCC 组态编程(WinCC 作为 OPC 服务器),如图 10-13 所示。

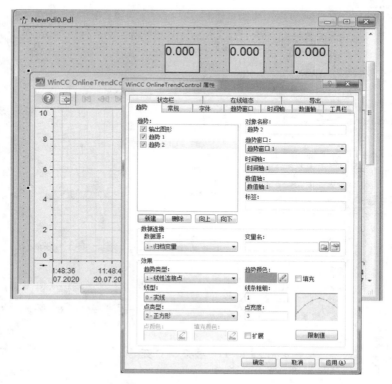

图 10-12　趋势图的组态

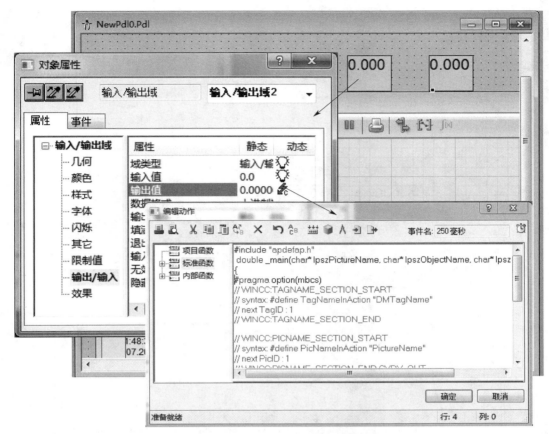

图 10-13　WinCC 组态编程窗口

C 动作实现程序如下：

```
double num,den,g,c,b,v,y,a1,a2,a3,a4,a5;
v= GetTagDouble("PVN1");
b= GetTagDouble("cyd");

a5= GetTagDouble("A5");

y= 0.0067* v+ 1.9865* a5;
SetTagDouble("PVN",y);
SetTagDouble("PVN1",y);
a4= GetTagDouble("A4");
SetTagDouble("A5",a4);

a3= GetTagDouble("A3");
SetTagDouble("A4",a3);

a2= GetTagDouble("A2");
SetTagDouble("A3",a2);

a1= GetTagDouble("A1");
```

```
SetTagDouble("A2",a1);

SetTagDouble("A1",b);
c= 200;
return c;
```

5. 实验结果

仿真结果图如图 10-14 所示。

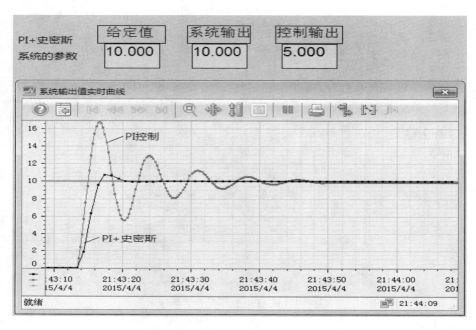

图 10-14　仿真结果图

6. 实验思考题

①WinCC、S7-300、MATLAB 三者如何用编程的方法通过 OPC 方式进行通信？

②如何保证 WinCC、S7-300、MATLAB 三者运算在同一个周期之内？

③如何对控制对象进行离散化？

10.4 基于 OPC 的组态设计及虚拟控制实验

1. 实验目的

①掌握 OPC 技术如何实现 MATLAB 与 WinCC 之间数据的实时通信。

②掌握虚拟对象如何实现实时输出。

③掌握史密斯完全补偿控制器设计及实现。

2. 实验要求

①利用 OPC 技术实现 MATLAB 与 WinCC 之间数据的实时通信。

②程序实现时序性设计。

③虚拟对象的实时输出。

④用 WinCC 及 MATLAB 分别实现实验结果的输出显示并进行比较。

3. 实验原理

（1）实验平台设计

WinCC 既可作为 OPC 服务器，也可作为客户端。MATLAB 作为 OPC 客户端使用。控制算法在 MATLAB 中进行运算；WinCC 负责数据显示和控制对象的运算，用 C 脚本编写出离散化后的控制对象的程序。WinCC 和 MATLAB 数据通信的系统框图如图 10-15 所示。二者实现数据通信的具体方法如下：

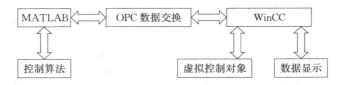

图 10-15　WinCC 和 MATLAB 数据通信的系统框图

（2）控制算法的实现方法

用编程的方法在 MATLAB 中实现 PI 控制和史密斯控制。由于系统增加了一个史密斯控制器，所以控制器的输入值并非是

$$e(k) = \mathrm{rin}(k) - y(k)$$

而是

$$e(k) = \mathrm{rin} - y(k) - [x_{\mathrm{m}}(k) - y_{\mathrm{m}}(k)]$$

式中，$e(k)$ 为第 k 时刻控制器输入的误差值；rin 为系统设定值；$y(k)$ 为第 k 时刻系统输入和输出值。

由于 $y(k) = y_{\mathrm{m}}(k)$，故控制器的输入为

$$e(k) = \mathrm{rin} - x_{\mathrm{m}}(k)$$

PI 控制器输出为

$$u(k) = K_C e(k) + K_I \sum_{i=0}^{k} e(i)$$

式中，$u(k)$ 为第 k 时刻控制器的输出值；K_C、K_I 分别是比例增益和积分系数。

4. 实验参考程序

MATLAB 通过 OPC 方式实现控制器算法的部分程序如下：

```
sys= tf([kp],[Tp,1],'inputdelay',tol);
dsys= c2d(sys,Ts,'zoh');%  对式(1)进行离散化
[num,den]= tfdata(dsys,'v');        % 提取离散化后控制对象的分子分母的值
......
for k= 1:1:50                % 用 for 循环来设定控制器运算的次数
tic;                         % 计算每个周期需要的时间,计时开始
xm(k)= -den1(2)* xm_1+ num1(2)* u_1;
xm_1= xm(k);y_1= y(k);       % 当前值传递给前一个时刻
e2(k)= rin-xm(k);
ei= ei+ Ki* e2(k);
u(k)= delta* (kc* e2(k)+ ei);    % % % --PI 控制
u_5= u_4;u_4= u_3;u_3= u_2;u_2= u_1;u_1= u(k);   % u(k)的输出延时 5 个时刻
```

```
writeasync(Item1,u(k));        % 将控制器输出 u(k)的值赋给 WinCC 变量
toc;time(k)= toc;% 计时结束
pause(0.25-time(k));% 设定每次的运算周期为 0.25 ms,与 WinCC 中保持一致
……
```

特别指出的是，由于 MATLAB 程序中的每个 for 循环所用时间与 WinCC 系统默认的触发中断周期不同，所以应该设定二者的触发中断周期为同一值，使它们每个时刻运算都能在同一个时钟周期内完成。保证每个时刻 MATLAB 控制器的输出值恰好被 WinCC 在该时刻接收并参与运算，否则，数据将会出现混乱和丢失的情况。

虚拟控制对象在 WinCC 中实现方法：可将被控对象传递函数离散化，并且表示成时域的形式，然后在 WinCC 中用 C 脚本进行编程。另外，WinCC 还需要作为上位机，实时地监控整个系统的运行情况。

用 C 脚本实现被控对象的部分程序如下：

```
v= GetTagDouble("y_1");          //前一个时刻的 y 值
u= GetTagDouble("U");            //获取控制器的输出值 U
num= GetTagDouble("NUM");        //控制对象离散化后的分子的值
den= GetTagDouble("DEN");        //控制对象离散化后的分母的值
u5= GetTagDouble("U5");          //获取延时 5 个时刻后的值
y= -den* v+ num* u5;             //被控对象传递函数输出值
SetTagDouble("PVN",y);           //将 y 值赋给 WinCC 变量 PVN
SetTagDouble("y_1",y);
u4= GetTagDouble("U4");          //u5= u4,控制器参数传递,延时 5 个时刻
SetTagDouble("U5",u4);
……
SetTagDouble("U1",u);            //u1= U
```

5. 实验结果

系统运行的结果如图 10-16 和图 10-17 所示。图 10-16 是 WinCC 实时监控的画面，WinCC 获取 MATLAB 传送的控制器输出值，经过运算后输出结果。运行结果共两条曲线，一条是仅有 PI 控制，另一条是 PI 控制引入史密斯控制。很明显，引入史密斯控制的仿真结果要优于单独使用 PI 控制。为了验证结果，将整个系统在 MATLAB 中运行后，输出的结果如图 10-17 所示。比较图 10-16 和图 10-17 后发现，二者的曲线是一致的。这说明该系统平台中的 MATLAB 和 WinCC 二者通信成功。

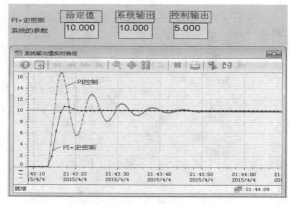

图 10-16　WinCC 实时监控结果

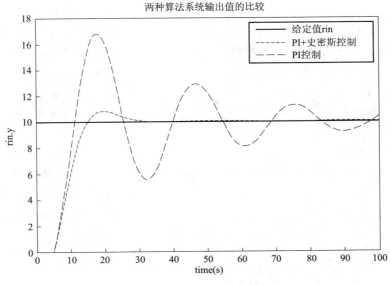

图 10-17　MATLAB 运行结果

6. 实验思考题

①OPC 技术如何实现 MATLAB 与 WinCC 之间数据的实时通信数据流程？

②虚拟实验对象如何实现？

10.5 基于水箱液位控制的 OPC 的组态设计及虚拟实现

1. 实验目的

①掌握 OPC 技术如何实现 MATLAB 与 WinCC 之间数据的实时通信。

②掌握虚拟对象如何实现实时输出。

③掌握模糊控制器设计及实现。

2. 实验要求

①利用 OPC 技术实现 MATLAB 与 WinCC 之间数据的实时通信。

②程序实现时序性设计。

③虚拟对象的实时输出。

④用模糊控制器与单纯 PID 分别实现实验结果的输出显示并进行比较。

3. 实验原理

（1）实验平台设计

由 MATLAB、WinCC 和 PLC 组成的三位一体控制平台构建的变论域模糊史密斯控制器实现对水箱的控制。其整体架构如图 10-18 所示。

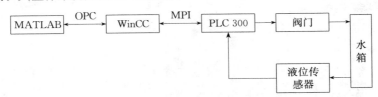

图 10-18　三位一体控制平台

控制系统中，PLC 不擅长复杂的运算，而 MATLAB 擅长复杂的运算，因此这里 MATLAB 就弥补了 PLC 的这一缺陷。用 MATLAB 和 PLC 300 组合设计变论域模糊史密斯控制器；用 WinCC 组态软件来对控制对象的实时状态进行画面监控。在 OPC 技术基础上实现 MATLAB 和 WinCC 的通信集成，解决了不同监控系统间实时数据交换的难题，其中 WinCC 作为 OPC 服务器，MATLAB 作为 OPC 客户端；WinCC 和 PLC 300 通过 MPI 接口实现实时的数据交换，这样就构建了以 WinCC 为桥梁的由 MATLAB、WinCC 和 PLC 组成的三位一体控制平台。

（2）控制对象模型

本实验选取的被控对象是水箱系统，水箱的液位控制系统如图 10-19 所示，通过控制入水口

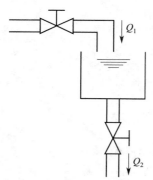

和出水口处的两个阀门来控制输入流量 Q_1 和输出流量 Q_2 的大小，从而调节液位的高度 H 的大小。其中，Q_1 是输入流量的稳态值，Q_2 是输出流量的稳态值。假设 H 是液位高度的稳态值，ΔQ_1 和 ΔQ_2 分别表示单位时间输入、输出流量的变化量，ΔH 表示单位时间液位高度的变化量，θ 表示阀门的开度。

从图 10-19 中可以看出，输入口阀门和水箱有一段距离，阀门开度的变化不能立刻引起水箱液面的变化，需要经过一个 τ 的延时，这里 τ 称为延迟时间。则带有延迟时间的水箱模型为

图 10-19　水箱的液位控制系统

$$R\,\frac{\mathrm{d}H}{\mathrm{d}t}+\Delta H = K\Delta u(t-\tau)$$

两边经过拉普拉斯变换得到带有延迟的系统传递函数为

$$G(s)=\frac{K}{Rs+1}e^{-\tau s}$$

（3）OPC 客户端程序

在连接 OPC 客户端和服务器的过程中，MATLAB 充当 OPC 客户端，WinCC 充当 OPC 服务器。在激活 WinCC 画面的前提下，实现它们连接的方法有两种。一种是用 MATLAB 命令行来编写客户端程序，程序语句如下：

```
da= opcda('localhost', 'opcserver.wincc.1');
% 创建 OPC 服务器
connect(da);% 连接服务器
grp= addgroup(da);% 添加组对象
% 添加所有的项
Item1= additem(grp, 'cyd');% 输出控制量
Item2= additem(grp, 'PVN1');
Item3= additem(grp, 'PVN');
Item4= additem(grp, 'KP');
Item5= additem(grp, 'KI');
Item6= additem(grp, 'KD');
Item7= additem(grp, 'MNN');
Item8= additem(grp, 'MPN');
set(grp, 'RecordsAcquiredfcncount', 1);% 当数据改变一次时记录时间发生一次
set(grp,'updaterate',1,'Recordstoacquire',100);% 记录 100 个数据
start(grp);
```

其中，opcserver. wincc. 1 即为 WinCC 所充当的 OPC 服务器，grp 是添加的组对象，接着是添加了 8 个项，其中 cyd、PVN、PVN1、MNN 和 MPN 是需要从 WinCC 中读取的数值，而 KP、KI 和 KD 是需要写入 WinCC 中的数值，后面几行是对数据采集的相关设置。

（4）OPC 服务器设置

①添加 OPC 通道。右击"变量管理"，在弹出的快捷菜单中选择"添加新的驱动程序"命令，选择 OPC. chn，这样就建立了 OPC 通道。

②建立通信变量。右击 WinCC 项目树中 OPC 下的 OPC Groups（OPCHN Unit ♯1），在弹出的快捷菜单中，选择"新驱动程序的连接"命令，弹出"连接属性"对话框，单击"属性"，然后在新弹出的对话框中可以选择服务器类，包括 OPC DA、OPC XML DA 和 OPC UA，这里选择 OPC DA，还可以设置 OPC 服务器的名称，设置为 opcserver. wincc. 2。

双击 opcserver. wincc. 2，就可以进行变量的设置，如图 10-20 所示。右击空白处，在弹出的快捷菜单中，选择"新建变量"命令，可以进行变量名及地址的设置，这里设置的地址是 OPC 地址。

所有的变量都按照这种方法来创建，最后得到的变量如图 10-20 所示。

名称	类型	参数	上次更改
clientA1M1m	无符号 32 位数	"A1M1", "", 19	2015/1/11 下午 07:13:04
clientA2M2m	无符号 32 位数	"A2M2", "", 19	2015/1/11 下午 07:13:04
clientcydm1m	浮点数 32 位 I...	"cydm1", "", 4	2015/1/11 下午 07:13:04
clientPVN1M1m	浮点数 32 位 I...	"PVN1M1", "", 4	2015/1/11 下午 07:13:04
clientPVNM1m	浮点数 32 位 I...	"PVNM1", "", 4	2015/1/11 下午 07:13:04

SX_Control
计算机
变量管理
内部变量
OPC
OPC Groups (OPCHN Unit #1)
opcserver.wincc.1
opcserver.wincc.2
SIMATIC S7 PROTOCOL SUITE

图 10-20 组态 OPC 通道变量

（5）PID 控制器的 STEP 7 设计

首先要求出当前 k 时刻、k-1 时刻以及 k-2 时刻这 3 个连续采样时刻的误差值，程序段如图 10-21 所示。

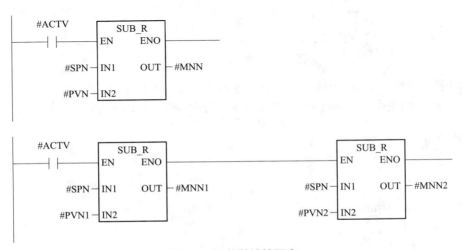

图 10-21 偏差计算程序

其中，MMN、MNN1 和 MNN2 即为 k、k-1 和 k-2 这 3 个时刻的系统误差值，然后就能够进行比例环节、积分环节以及微分环节的运算，比例环节和积分环节的梯形图如图 10-22 所示。

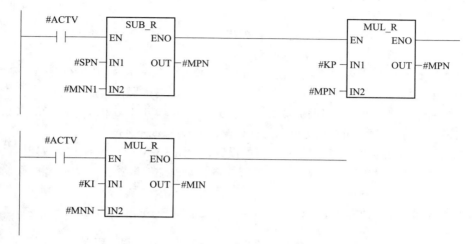

图 10-22　比例环节和积分环节的梯形图

其中，MIN 即为积分环节运算获得的值。微分环节的梯形图如图 10-23 所示。

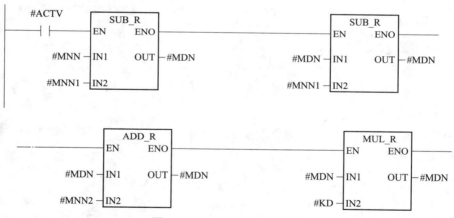

图 10-23　微分环节的梯形图

最后计算得到的 MDN 即为微分环节运算得到的结果。然后将比例环节得到的 MPN、积分环节得到的 MIN 以及微分环节得到的 MDN 这三者合在一起，梯形图如图 10-24 所示。

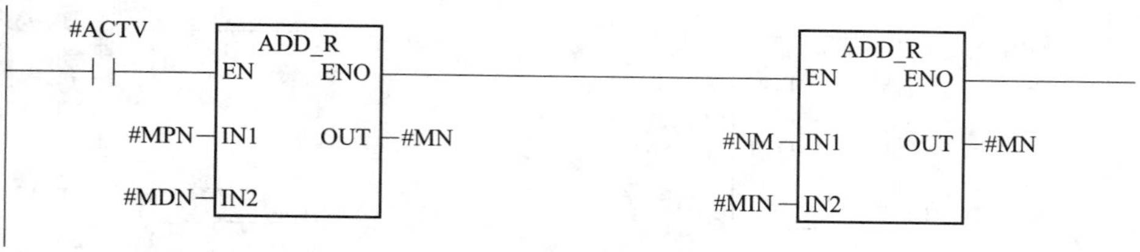

图 10-24　PID 算法输出计算梯形图

最后得到控制量的输出 cyd 程序段如图 10-25 所示。

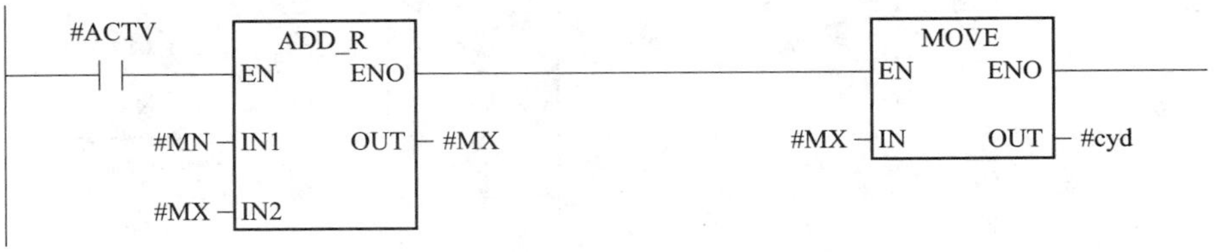

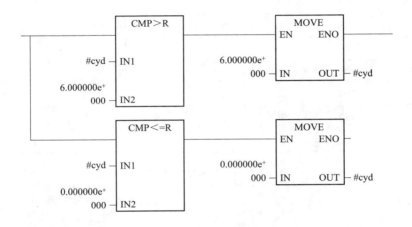

图 10-25 控制量输出 cyd 程序段

为了防止控制量出现不合适的值，这里要对输出控制量进行限幅，这里限定控制量输出 cyd 的范围为 [0,6]，程序段如图 10-26 所示。

图 10-26 限定控制量输出 cyd 的范围为 [0,6] 的程序段

（6）模糊 PID 控制器设计

PID 的 3 个参数 K_P、K_I、K_D 的模糊控制规则表如表 10-1～表 10-3 所示。其中 E 为偏差，EC 为偏差变化率，NB、NM、NS、ZE、PS、PM 和 PB 分别表示模糊集合负大、负中、负小、零、正小、正中和正大。

表 10-1 K_P 的模糊控制规则表

K_P		EC						
		NB	NM	NS	ZE	PS	PM	PB
E	NB	PB	PB	PM	PM	PS	ZE	ZE
	NM	PB	PB	PM	PS	PS	ZE	NS
	NS	PM	PM	PM	PS	ZE	NS	NS
	ZE	PM	PM	PS	ZE	NS	NM	NM

续表

K_P		EC						
		NB	NM	NS	ZE	PS	PM	PB
E	PS	PS	PS	ZE	NS	NS	NM	NM
	PM	PS	ZE	NS	NM	NM	NM	NB
	PB	ZE	ZE	NM	NM	NM	NB	NB

表 10-2　K_I 的模糊控制规则表

K_I		EC						
		NB	NM	NS	ZE	PS	PM	PB
E	NB	NB	NB	NM	NM	NS	ZE	ZE
	NM	NB	NB	NM	NS	NS	ZE	ZE
	NS	NB	NM	NS	NS	ZE	PS	PS
	ZE	NM	NM	NS	ZE	PS	PM	PM
	PS	NM	NS	ZE	PS	PS	PM	PM
	PM	ZE	ZE	PS	PM	PM	PB	PB
	PB	ZE	ZE	PS	PM	PM	PB	PB

表 10-3　K_D 的模糊控制规则表

K_D		EC						
		NB	NM	NS	ZE	PS	PM	PB
E	NB	PS	NS	NB	NB	NB	NM	PS
	NM	PS	NS	NB	NM	NM	NS	ZE
	NS	ZE	NS	NM	NM	NS	NS	ZE
	ZE	ZE	NS	NS	NS	NS	NS	ZE
	PS	ZE	ZE	ZE	ZE	ZE	ZE	ZE
	PM	PB	NS	PS	PS	PS	PS	PB
	PB	PB	PM	PM	PM	PS	PS	PB

4. 实验结果

首先启动 WinCC 程序，进入启动画面如图 10-27 所示，输入登录名及登录密码，单击"登录…"按钮，即可进入主监控界面。

启动三位一体控制系统后，WinCC 监控画面的变化如图 10-28 所示。

5. 实验思考题

①OPC 技术如何实现 MATLAB 与 WinCC 之间数据的实时通信数据流程？

②虚拟实验对象如何实现？

③模糊控制器如何实现？

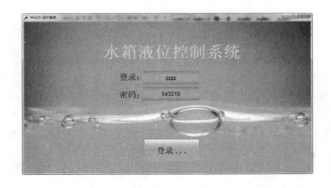

图 10-27 水箱液位控制系统登录界面

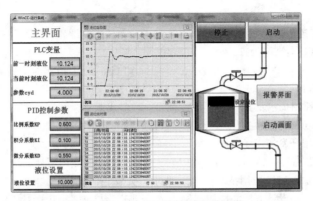

图 10-28 WinCC 监控画面的变化

参 考 文 献

[1] 徐凌华. 电器控制与 S7-300 PLC 应用技术 [M]. 贵阳：贵州大学出版社，2017.

[2] 张军，樊爱龙. 电器控制与 S7-300 PLC 原理与应用 [M]. 北京：化学工业出版社，2004.

[3] 王长力，罗安. 分布式控制系统（DCS）设计与应用实例 [M]. 3 版. 北京：电子工业出版社，2016.

[4] 史国生，鞠勇. 电器控制与可编程控制器技术实训教程 [M]. 2 版. 北京：化学工业出版社，2014.

[5] 边春元，宋崇辉，任双艳，等. S7-300/400 PLC 梯形图与语句表编程 [M]. 北京：机械工业出版社，2009.

[6] 王曙光，杨春杰，魏秋月，等. S7-300/400 PLC 入门与开发实例 [M]. 北京：人民邮电出版社，2009.

[7] 张爱华，周俊，雷菊阳. 《分布式控制系统课程设计》教学实施与改进 [J]. 新教育论坛，2019（15）：43.

[8] 董林，徐远征，王连彬. 以工程教育认证为导向的分布式控制课程设计实践环节的优化研究 [J]. 教育现代化，2018（15）：201-202，209.

[9] 李欣，雷菊阳. 基于 OPC 技术下的 WINCC 与 MATLAB 对水箱实时监控系统 [J]. 自动化仪表，2018，39（12）：5-8.

[10] 程武山. 分布式控制技术及其应用 [M]. 北京：科学出版社，2008.

[11] 崔坚. 西门子 S7 可编程序控制器 [M]. 北京：机械工业出版社，2007.

[12] 贾德胜. PLC 应用开发实用子程序 [M]. 北京：人民邮电出版社，2006.

[13] 刘金琨. 先进 PID 控制 MATLAB 仿真 [M]. 北京：电子工业出版社，2004.

[14] 廖常初. S7-300/400 PLC 应用技术 [M]. 北京：机械工业出版社，2005.

[15] 张浩风. PLC 梯形图设计方法与应用实例 [M]. 北京：机械工业出版社，2008.

[16] 胡健. 西门子 S7-300 PLC 应用教程 [M]. 北京：机械工业出版社，2014.